教育部 2007 年度普通高等教育精品教材

普通高等教育"十一五"国家级规划教材

全国高职高专教育土建类专业教学指导委员会规划推荐教材

建筑工程预算（第四版）

（工程造价与建筑管理类专业适用）

袁建新　迟晓明　编著
张凌云　刘德甫　主审

中国建筑工业出版社

图书在版编目(CIP)数据

建筑工程预算/袁建新等编著. —4 版. —北京：中国建筑工业出版社，2009

教育部2007年度普通高等教育精品教材. 普通高等教育"十一五"国家级规划教材. 全国高职高专教育土建类专业教学指导委员会规划推荐教材. 工程造价与建筑管理类专业适用

ISBN 978-7-112-11392-7

Ⅰ. 建… Ⅱ. 袁… Ⅲ. 建筑预算定额-高等学校：技术学校-教材 Ⅳ. TU723.3

中国版本图书馆 CIP 数据核字（2009）第 178877 号

本书按照学习建筑工程预算的认知规律，将全书划分为 24 个相对独立的学习单元。主要包括：施工图预算编制原理；人工单价、材料单价、机械台班单价编制方法；预算定额应用；建筑面积计算方法；工程量计算方法；直接费计算及工料分析方法；建筑工程费用计算方法；工程索赔；工程结算等内容。还包括了一套完整的建筑工程施工图预算编制实例。

本书内容新颖、结构合理、理论与实践紧密结合，可以作为高等职业教育工程造价、建筑工程管理、建筑经济管理等专业的教材，也可供高等院校相关专业的师生以及在岗工程造价人员学习参考。

责任编辑：张　晶　王　跃
责任设计：崔兰萍
责任校对：陈　波　赵　颖

教育部2007年度普通高等教育精品教材
普通高等教育"十一五"国家级规划教材
全国高职高专教育土建类专业教学指导委员会规划推荐教材
建筑工程预算（第四版）
（工程造价与建筑管理类专业适用）
袁建新　迟晓明　编著
张凌云　刘德甫　主审

*

中国建筑工业出版社出版、发行（北京西郊百万庄）
各地新华书店、建筑书店经销
北京天成排版公司制版
北京建筑工业印刷厂印刷

*

开本：787×1092毫米　1/16　印张：23½　字数：572千字
2010年1月第四版　2013年8月第二十七次印刷
定价：38.00元
ISBN 978-7-112-11392-7
（18636）

版权所有　翻印必究
如有印装质量问题，可寄本社退换
（邮政编码 100037）

教材编审委员会名单

主　任：吴　泽

副主任：陈锡宝　范文昭　张怡朋

秘　书：袁建新

委　员：（按姓氏笔画排序）

马纯杰　王武齐　田恒久　任　宏　刘　玲

刘德甫　汤万龙　杨太生　何　辉　宋岩丽

张　晶　张小平　张凌云　但　霞　迟晓明

陈东佐　项建国　秦永高　耿震岗　贾福根

高　远　蒋国秀　景星蓉

修订版序言

　　高职高专教育土建类专业教学指导委员会（以下简称教指委）是在原"高等学校土建学科教学指导委员会高等职业教育专业委员会"基础上重新组建的，在教育部、建设部的领导下承担对全国土建类高等职业教育进行"研究、咨询、指导、服务"责任的专家机构。

　　2004年以来教指委精心组织全国土建类高职院校的骨干教师编写了工程造价、建筑工程管理、建筑经济管理、房地产经营与估价、物业管理、城市管理与监察等专业的主干课程教材。这些教材较好地体现了高等职业教育"实用型""能力型"的特色，以其权威性、科学性、先进性、实践性等特点，受到了全国同行和读者的欢迎，被全国高职高专院校相关专业广泛采用。

　　上述教材中有《建筑经济》、《建筑工程预算》、《建筑工程项目管理》等11本被评为普通高等教育"十一五"国家级规划教材，另外还有36本教材被评为普通高等教育土建学科专业"十一五"规划教材。

　　教材建设如何适应教学改革和课程建设发展的需要，一直是我们不断探索的课题。如何将教材编出具有工学结合特色，及时反映行业新规范、新方法、新工艺的内容，也是我们一贯追求的工作目标。我们相信，这套由中国建筑工业出版社陆续修订出版的、反映较新办学理念的规划教材，将会获得更加广泛的使用，进而在推动土建类高等职业教育培养模式和教学模式改革的进程中、在办好国家示范高职学院的工作中，做出应有的贡献。

高职高专教育土建类专业教学指导委员会

序　言

全国高职高专教育土建类专业教学指导委员会工程管理类专业指导分委员会(原名高等学校土建学科教学指导委员会高等职业教育专业委员会管理类专业指导小组)是建设部受教育部委托，由建设部聘任和管理的专家机构。其主要工作任务是，研究如何适应建设事业发展的需要设置高等职业教育专业，明确建设类高等职业教育人才的培养标准和规格，构建理论与实践紧密结合的教学内容体系，构筑"校企合作、产学结合"的人才培养模式，为我国建设事业的健康发展提供智力支持。

在建设部人事教育司和全国高职高专教育土建类专业教学指导委员会的领导下，2002年以来，全国高职高专教育土建类专业教学指导委员会工程管理类专业指导分委员会的工作取得了多项成果，编制了工程管理类高职高专教育指导性专业目录；在重点专业的专业定位、人才培养方案、教学内容体系、主干课程内容等方面取得了共识；制定了"工程造价"、"建筑工程管理"、"建筑经济管理"、"物业管理"等专业的教育标准、人才培养方案、主干课程教学大纲；制定了教材编审原则；启动了建设类高等职业教育建筑管理类专业人才培养模式的研究工作。

全国高职高专教育土建类专业教学指导委员会工程管理类专业指导分委员会指导的专业有工程造价、建筑工程管理、建筑经济管理、房地产经营与估价、物业管理及物业设施管理等6个专业。为了满足上述专业的教学需要，我们在调查研究的基础上制定了这些专业的教育标准和培养方案，根据培养方案认真组织了教学与实践经验较丰富的教授和专家编制了主干课程的教学大纲，然后根据教学大纲编审了本套教材。

本套教材是在高等职业教育有关改革精神指导下，以社会需求为导向，以培养实用为主、技能为本的应用型人才为出发点，根据目前各专业毕业生的岗位走向、生源状况等实际情况，由理论知识扎实、实践能力强的双师型教师和专家编写的。因此，本套教材体现了高等职业教育适应性、实用性强的特点，具有内容新、通俗易懂、紧密结合工程实践和工程管理实际、符合高职学生学习规律的特色。我们希望通过这套教材的使用，进一步提高教学质量，更好地为社会培养具有解决工作中实际问题的有用人材打下基础。也为今后推出更多更好的具有高职教育特色的教材探索一条新的路子，使我国的高职教育办的更加规范和有效。

全国高职高专教育土建类专业教学指导委员会
工程管理类专业指导分委员会

第四版前言

建筑工程预算是国家示范性高职院校建设工程造价重点专业的核心课程。本次改版注重吸收了在教学改革中坚持"行动导向"的教学成果，使教学内容更加贴近工程造价工作岗位的各项工作，更加符合"工学结合"的教学理念，是"螺旋进度教学法"在本课程中应用的最新成果。

本书由四川建筑职业技术学院袁建新教授（注册造价工程师）、四川建筑职业技术学院迟晓明副教授编写。其中第十章、第十一章、第十二章由迟晓明编写，其余由袁建新编写。

本书由刘德甫高级工程师（注册造价工程师）和上海城市管理职业技术学院张凌云副教授（注册造价工程师）主审。

在编写过程中得到了中国建筑工业出版社的大力支持，表示衷心感谢。

由于作者水平有限，书中难免会出现不妥之处，敬请广大读者批评指正。

编者　2009年10月

第三版前言

建筑工程预算是学习工程造价的核心课程,因为该课程阐述的造价原理,不仅是建筑工程预算的理论基础,同时也是建筑装饰工程预算、安装工程预算、市政工程预算、工程量清单计价课程的理论基础。

教学实践证明,按照螺旋进度法编写的教材内容,非常适合高职工程造价的技能型人才的培养要求。只要牢牢抓住循序渐进、理论与实践交替学习这一特点,就能灵活地安排教学和学习内容,同时还可以根据各地工程造价的实际情况,在原教材的基础上增减内容。

第三版根据建筑工程建筑面积计算规范,对建筑面积的计算内容进行了重写;根据教学内容的需要,增加了一些例题;修正了错字和数据。使该教材的内容更加贴近当前的工程造价实际情况。

本书由四川建筑职业技术学院袁建新、四川建筑职业技术学院迟晓明编写。其中第十章、第十一章、第十二章、第十三章由迟晓明编写,其余由袁建新编写。本书由刘德甫高级工程师(全国造价工程师)和上海城市管理职业技术学院张凌云主审。在编写过程中得到了中国建筑工业出版社的大力支持,表示衷心的感谢。

由于作者水平有限,书中难免会出现不妥之处,敬请广大读者批评指正。

编者 2007 年 1 月

第二版前言

本书是全国建设管理类高等职业教育工程造价、工程管理、建筑经济管理等专业的主干课教材。本书根据全国高职高专教育土建类专业教学指导委员会制定的培养方案及课程教学大纲编写。

建筑工程预算是确定工程造价的一种特定的计价方式。该计价方式还将在工程造价管理的各个阶段长期发挥作用。

本书采用单元式结构编写。即按照学习建筑工程预算的认知规律将全书内容划分为24个相对独立的学习单元。教学时可以按目录顺序编排学习顺序，也可以根据不同要求将这些单元重新组合，编排新的学习顺序。

采用单元式螺旋进度法编排教材内容是本书的重要特色。即学习内容划分为相对独立的单元，全书内容整体连贯，学习进程循序渐进、螺旋上升。按导学法、设问法教学思想编排的教学内容，有利于学员在学习过程中分散难点，掌握重点。

本书按新的工程造价有关文件和相关理论编写，在突出实用性特点的基础上，增加了新的内容。例如，对人工单价、材料单价等的计算方法进行了新的表述；介绍了新的建筑安装工程费用的划分方法和计算方法等等。

本书由四川建筑职业技术学院袁建新、迟晓明编著。由刘德甫高级工程师（注册造价工程师）主审。主审认真审阅了全部书稿，特别是对动手能力的训练提出了许多宝贵的意见和建议。另外，在本书的编写过程中参考了有关文献资料、得到了编者所在单位及中国建筑工业出版社的大力支持，谨此一并致谢。

我国工程造价的理论与实践正处于发展时期，新的内容和问题还会不断出现，加之我们的水平有限，书中难免有不妥之处，敬请广大师生和读者批评指正。

编者　2005年1月

第一版前言

本书根据高等学校土建学科教学指导委员会高等职业教育专业委员会管理类专业指导小组制定的教学文件编写，是高等职业教育管理类工程造价专业的教学用书。

本书按单元式结构编写，即按照学习建筑工程预算的认知规律将全书内容划分为25个相对独立的单元。

采用单元式螺旋进度法编排教材内容是本书的主要特色。即学习内容按单元划分相对独立，全书内容整体连贯，学习进程循序渐进、螺旋上升。按导学法、设问法的教学思想编排教学内容，能使学员在学习过程中分散难点、轻松学习。

本书紧密结合我国入世后工程造价计价方法改革的实际情况编写，增加了新的内容，例如，对工日单价、材料预算价格作了新的注释，设计了新的计算方法；增加了对工程量清单计价方法的论述等等。

本书由袁建新主编，第10、11、12、13、14、18、19单元由迟晓明编写，其余由袁建新编写。

入世后的工程造价管理正发生着一系列的变化，加上我们的水平有限，书中不妥之处敬请广大读者指正。

编者　2003年1月

目 录

绪论		1
第一章 建筑工程预算概述		3
第一节	建筑工程施工图预算有什么用	3
第二节	建设预算大家族	3
第三节	施工图预算构成要素	4
第四节	怎样计算施工图预算造价	5
思考题		8
第二章 建筑工程预算定额概述		9
第一节	建筑工程预算定额有什么用	9
第二节	定额大家族	9
第三节	预算定额的构成要素	11
第四节	预算定额的编制内容与步骤	12
第五节	预算定额编制过程示例	12
思考题		14
第三章 工程量计算规则概述		15
第一节	工程量计算规则有什么用	15
第二节	制定工程量计算规则有哪些考虑	16
第三节	如何运用好工程量计算规则	16
第四节	工程量计算规则的发展趋势	17
思考题		18
第四章 施工图预算编制原理		19
第一节	施工图预算的费用构成	19
第二节	建筑产品的特点	20
第三节	施工图预算确定工程造价的必要性	20
第四节	确定建筑工程造价的基本理论	21
第五节	施工图预算编制程序	24
思考题		26
第五章 建筑工程预算定额		27
第一节	编制定额的基本方法	27
第二节	预算定额的特性	28
第三节	预算定额的编制原则	29
第四节	劳动定额编制	29
第五节	材料消耗定额编制	31

第六节	机械台班定额编制	35
第七节	建筑工程预算定额编制	37
第八节	预算定额编制实例	39
思考题		43

第六章 工程单价 … 44
   第一节 概述 … 44
   第二节 人工单价确定 … 44
   第三节 材料单价确定 … 46
   第四节 机械台班单价确定 … 49
   思考题 … 52

第七章 预算定额的应用 … 53
   第一节 预算定额的构成 … 53
   第二节 预算定额的使用 … 55
   第三节 建筑工程预算定额换算 … 56
   第四节 安装工程预算定额换算 … 62
   第五节 定额基价换算公式小结 … 63
   思考题 … 64

第八章 运用统筹法计算工程量 … 65
   第一节 统筹法计算工程量的要点 … 65
   第二节 统筹法计算工程量的方法 … 65
   第三节 统筹法计算工程量实例 … 67
   思考题 … 79

第九章 建筑面积计算 … 80
   第一节 建筑面积的概念 … 80
   第二节 建筑面积的作用 … 80
   第三节 建筑面积计算规则 … 81
   第四节 应计算建筑面积的范围 … 81
   第五节 不计算建筑面积的范围 … 94
   思考题 … 97

第十章 土石方工程 … 98
   第一节 土石方工程量计算的有关规定 … 98
   第二节 平整场地 … 98
   第三节 挖掘沟槽、基坑土方的有关规定 … 100
   第四节 土方工程量计算 … 104
   第五节 井点降水 … 112
   思考题 … 112

第十一章 桩基及脚手架工程 … 113
   第一节 预制钢筋混凝土桩 … 113
   第二节 钢板桩 … 114

第三节	灌注桩	114
第四节	脚手架工程	114
思考题		117

第十二章　砌筑工程 118
第一节	砖墙的一般规定	118
第二节	砖基础	122
第三节	砖墙	127
第四节	其他砌体	132
第五节	砖烟囱	134
第六节	砖砌水塔	136
第七节	砌体内钢筋加固	137
思考题		139

第十三章　混凝土及钢筋混凝土工程 140
第一节	现浇混凝土及钢筋混凝土模板工程量	140
第二节	预制钢筋混凝土构件模板工程量	141
第三节	构筑物钢筋混凝土模板工程量	141
第四节	钢筋工程量	141
第五节	铁件工程量	150
第六节	现浇混凝土工程量	151
第七节	预制混凝土工程量	157
第八节	固定用支架等	159
第九节	构筑物钢筋混凝土工程量	159
第十节	钢筋混凝土构件接头灌缝	160
思考题		160

第十四章　门窗及木结构工程 161
第一节	一般规定	161
第二节	套用定额的规定	162
第三节	铝合金门窗	164
第四节	卷闸门	164
第五节	包门框、安附框	165
第六节	木屋架	165
第七节	檩木	169
第八节	屋面木基层	170
第九节	封檐板	170
第十节	木楼梯	171
思考题		171

第十五章　楼地面工程 172
| 第一节 | 垫层 | 172 |
| 第二节 | 整体面层、找平层 | 172 |

13

第三节	块料面层 ···	173
第四节	台阶面层 ···	174
第五节	其他 ···	174
思考题	···	177

第十六章 屋面防水及防腐、保温、隔热工程 ································ 178
第一节	坡屋面 ···	178
第二节	卷材屋面 ···	180
第三节	屋面排水 ···	181
第四节	防水工程 ···	182
第五节	防腐、保温、隔热工程 ···	182
思考题	···	183

第十七章 装饰工程 ·· 184
第一节	内墙抹灰 ···	184
第二节	外墙抹灰 ···	185
第三节	外墙装饰抹灰 ··	185
第四节	墙面块料面层 ··	185
第五节	隔墙、隔断、幕墙 ··	186
第六节	独立柱 ···	186
第七节	零星抹灰 ···	187
第八节	顶棚抹灰 ···	187
第九节	顶棚龙骨 ···	188
第十节	顶棚面装饰 ··	188
第十一节	喷涂、油漆、裱糊 ··	189
思考题	···	191

第十八章 金属结构制作、构件运输与安装及其他 ································ 192
第一节	金属结构制作 ··	192
第二节	建筑工程垂直运输 ··	193
第三节	构件运输及安装工程 ···	194
第四节	建筑物超高增加人工、机械费 ···	196
思考题	···	198

第十九章 工程量计算实例 ·· 199
第一节	食堂工程施工图 ···	199
第二节	基数计算 ···	226
第三节	门窗明细表计算 ···	227
第四节	钢筋混凝土圈、过、挑梁明细表计算 ································	228
第五节	工程量计算 ··	231
第六节	钢筋工程量计算 ···	257
思考题	···	268

第二十章 直接费计算及工料分析 ··· 269

第一节	直接费内容	269
第二节	直接费计算及工料分析	272
第三节	材料价差调整	276
思考题		278

第二十一章 工料机分析、直接费计算实例 ... 279

第一节	某食堂工程工日、机械台班、材料用量计算	279
第二节	某食堂工程工日、材料、机械台班用量汇总	295
第三节	某食堂工程直接费计算	300

第二十二章 建筑安装工程费用计算 ... 306

第一节	建筑安装工程费用的构成	306
第二节	建筑安装工程费用的内容	307
第三节	建筑安装工程费用计算方法	310
第四节	确定计算建筑安装工程费用的条件	312
第五节	建筑安装工程费用费率实例	314
第六节	建筑工程费用计算实例	316
思考题		317

第二十三章 工程结算 ... 318

第一节	概述	318
第二节	工程结算的内容	318
第三节	工程结算编制依据	319
第四节	工程结算的编制程序和方法	319
第五节	工程结算编制实例	319
思考题		328

附录一 全国统一建筑工程预算工程量计算规则（土建工程） ... 329

附录二 建筑工程建筑面积计算规范 ... 354

绪　　论

建筑工程预算是研究建筑产品生产成果与生产消耗之间的定量关系以及如何合理确定建筑工程造价规律的一门综合性、实践性较强的应用型课程。

一、学习重点

本课程应熟悉建筑工程预算在工程造价管理及建筑工程管理中的地位与作用；全面掌握建筑工程预算定额的使用方法；熟悉施工图预算的编制程序；正确掌握工程量的计算方法；掌握直接费、间接费、利润与税金的计算方法；通过熟练计算工程量，使用预算定额，编制人工单价，材料单价，计算直接费、间接费和计算工程造价的其他各项费用，能准确地编制施工图预算。

二、建筑工程预算与工程量清单计价的关系

建筑工程预算是确定建筑产品价格的一种特殊的定价方式(我们称为定额计价方式)。所谓特殊，是指它不能像其他工业产品一样，可以对同一型号的产品进行统一定价，而只能对每一个建筑产品分别定价。其根本原因是没有完全相同的建筑产品。尽管如此，建筑工程预算确定建筑产品价格的理论也是建立在经济学理论基础之上的。即产品的价值(价格)由 $C+V+m$ 构成。按照现行的价格理论可以将 $C+V+m$ 分解为直接费、间接费、利润和税金，建筑工程预算就是由这四部分费用构成。

工程量清单计价是建设工程招标投标方式下的一种特定的计价方式(我们称为清单计价方式)。尽管构成工程量清单计价的费用划分与建筑工程预算的费用划分不同，但其各项费用也可以归并到由直接费、间接费、利润和税金构成，进而也可以归结到由 $C+V+m$ 构成。

综上所述，清单计价方式和定额计价方式都是建立在 $C+V+m$ 经济理论基础之上的。

必须重申，工程量清单计价是在建设工程招标投标方式下所采用的特定计价方式，而建筑工程预算是在建设项目决策阶段、设计阶段、实施阶段、竣工阶段，乃至于招标投标阶段继续发挥作用的用于确定工程造价的一种定额计价方式。所以，目前还不能以清单计价方式取代定额计价方式。

另外，从我国建筑产品定价的发展历史过程来看，我们可以把清单计价方式看成是在定额计价方式的基础上发展起来的，是在此基础上发展成为适合我国社会主义市场经济条件下的新的建筑产品计价方式。从这个角度来讲，由于定额计价方式的传承性的存在，在掌握了定额计价方法的基础上，再来学习清单计价方法显得较为容易和简单。为此，在掌握定额计价方法的基础上，只要重点介绍企业根据工程量清单如何自主确定消耗量，自主确定工料机价格，自主确定措施项目、其他项目及其有关费用，就可以较快地掌握清单计

价方法。

综上所述，认真学好建筑工程预算，掌握好定额计价方法，是今后学好工程量清单计价的基本要求。

三、建筑工程预算与其他课程的关系

确定建筑工程预算造价，有一套科学的、完整的计价理论与计量方法。如何从理论上掌握建筑工程预算的编制原理，从实践上掌握建筑工程预算的编制方法是本门课程解决的主要问题。

要掌握好建筑工程预算理论，就要学习《政治经济学》、《建筑经济》等相关课程的内容；要掌握好工程量计量方法，就要识读施工图，需要了解房屋构造和建筑结构构造，需要熟悉建筑材料的性能与规格，需要熟悉施工过程等等。所以，必须先要学好《房屋构造与识图》、《建筑结构基础与识图》、《建筑与装饰材料》、《建筑施工工艺》、《定额原理》等课程，才能学好《建筑工程预算》课程。

第一章 建筑工程预算概述

第一节 建筑工程施工图预算有什么用

建筑工程施工图预算(以下简称施工图预算)是确定建筑工程造价的经济文件。简而言之，施工图预算是在修建房子之前，预算出房子建成后需要花多少钱的特殊计价方法。因此，施工图预算的主要作用就是确定建筑工程预算造价。

首先应该知道，施工图预算由谁来编制、什么时候编制。

我们把房子产权拥有的单位或个人称为业主；修建房子的施工单位叫承包商。一般情况下，业主在确定承包商时就要谈妥工程承包价。这时，承包商就要按业主的要求将编好的施工图预算报给业主，业主认为价格合理时，就按工程预算造价签订承包合同。所以，施工图预算一般由承包商在签订工程承包合同之前编制。

第二节 建设预算大家族

建设预算是个大家族，施工图预算就是其中的一个重要成员。这个家族的基本成员包括投资估算、设计概算、施工图预算、施工预算、工程结算、竣工决算。

一、投资估算

投资估算是建设项目在投资决策阶段，根据现有的资料和一定的方法，对建设项目的投资数额进行估计的经济文件。一般由建设项目可行性研究主管部门或咨询单位编制。

二、设计概算

设计概算是在初步设计阶段或扩大初步设计阶段编制。设计概算是确定单位工程概算造价的经济文件，一般由设计单位编制。

三、施工图预算

施工图预算是在施工图设计阶段，施工招标投标阶段编制。施工图预算是确定单位工程预算造价的经济文件，一般由施工单位或设计单位编制。

四、施工预算

施工预算是在施工阶段由施工单位编制。施工预算按照企业定额(施工定额)编制，是体现企业个别成本的劳动消耗量文件。

五、工程结算

工程结算是在工程竣工验收阶段由施工单位编制。工程结算是施工单位根据施工图预算、施工过程中的工程变更资料、工程签证资料、施工图预算等编制、确定单位工程造价的经济文件。

六、竣工决算

竣工决算是在工程竣工投产后,由建设单位编制,综合反映竣工项目建设成果和财务情况的经济文件。

七、建设预算各内容之间的关系

投资估算是设计概算的控制数额;设计概算是施工图预算的控制数额;施工图预算反映行业的社会平均成本;施工预算反映企业的个别成本;工程结算根据施工图预算编制;若干个单位工程的工程结算汇总为一个建设项目竣工决算。建设预算各内容相互关系示意见图1-1。

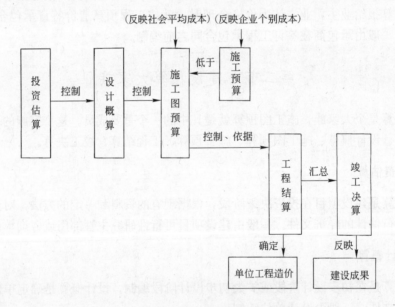

图 1-1 建设预算各内容相互关系示意图

第三节 施工图预算构成要素

施工图预算主要由以下要素构成:工程量、工料机消耗量、直接费、工程费用。

一、工程量

工程量是根据施工图算出的所建工程的实物数量。例如,该工程有多少立方米混凝土基础,多少立方米砖墙,多少平方米铝合金门,多少平方米水泥砂浆抹墙面等等。

二、工料机消耗量

人工、材料、机械台班消耗量是根据分项工程工程量与预算定额子目消耗量相乘后，汇总而成的数量。例如修建一幢办公楼需消耗多少个工日，多少吨水泥，多少吨钢筋，多少个塔吊台班等等。

三、直接费

直接费是工程量乘以定额基价后汇总而成的。直接费是工料机实物消耗量的货币表现。

四、工程费用

工程费用包括间接费、利润、税金。间接费和利润一般根据直接费(或人工费)，分别乘以不同的费率计算。税金是根据直接费、间接费、利润之和，乘以税率计算得出。直接费、间接费、利润、税金之和构成工程预算造价。

第四节　怎样计算施工图预算造价

一、施工图预算造价的理论费用构成

施工图预算造价从理论上讲，由直接费、间接费、利润和税金构成。

二、编制施工图预算的步骤

编制施工图预算的主要步骤是：

(1) 根据施工图和预算定额计算工程量；

(2) 根据工程量和预算定额分析工料机消耗量；

(3) 根据工程量和预算定额基价(或用工料机消耗量乘以各自单价)计算直接费；

(4) 根据直接费(或人工费)和间接费费率计算间接费；

(5) 根据直接费(或人工费)和利润率计算利润；

(6) 根据直接费、间接费、利润、税金之和以及税率计算税金；

(7) 将直接费、间接费、利润、税金汇总成工程预算造价。

三、施工图预算编制示例

根据下面给出的某工程的基础平面图和剖面图(图 1-2)，计算其中 C10 混凝土基础垫层和 1∶2 水泥砂浆基础防潮层两个项目的预算造价。计算过程如下：

1. 计算工程量

(1) C10 混凝土基础垫层

V＝垫层宽×垫层厚×垫层长

外墙垫层长＝(3.60＋3.30)［Ⓐ轴］＋(3.60＋3.30＋2.70)［Ⓒ轴］＋(2.0＋3.0)［①轴］＋2.0［③轴］＋3.0［④轴］＋2.70［Ⓑ轴］

＝29.20m

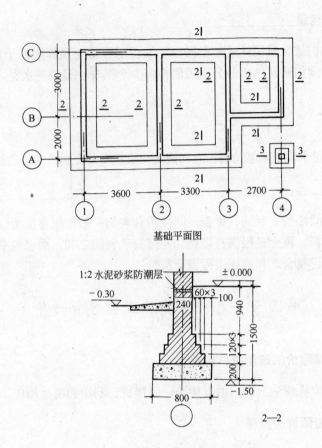

图1-2 某工程基础平面图、剖面图

$$内墙垫层长 = \left[\begin{array}{c}②轴\\2.0+3.0\end{array} - \begin{array}{c}Ⓐ轴半个垫层宽\\ \dfrac{0.80}{2}\end{array} - \begin{array}{c}Ⓒ轴半个垫层宽\\ \dfrac{0.80}{2}\end{array}\right]$$

$$+ \left[\begin{array}{c}③轴\\3.0\end{array} - \begin{array}{c}Ⓑ轴半个垫层宽\\ \dfrac{0.80}{2}\end{array} - \begin{array}{c}Ⓒ轴半个垫层宽\\ \dfrac{0.80}{2}\end{array}\right]$$

$$= 4.20 + 2.2 = 6.40 \text{m}$$

$$V = 0.80 \times 0.20 \times (29.20 + 6.40)$$

$$= 5.696 \text{m}^3$$

(2) 1:2水泥砂浆基础防潮层

S = 内外墙长 × 墙厚

外墙长 = 同垫层长 29.20m

$$内墙长 = \left[\begin{array}{c}②轴\\2.0+3.0\end{array} - \begin{array}{c}Ⓐ轴半个墙厚\\ \dfrac{0.24}{2}\end{array} - \begin{array}{c}Ⓒ轴半个墙厚\\ \dfrac{0.24}{2}\end{array}\right.$$

$$+\left\{\begin{matrix}③轴\\3.0\end{matrix}-\underset{\underset{2}{0.24}}{\overset{Ⓑ轴半个墙厚}{}}-\underset{\underset{2}{0.24}}{\overset{Ⓒ轴半个墙厚}{}}\right\}=7.52\text{m}$$

$$S=(29.20+7.52)\times 0.24$$
$$=36.72\times 0.24$$
$$=8.81\text{m}^2$$

2. 计算直接费

计算直接费的依据除了工程量外，还需要预算定额。计算直接费一般采用两种方法，即单位估价法和实物金额法。单位估价法采用含有基价的预算定额；实物金额法采用不含有基价的预算定额。我们以单位估价法为例来计算直接费。含有基价的预算定额摘录见表1-1。

预算定额摘录　　　　　　　　　　　　　表1-1

工程内容：略

定额编号				8-16	9-53
项目		单位	单价（元）	C10混凝土基础垫层	1:2水泥砂浆基础防潮层
				每1m³	每1m²
基价		元		159.73	7.09
其中	人工费	元		35.80	1.66
	材料费	元		117.36	5.38
	机械费	元		6.57	0.05
人工	综合用工	工日	20.00	1.79	0.083
材料	1:2水泥砂浆	m³	221.60		0.0207
	C10混凝土	m³	116.20	1.01	
	防水粉	kg	1.20		0.664
机械	400L混凝土搅拌机	台班	55.24	0.101	
	平板式震动器	台班	12.52	0.079	
	200L砂浆搅拌机	台班	15.38		0.0035

直接费计算公式如下：

$$直接费=\sum_{i=1}^{n}(工程量\times 定额基价)_i$$

也就是说，各项工程量分别乘以定额基价，汇总后即为直接费。例如，上述两个项目的直接费见表1-2。

直接费计算表　　　　　　　　　　　　　表1-2

序号	定额编号	项目名称	单位	工程量	基价（元）	合价（元）	备注
1	8-16	C10混凝土基础垫层	m³	5.696	159.73	909.82	
2	9-53	1:2水泥砂浆基础防潮层	m²	8.81	7.09	62.46	
		小计：				972.28	

3. 计算工程费用

按某地区费用定额规定，本工程以直接费为基础计算各项费用，其中，间接费费率为12%，利润率为5%，税率为3.0928%，计算过程见表1-3。

工程费用(造价)计算表　　　　　　　　　　表1-3

序 号	费 用 名 称	计 算 式	金额(元)
1	直 接 费	详见计算表	972.28
2	间 接 费	972.28×12%	116.67
3	利 润	972.28×5%	48.61
4	税 金	(972.28+116.67+48.61)×3.0928%	35.18
	工程造价		1172.74

4. 小结

(1) 通过学习施工图预算编制示例，我们了解了什么？是否明白了以下问题：

① 施工图预算的编制依据，主要有施工图、预算定额、费用定额；

② 首先要计算工程量，才能计算出直接费；

③ 计算出直接费后才能计算间接费、利润；

④ 直接费、间接费、利润计算完后才能计算税金；

⑤ 工程预算造价由直接费、间接费、利润、税金构成。

(2) 通过施工图预算编制示例，我们是否感受到：

① 计算工程量很重要，工程量计算错了，后面的计算就全错了；

② 计算工程量要看懂图纸，识读施工图很重要；

③ 预算定额是工程造价主管部门颁发的，它是计算直接费的重要依据；

④ 费用定额也是工程造价主管部门编制颁发的，它是计算各项费用的重要依据；

⑤ 编制施工图预算的思路很清晰，即按图计算工程量，根据预算定额计算直接费后，按费用定额计算其他各项费用，最后汇总为工程预算造价。

思 考 题

1. 建筑工程施工图预算有什么用？
2. 叙述建设预算的组成。
3. 建设预算各内容之间有什么关系？
4. 施工图预算由哪些要素构成？
5. 施工图预算的工料机消耗量是如何确定的？
6. 怎样计算施工图预算造价？
7. 施工图预算由哪些费用构成？

第二章　建筑工程预算定额概述

第一节　建筑工程预算定额有什么用

建筑工程预算定额(以下简称预算定额)是确定一定计量单位的分项工程的人工、材料、机械台班耗用量(货币量)的数量标准。

关于分项工程的概念后面再叙述,分项工程具体是指如现浇 C30 钢筋混凝土柱;砌 M5 水泥砂浆砖基础等内容。简而言之,预算定额是反映的每立方米现浇构件、预制构件、砌砖基础等项目的人工、材料、机械台班消耗的规定数量和规定的分项工程单价。

预算定额是编制施工图预算不可缺少的依据。工程量确定构成工程实体的实物数量,预算定额确定一个单位的工程量所消耗的人工、材料、机械台班消耗量。可见,没有预算定额,就不可能计算出工程总的人工数量、各种材料消耗量和机械台班总消耗量,当然也算不出工程预算造价。我们想一想,这是为什么?能不能自己确定砌 1 立方米水泥砂浆砌基础的人工、砂浆和砖的消耗量。如果可以,那么同一个工程就会有不同的实物消耗量,就会产生各不相同的预算造价,这不乱套了吗?不过我们还是要问—根据什么确定砌 1 立方米砖基础所用标准砖数量是正确的?是根据甲施工企业还是乙施工企业的实际消耗量?我们说,都不是。这就要根据经济学中劳动价值论的基本理论来确定。价值规律告诉我们,商品的价值(价格)是由生产这个商品的社会必要劳动量确定的。所以,工程造价管理部门要通过测算每个项目所需的社会必要劳动消耗量,才能编制出预算定额,颁发后作为编制施工图预算的指导性文件。

第二节　定额大家族

定额是个大家族,预算定额是其中的主要成员,除此之外,还包括投资估算指标、概算指标、概算定额、施工定额、劳动定额、材料消耗定额、机械台班定额、工期定额等等。

一、投资估算指标

投资估算指标是以一个建设项目为对象,确定设备、器具购置费用,建筑安装工程费用,工程建设其他费用,流动资金需用量的依据。例如,一个肉食品加工厂的投资估算。

投资估算指标是在建设项目决策阶段,编制投资估算、进行投资预测、投资控制、投资效益分析的重要依据。

二、概算指标

概算指标是以整个建筑物或构筑物为对象,以"m^3"、"m^2"、"座"等为计量单位,确定人工、材料、机械台班消耗量及费用的标准。

概算指标是在初步设计阶段，编制设计概算的依据。其主要作用是优选设计方案和控制建设投资。例如编制教学大楼概算。

三、概算定额

概算定额是确定一定计量单位的扩大分项工程的人工、材料、机械台班消耗量的数量标准。概算定额是在扩大初步设计阶段或施工图设计阶段编制设计概算的主要依据。

四、预算定额

预算定额是规定消耗在单位建筑产品上人工、材料、机械台班的社会必要劳动消耗量的数量标准。

预算定额是在施工图设计阶段及招标投标阶段，控制工程造价，编制标底和标价的重要依据。

五、施工定额

施工定额是规定消耗在单位建筑产品上的人工、材料、机械台班企业劳动消耗量的数量标准。施工定额主要用于编制施工预算。施工定额是在工程招标投标阶段编制标价，在施工阶段签发施工任务书，限额领料单的重要依据。

六、劳动定额

劳动定额是在正常施工条件下，某工种某等级工人或工人小组，生产单位合格产品所必须消耗的劳动时间，或是在单位工作时间内生产单位合格产品的数量标准。劳动定额的主要作用是下达施工任务单、核算企业内部用工数，也是编制施工定额、预算定额的依据。例如，砌 $1m^3$ 砖基础的时间定额为 0.956 工日/m^3。

七、材料消耗定额

材料消耗定额是指在正常施工条件下，节约和合理使用材料的条件下，生产单位合格产品所必须消耗的一定品种规格的材料数量。材料消耗定额的主要作用是下达施工限额领料单，核算企业内部用料数量，也是编制施工定额和预算定额的依据。例如，砌 $1m^3$ 砖基础的标准砖用量为 521 块/m^3。

八、机械台班使用定额

机械台班使用定额规定了在正常施工条件下，利用某种施工机训，生产单位合格产品所必须消耗的机械工作时间，或者在单位工作时间内机械完成合格产品的数量标准。例如：8t 载重汽车运预制空心板，当运距为 1km 时的产量定额为 65.4t/台班。

九、工期定额

工期定额是以单项工程或单位工程为对象，在平均建设管理水平，合理施工装备水平和正常施工条件下，按施工图设计条件的要求，按工程结构类型和地区划分要求，从工程开工到竣工验收合格交付使用全过程所需的合理日历天数。

工期定额是编制招标文件的依据，是签订施工合同、处理施工索赔的基础，也是施工企业编制施工组织设计，安排施工进度的依据。例如，北京地区完成高6层5000m² 建筑面积以内的住宅工程的工期定额为190天。

第三节 预算定额的构成要素

预算定额一般由项目名称、单位、人工、材料、机械台班消耗量构成，若反映货币量，还包括项目的定额基价。预算定额示例见表2-1。

预算定额摘录　　　　　　　　　　　　　　　　表2-1

工程内容：略

定额编号		5-408	
项目	单位	单价	现浇C20混凝土圈梁(m³)
基价	元		199.05
其中	人工费	元		58.60
	材料费	元		137.50
	机械费	元		2.95
人工	综合用工	工日	20.00	2.93
材料	C20混凝土	m³	134.50	1.015
	水	m³	0.90	1.087
机械	混凝土搅拌机400L	台班	55.24	0.039
	插入式振动器	台班	10.37	0.077

一、项目名称

预算定额的项目名称也称定额子目名称。定额子目是构成工程实体或有助于构成工程实体的最小组成部分。一般是按工程部位或工种材料划分。一个单位工程预算可由几十个到上百个定额子目构成。

二、工料机消耗量

工料机消耗量是预算定额的主要内容。这些消耗量是完成单位产品(一个单位定额子目)的规定数量。例如，现浇1m³ 混凝土圈梁的用工是2.93工日(表2-1)。所以，称之为定额。这些消耗量反映了本地区该项目的社会必要劳动消耗量。

三、定额基价

定额基价也称工程单价，是定额子目中工料机消耗量的货币表现(表2-1)。

$$定额基价 = 工日数 \times 工日单价 + \sum_{i=1}^{n}(材料用量 \times 材料单价)_i + \sum_{j=1}^{m}(机械台班量 \times 台班单价)_j$$

第四节 预算定额的编制内容与步骤

一、编制预算定额的准备工作

编制预算定额要完成许多准备工作。首先要确定编几个分部(或编几章)，每一分部(或每一章)分几个小节，每个小节需划分为几个子目。

其次要确定定额子目的计量单位，是采用"m^3"，还是采用"m^2"等等。

再者要合理确定定额水平，要分析哪些企业的劳动消耗量水平能反映社会平均消耗量水平。

二、测算预算定额子目消耗量

采用一定的技术方法、计算方法、调查研究方法，测算各定额子目的人工、材料、机械台班消耗量。

三、编排预算定额

根据划分好的项目和取得的定额资料，采用事先确定的表格，计算和编排预算定额，编成供大家使用的预算定额手册。

第五节 预算定额编制过程示例

上述编制预算定额的过程举例如下。

拟完成砌筑分部、砌砖小节、砌灰砂砖墙项目的预算定额编制过程为：

第一步：划分子目，确定计量单位

砌灰砂砖墙拟划分为5个子目，其子目名称、计量单位确定如下：

定额子目划分表 表2-2

分部名称：砌筑　　节名称：砌砖　　项目名称：灰砂砖墙

定 额 编 号	定 额 子 目 名 称	计 量 单 位
4-2	1/2砖厚灰砂砖墙	m^3
4-3	3/4砖厚灰砂砖墙	m^3
4-4	1砖厚灰砂砖墙	m^3
4-5	1砖半厚灰砂砖墙	m^3
4-6	2砖及2砖以上厚灰砂砖墙	m^3

第二步：确定工料机消耗量

通过现场测定和统计计算资料确定各子目的人工消耗量、材料消耗量、机械台班消耗量如下：

定额子目工料机消耗量取定表 表 2-3

计量单位：m³

定额编号		4-2	4-3	4-4	4-5	4-6
子目名称	单位	混合砂浆砌灰砂砖墙				
		$\frac{1}{2}$砖	3/4 砖	1 砖	1 砖半	2 砖及 2 砖以上
综合工日	工日	2.19	2.16	1.89	1.78	1.71
M5 混合砂浆	m³	0.195	0.213	0.225	0.240	0.245
灰砂砖	块	564	551	541	535	531
水	m³	0.113	0.11	0.11	0.11	0.11
200L 灰浆搅拌机	台班	0.33	0.35	0.38	0.40	0.41

第三步：编制预算定额

根据上述计算确定的工料机消耗量和工料机单价，用预算定额表格汇总编制成预算定额手册，过程如下：

1. 将工料机消耗量填入表格内(表 2-4)；
2. 将工料机单价填入表格内(表 2-4)；
3. 计算人工费、材料费、机械费。举例如下：

$\frac{1}{2}$砖厚灰砂砖墙人工费、材料费、机械费计算过程为：

人工费＝综合用工×工日单价＝2.19×20.00＝43.80 元

$$材料费 = \sum_{i=1}^{n}(材料用量 \times 材料单价)_i$$
$$= 0.195 \times 99.00 + 564 \times 0.18 + 0.113 \times 0.90$$
$$= 120.93 \text{ 元}$$

$$机械费 = \sum_{j=1}^{m}(台班数量 \times 台班单价)_j = 0.33 \times 15.38 = 5.08 \text{ 元}$$

4. 将人工费、材料费、机械费汇总为定额基价。例如，4-2 号定额的基价为：

基价＝43.80＋120.93＋5.08＝169.81 元/m³

预算定额手册编制表 表 2-4

工程内容：略   定额单位：m³

定额编号				4-2
项目		单位	单价	混合砂浆砌$\frac{1}{2}$砖灰砂砖墙
基价		元		169.81
其中	人工费	元		43.80
	材料费	元		120.93
	机械费	元		5.08
用工	综合用工	工日	20.00	2.19
材料	M5 混合砂浆	m³	99.00	0.195
	灰砂砖	块	0.18	564
	水	m³	0.90	0.113
机械	200L 灰浆搅拌机	台班	15.38	0.33

思 考 题

1. 建筑工程预算定额有什么用?
2. 概算指标有何用?
3. 施工定额有何用?
4. 劳动定额有何用?
5. 材料消耗定额有何用?
6. 工期定额有何用?
7. 预算定额由哪些要素构成?

第三章 工程量计算规则概述

第一节 工程量计算规则有什么用

一、工程量的概念

工程量是指用物理计量单位或自然计量单位表示的分项工程的实物数量。

物理计量单位系指用公制度量表示的"m、m²、m³、t、kg"等单位。例如,楼梯扶手以"m"为单位,水泥砂浆抹地面以"m²"为单位,预应力空心板以"m³"为单位,钢筋制作安装以"t"为单位等等。

自然计量单位系指个、组、件、套等具有自然属性的单位。例如,砖砌拖布池以"套"为单位,雨水斗以"个"为单位,洗脸盆以"组"为单位,日光灯安装以"套"为单位等等。

二、工程量计算规则的作用

工程量计算规则是计算分项工程项目工程量时,确定施工图尺寸数据、内容取定、工程量调整系数、工程量计算方法的重要规定。工程量计算规则是具有权威性的规定,是确定工程消耗量的重要依据,主要作用如下:

1. 确定工程量项目的依据

例如,工程量计算规则规定,建筑场地挖填土方厚度在±30cm以内及找平,算人工平整场地项目;超过±30cm就要按挖土方项目计算了。

2. 施工图尺寸数据取定,内容取舍的依据

例如,外墙墙基按外墙中心线长度计算,内墙墙基按内墙净长计算,基础大放脚T形接头处的重叠部分,0.3m²以内洞口所占面积不予扣除,但靠墙暖气沟的挑檐亦不增加。又如,计算墙体工程量时,应扣除门窗洞口,嵌入墙身的圈梁、过梁体积,不扣除梁头、外墙板头、加固钢筋及每个面积在0.3m²以内孔洞等所占的体积,突出墙面的窗台虎头砖、压顶线、三皮砖以内的腰线亦不增加。

3. 工程量调整系数

例如,计算规则规定,木百叶门油漆工程量按单面洞口面积乘以系数1.25。

4. 工程量计算方法

例如,计算规则规定,满堂脚手架增加层的计算方法为:

$$满堂脚手架增加层 = \frac{室内净高 - 5.2(m)}{1.2(m)}$$

第二节 制定工程量计算规则有哪些考虑

我们知道，工程量计算规则是与预算定额配套使用的。当计算规则作出了规定后，那么编制预算定额就要考虑这些规定的各项内容，两者是统一的。工程量计算规则有哪些考虑呢？

一、力求工程量计算的简化

工程量计算规则制定时，要尽量考虑工程造价人员在编制施工图预算时，简化工程量计算过程。例如，砖墙体积内不扣除梁头板头体积，也不增加突出墙面虎头砖、压顶线的体积的计算规则规定，就符合这一精神。

二、计算规则与定额消耗量的对应关系

凡是工程量计算规则指出不扣除或不增加的内容，在编制预算定额时都进行了处理。因为在编制预算定额时，都要通过典型工程相关工程量统计分析后，进行了抵扣处理。也就是说，计算规则注明不扣的内容，编制定额时已经扣除；计算规则说不增加的内容，在编制预算定额时已经增加了。所以，定额的消耗量与工程量的计算规则是相对应的。

三、制定工程量计算规则应考虑定额水平的稳定性

虽然编制预算定额是通过若干个典型工程，测算定额项目的工程实物消耗量。但是，也要考虑制定工程量计算规则变化幅度大小的合理性，使计算规则在编制施工图预算确定工程量时具有一定的稳定性，从而使预算定额水平具有一定的稳定性。

第三节 如何运用好工程量计算规则

工程量计算规则就像体育运动比赛规则一样，具有事先约定的公开性、公平性和权威性。凡是使用预算定额编制施工图预算的，就必须按此规则计算工程量。因为，工程量计算规则与预算定额项目之间有着严格的对应关系。运用好工程量计算规则是保证施工图预算准确性的基本保证。

一、全面理解计算规则

我们知道，定额消耗量的取舍与工程量计算规则是相对应的，所以，全面理解工程量计算规则是正确计算工程量的基本前提。

工程量计算规则中贯穿着一个规范工程量计算和简化工程量计算的精神。

所谓规范工程量计算，是指不能以个人的理解来运用计算规则，也不能随意改变计算规则。例如，楼梯水泥砂浆面层抹灰，包括休息平台在内，不能认为只算楼梯踏步。

简化工程量计算的原则，包括以下几个方面：

1. 计算较繁琐但数量又较小的内容，计算规则处理为不计算或不扣除。但是在编制定额时都作为扣除或增加处理，这样，计算工程量就简化了。例如，砖墙工程量计算中，

规定不扣除梁头、板头所占体积,也不增加挑出墙外窗台线和压顶线的体积等等。

2. 工程量不计算,但定额消耗量已包括。例如,方木屋架的夹板、垫木已包括在相应屋架制作定额项目中,工程量不再计算。此方法,也简化了工程量计算。

3. 精简了定额项目。例如,各种木门油漆的定额消耗量之间有一定的比例关系。于是,预算定额只编制单层木门的油漆项目,双层木门、百叶木门的油漆工程量通过计算规则规定的工程量乘以系数的方法来实现定额的套用。所以,这种方法精简了预算定额项目。

二、领会精神,灵活处理

领会了制定工程量计算规则的精神后,我们就能较灵活地处理实际工作中的一些问题。

1. 按实际情况分析工程量计算范围

工程量计算规则规定,楼梯面层是按水平投影面积计算。具体做法是,将楼梯段和休息平台综合为投影面积计算,不需要按展开面积计算。这种规定,简化了工程量计算。但是,遇到单元式住宅时,怎样计算楼梯面积,需要具体分析。

例如,某单元式住宅,每层2跑楼梯,包括了一个休息平台和一个楼层平台。这时,楼层平台是否算入楼梯面积,需要判断。通过分析,我们知道,连接楼梯的楼层平台有内走廊、外走廊、大厅和单元式住宅楼等几种形式。显然,单元式住宅的楼层平台是众多楼层平台中的特殊形式,而楼梯面层定额项目是针对各种楼层平台情况编制的。所以,单元式住宅的楼层平台不应算入楼梯面层内。

2. 领会简化计算精神,处理工程量计算过程

领会了工程量计算规则制定的精神,知道了要规范工程量计算,还要领会简化工程量计算的精神。在工程量计算过程中灵活处理一些实际问题,使计算过程既符合一定准确性要求,也达到了简化计算的目的。

例如,计算抗震结构钢筋混凝土构件中钢筋的箍筋用量,可以按正规的计算方法计算,即按规定扣除保护层尺寸,加上弯钩的长度计算。但也可以采用按构件矩形截面的外围周长尺寸确定箍筋的长度。因为,通过分析,我们发现,采用后一种方法计算梁、柱箍筋时,$\phi 6.5$的箍筋每个多算了20mm,$\phi 8$箍筋每个少算了22mm,在一个框架结构的建筑物中,要计算很多$\phi 6.5$的箍筋,也要计算很多$\phi 8$的箍筋。这样,这两种规格在计算过程中不断抵消了多算或少算的数量。而采用后一种方法确定,简化了计算过程,且数量误差又不会太大。

第四节 工程量计算规则的发展趋势

一、工程量计算规则的制定有利于工程量的自动计算

使用了计算机,人们可以从繁琐的计算工作中解放出来。所以,用计算机计算工程量是一个发展趋势。那么,用计算机计算工程量,计算规则的制定就要符合计算机处理的要求,包括,可以通过建立数学模型来描述工程量计算规则;各计算规则之间的界定要明

晰；要总结计算规则的规律性等等。

二、工程量计算规则宜粗不宜细

工程量计算规则要简化，宜粗不宜细，尽量做到将方便让给使用者。这一思路并不影响工程消耗量的准确性，因为可以通过统计分析的方法，将复杂因素处理在预算定额消耗量内。

思 考 题

1. 工程量计算规则有什么用？
2. 什么是工程量？
3. 制定工程量计算规则有哪些考虑？
4. 如何运用好工程量计算规则？

第四章 施工图预算编制原理

第一节 施工图预算的费用构成

我们已经知道，施工图预算的主要作用是确定工程预算造价（以下简称工程造价）。如果从产品的角度看，工程造价就是建筑产品的价格。

从理论上讲建筑产品的价格也同其他产品一样，由生产这个产品的社会必要劳动量确定，劳动价值论表达为：$C+V+m$。现行的建设预算制度，将 $C+V$ 表达为直接费和间接费，m 表达为利润和税金。因此，施工图预算由上述四部分费用构成。

一、直接费

直接费是与建筑产品生产直接有关的各项费用，包括直接工程费和措施费。

1. 直接工程费

直接工程费是指构成工程实体的各项费用，主要包括人工费、材料费和施工机械使用费。

2. 措施费

措施费是指有助于构成工程实体形成的各项费用，主要包括冬雨期施工增加费、夜间施工增加费、材料二次搬运费、脚手架搭设费、临时设施费等。

二、间接费

间接费是指费用发生后，不能直接计入某个建筑工程，而只有通过分摊的办法间接计入建筑工程成本的费用，主要包括企业管理费和规费。

三、利润

利润是劳动者为社会劳动、为企业劳动创造的价值。利润按国家或地方规定的利润率计取。

利润的计取具有竞争性。承包商投标时，可根据本企业的经营管理水平和建筑市场的供求状况，在一定的范围内确定本企业的利润水平。

四、税金

税金是劳动者为社会劳动创造的价值。与利润的不同点是它具有法令性和强制性。按现行规定，税金主要包括营业税、城市维护建设税和教育费附加。

第二节 建筑产品的特点

建筑产品具有：产品生产的单件性、建设地点的固定性、施工生产的流动性等特点。这些特点是形成建筑产品必须通过编制施工图预算确定工程造价的根本原因。

一、单件性

建筑产品的单件性是指每个建筑产品都具有特定的功能和用途，即：在建筑物的造型、结构、尺寸、设备配置和内外装修等方面都有不同的具体要求。就是用途完全相同的工程项目，在建筑等级、基础工程等方面都会发生不同的情况。可以这么说，在实践中找不到两个完全相同的建筑产品。因而，建筑产品的单件性使得建筑物在实物形态上千差万别，各不相同。

二、固定性

固定性是指建筑产品的生产和使用必须固定在某一个地点，不能随意移动。建筑产品固定性的客观事实，使得建筑物的结构和造型受当地自然气候、地质、水文、地形等因素的影响和制约，使得功能相同的建筑物在实物形态上仍有较大的差别，从而使得每个建筑产品的工程造价各不相同。

三、流动性

建筑产品的固定性是产生施工生产流动性的根本原因。因为建筑物固定了，施工队伍就流动了。流动性是指施工企业必须在不同的建设地点组织施工、建造房屋。

由于每个建设地点离施工单位基地的距离不同、资源条件不同、运输条件不同、工资水平不同等等，都会影响建筑产品的造价。

第三节 施工图预算确定工程造价的必要性

建筑产品的三大特性，决定了其在实物形态上和价格要素上千差万别的特点。这种差别形成了制定统一建筑产品价格的障碍，给建筑产品定价带来了困难，通常工业产品的定价方法已经不适用于建筑产品的定价。

当前，建筑产品价格主要有二种表现形式，一是政府指导价，二是市场竞争价。施工图预算确定的工程造价属于政府指导价；招标投标确定的承包价属于市场竞争价。但是，应该指出，市场竞争价也是以施工图预算为基础确定的。所以，以编制施工图预算确定工程造价的方法必须掌握。

产品定价的基本规律除了价值规律外，还应该有二条，一是通过市场竞争形成价格，二是同类产品的价格水平应该基本一致。

对于建筑产品来说，价格水平一致性的要求和建筑产品单件性的差别特性是一对需要解决的矛盾。因为我们无法做到以一个建筑物为对象来整体定价而达到保持价格水平一致性的要求。通过人们长期实践和探讨，找到了用编制施工图预算确定建筑产品价格的方法较好地解决了这个问题。因此，从这个意义上说，施工图预算是确定建筑产品价格的特殊方法。

第四节　确定建筑工程造价的基本理论

将一个复杂的建筑工程分解为具有共性的基本构造要素——分项工程；编制单位分项工程人工、材料、机械台班消耗量及货币量的预算定额，是确定建筑工程造价基本原理的重要基础。

一、建设项目的划分

基本建设项目按照合理确定工程造价和基本建设管理工作的要求，划分为建设项目、单项工程、单位工程、分部工程、分项工程五个层次。

1. 建设项目

建设项目一般是指在一个总体设计范围内，由一个或几个工程项目组成，经济上实行独立核算，行政上实行独立管理，并且具有法人资格的建设单位。通常，一个企业、事业单位就是一个建设项目。

2. 单项工程

单项工程又称工程项目，他是建设项目的组成部分，是指具有独立的设计文件，竣工后可以独立发挥生产能力或使用效益的工程。如，一个工厂的生产车间、仓库等，学校的教学楼、图书馆等分别都是一个单项工程。

3. 单位工程

单位工程是单项工程的组成部分。单位工程是指具有独立的设计文件，能单独施工，但建成后不能独立发挥生产能力或使用效益的工程。如，一个生产车间的土建工程、电气照明工程、给排水工程、机械设备安装工程、电气设备安装工程等分别是一个单位工程，他们是生产车间这个单项工程的组成部分。

4. 分部工程

分部工程是单位工程的组成部分。分部工程一般按工种工程来划分。例如土建单位工程划分为：土石方工程、砌筑工程、脚手架工程、钢筋混凝土工程、木结构工程、金属结构工程、装饰工程等等。也可按单位工程的构成部分来划分，例如，基础工程、墙体工程、梁柱工程、楼地面工程、门窗工程、屋面工程等等。一般，建筑工程预算定额综合了上述两种方法来划分分部工程。

5. 分项工程

分项工程是分部工程的组成部分。一般，按照分部工程划分的方法，再将分部工程划分为若干个分项工程。例如，基础工程还可以划分为基槽开挖、基础垫层、基础砌筑、基础防潮层、基槽回填土、土方运输等分项工程。

分项工程是建筑工程的基本构造要素。通常，我们把这一基本构造要素称为"假定建筑产品"。假定建筑产品虽然没有独立存在的意义，但是这一概念在预算编制原理、计划统计、建筑施工及管理、工程成本核算等方面都是十分重要的概念。

建设项目划分示意图见图4-1。

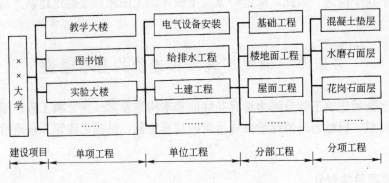

图 4-1 建设项目划分示意图

二、建筑产品的共同要素——分项工程

建筑产品是结构复杂、体型庞大的工程，要对这样一类完整产品进行统一定价，不太容易办到，这就需要按照一定的规则，将建筑产品进行合理分解，层层分解到构成完整建筑产品的共同要素——分项工程为止，就能实现对建筑产品定价的目的。

从建设项目划分的内容来看，将单位建筑工程按结构构造部位和工程工种来划分，可以分解为若干个分部工程。但是，从对建筑产品定价要求来看，仍然不能满足要求。因为以分部工程为对象定价，其影响因素较多。例如，同样是砖墙，由于他的构造不同，如实砌墙或空花墙；材料不同，标准砖或灰砂砖等，受这些因素影响，其人工、材料消耗的差别较大。所以，还必须按照不同的构造、材料等要求，将分部工程分解为更为简单的组成部分——分项工程，例如，M5混合砂浆砌240mm厚灰砂砖墙，现浇C20钢筋混凝土圈梁等等。

分项工程是经过逐步分解，最后得到能够用较为简单的施工过程生产出来的，可以用适当计量单位计算的工程基本构造要素。

三、单位分项工程的消耗量标准——预算定额

将建筑工程层层分解后，我们就能采用一定的方法，编制出确定单位分项工程的人工、材料、机械台班消耗量标准——预算定额。

虽然不同的建筑工程由不同的分项工程项目和不同的工程量构成，但是有了预算定额后，就可以计算出价格水平基本一致的工程造价。这是因为预算定额确定的每一单位分项工程的人工、材料、机械台班消耗量起到了统一建筑产品劳动消耗水平的作用，从而使我们能够将千差万别的各建筑工程不同的工程数量，计算出符合统一价格水平的工程造价成为现实。

例如，甲工程砖基础工程量为 68.56m^3，乙工程砖基础工程量为 205.66m^3，虽然工程量不同，但使用统一的预算定额后，他们的人工、材料、机械台班消耗量水平是一致的。

如果在预算定额消耗量的基础上再考虑价格因素，用货币量反映定额基价，那么，我们就可以计算出直接费、间接费、利润和税金，就能算出整个建筑产品的工程造价。

必须明确指出，施工图预算以单位工程为对象编制，也就是说，施工图预算确定的是单位工程预算造价。

四、确定工程造价的数学模型

用编制施工图预算确定工程造价,一般采用下列三种方法,因此也需构建三种数学模型。

1. 单位估价法

单位估价法是编制施工图预算常采用的方法。该方法根据施工图和预算定额,通过计算分项工程量、分项直接工程费,将分项直接工程费汇总成单位工程直接工程费后,再根据措施费费率、间接费费率、利润率、税率分别计算出各项费用和税金,最后汇总成单位工程造价。其数学模型如下:

$$工程造价 = 直接费 + 间接费 + 利润 + 税金$$

即:

$$以直接费为取费基础的工程造价 = \left[\sum_{i=1}^{n}(分项工程量 \times 定额基价)_i \times (1+措施费费率+间接费费率+利润率)\right] \times (1+税率)$$

$$以人工费为取费基础的工程造价 = \left[\sum_{i=1}^{n}(分项工程量 \times 定额基价)_i + \sum_{i=1}^{n}(分项工程量 \times 定额基价中人工费)_i \times (1+措施费费率+间接费费率+利润率)\right] \times (1+税率)$$

提示:通过1.4中的简例来理解上述工程造价数学模型。

2. 实物金额法

当预算定额中只有人工、材料、机械台班消耗量,而没有定额基价的货币量时,我们可以采用实物金额法来计算工程造价。

实物金额法的基本做法是,先算出分项工程的人工、材料、机械台班消耗量,然后汇总成单位工程的人工、材料、机械台班消耗量,再将这些消耗量分别乘以各自的单价,最后汇总成单位工程直接费。后面各项费用的计算同单位估价法。其数学模型如下:

$$工程造价 = 直接费 + 间接费 + 利润 + 税金$$

即:

$$以直接费为取费基础的工程造价 = \left\{\left[\sum_{i=1}^{n}(分项工程量 \times 定额用工量)_i \times 工日单价 + \sum_{j=1}^{m}(分项工程量 \times 定额材料用量)_j \times 材料单价 + \sum_{k=1}^{p}(分项工程量 \times 定额机械台班量)_k \times 台班单价\right] \times (1+措施费费率+间接费费率+利润率)\right\} \times (1+税率)$$

$$以人工费为取费基础的工程造价 = \left[\sum_{i=1}^{n}(分项工程量 \times 定额用工量)_i \times 工日单价\right.$$

$$\times (1+措施费费率+间接费费率+利润率)$$
$$+\sum_{j=1}^{m}(分项工程量\times 定额材料用量)_j$$
$$\times 材料单价 + \sum_{k=1}^{p}(分项工程量\times 定额机械台班量)_k$$
$$\times 台班单价\Big]\times (1+税率)$$

3. 分项工程完全单价计算法

分项工程完全单价计算法的特点是，以分项工程为对象计算工程造价，再将分项工程造价汇总成单位工程造价。该方法从形式上类似于工程量清单计价法，但又有本质上的区别。

分项工程完全单价计算法的数学模型为：

$$\text{以直接费为取费基础计算工程造价} = \sum_{i=1}^{n}\Big[(分项工程量\times 定额基价)$$
$$\times (1+措施费费率+间接费费率+利润率)$$
$$\times (1+税率)\Big]_i$$

$$\text{以人工费为取费基础计算工程造价} = \sum_{i=1}^{n}\Big\{\Big[(分项工程量\times 定额基价)+(分项工程量$$
$$\times 定额用工量\times 工日单价)\times (1+措施费费率$$
$$+间接费费率+利润率)\Big]\times (1+税率)\Big\}_i$$

注：上述数学模型分二种情况表述的原因是，建筑工程造价一般以直接费为基础计算；装饰工程造价或安装工程造价一般以人工费为基础计算。

第五节 施工图预算编制程序

上述工程造价的数学模型反映了编制施工图预算的本质特征，同时也反映了编制施工图预算的步骤与方法。

所谓施工图预算编制程序是指编制施工图预算时有规律的步骤和顺序，包括施工图预算的编制依据、编制内容和编制程序。

一、编制依据

1. 施工图

施工图是计算工程量和套用预算定额的依据。广义地讲，施工图除了施工蓝图外，还包括标准施工图、图纸会审纪要和设计变更等资料。

2. 施工组织设计或施工方案

施工组织设计或施工方案是编制施工图预算过程中，计算工程量和套用预算定额时，确定土方类别，基础工作面大小、构件运输距离及运输方式等的依据。

3. 预算定额

预算定额是确定分项工程项目、计量单位，计算分项工程量、分项工程直接费和人工、材料、机械台班消耗量的依据。

4. 地区材料预算价格

地区材料预算价格或材料指导价是计算材料费和调整材料价差的依据。

5. 费用定额和税率

费用定额包括措施费、间接费、利润和税金的计算基础和费率、税率的规定。

6. 施工合同

施工合同是确定收取哪些费用，按多少收取的依据。

二、施工图预算编制内容

施工图预算编制的主要内容包括：

1. 列出分项工程项目，简称列项；
2. 计算工程量；
3. 套用预算定额及定额基价换算；
4. 工料分析及汇总；
5. 计算直接费；
6. 材料价差调整；
7. 计算间接费；
8. 计算利润；
9. 计算税金；
10. 汇总为工程造价。

三、施工图预算编制程序

按单位估价法编制施工图预算的程序见图 4-2。

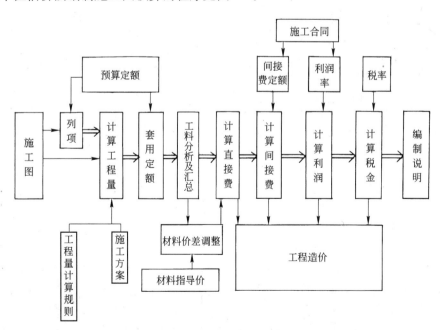

图 4-2 施工图预算编制程序示意图

思 考 题

1. 什么是直接费？
2. 什么是间接费？
3. 什么是利润？
4. 什么是税金？
5. 建筑产品有哪些特点？
6. 为什么要以施工图预算的方式来确定工程造价？
7. 建设项目是如何划分的？
8. 什么是建设项目？
9. 什么是单项工程？
10. 什么是单位工程？
11. 写出确定工程造价的数学模型。
12. 什么是实物金额法？
13. 什么是单位估价法？
14. 什么是分项工程完全单价法？
15. 叙述施工图预算的编制程序。
16. 叙述施工图预算的编制内容。
17. 绘制出施工图预算编制程序示意图。

第五章 建筑工程预算定额

第一节 编制定额的基本方法

编制定额的常用方法有以下四种。

一、技术测定法

技术测定法亦称计时观察法，是一种科学的编制定额的方法。该方法通过对施工过程的具体活动进行实地观察，详细记录工人和施工机械的工作时间消耗，测定完成产品的数量和有关影响因素，将观察记录结果进行分析研究，整理出可靠的数据资料，再运用一定的计算方法算出编制定额的基础数据。

1. 技术测定法的主要步骤

(1) 确定拟编定额项目的施工过程，对其组成部分进行必要的划分；

(2) 选择正常的施工条件和合适的观察对象；

(3) 到施工现场对观察对象进行测时观察，记录完成产品的数量、工时消耗及影响工时消耗的有关因素；

(4) 分析整理观察资料。

2. 常用的技术测定方法

(1) 测时法

测时法主要用于观察循环施工过程的定额工时消耗。

测时法的特点：精度高，观察技术较复杂。

(2) 写实记录法

写实记录法是一种研究各种性质工作时间消耗的技术测定法。采用该方法可以获得工作时间消耗的全部资料。

写实记录法的特点：精度较高、观察方法比较简单。观察对象是一个工人或一个工人小组，采用普通表为计时工具。

(3) 工作日写实法

工作日写实法是研究整个工作班内各种损失时间、休息时间和不可避免中断时间的方法。

工作日写实法的特点：技术简便、资料全面。

二、经验估计法

经验估计法是根据定额员、施工员、内业技术员、老工人的实际工作经验，对生产某一产品或完成某项工作所需的人工、材料、机械台班数量进行分析、讨论、估算，并最终确定消耗量的一种方法。

经验估计法的特点：简单、工作量小、精度差。

三、统计计算法

统计计算法是运用过去统计资料编制定额的一种方法。

统计计算法编制定额简单可行，只要对过去的统计资料加以分析和整理就可以计算出定额消耗指标。缺点是统计资料不可避免地包含各种不合理因素，这些因素必然会影响定额水平，降低定额质量。

四、比较类推法

比较类推法也叫典型定额法。该方法是在同类型的定额子目中，选择有代表性的典型子目，用技术测定法确定各种消耗量，然后根据测定的定额用比较类推的方法编制其他相关定额。

比较类推法简单易行，有一定的准确性。缺点是该方法运用了正比例的关系来编制定额，故有一定的局限性。

第二节 预算定额的特性

在社会主义市场经济条件下，定额具有以下三个方面的特性：

一、科学性

预算定额的科学性是指，定额是采用技术测定法、统计计算法等科学方法，在认真研究施工生产过程中客观规律的基础上，通过长期的观察、测定、统计分析总结生产实践经验以及广泛搜集现场资料的基础上编制的。在编制过程中，对工作时间、现场布置、工具设备改革、工艺过程以及施工生产技术与组织管理等方面，进行科学的分析研究，因而，所编制的预算定额客观地反映了行业的社会平均水平，所以，定额具有科学性。简而言之，用科学的方法编制定额，因而定额具有科学性。

二、权威性

在计划经济体制下，定额具有法令性，即定额经国家主管机关批准颁发后，具有经济法规的性质，执行定额的所有各方必须严格遵守，不能随意改变定额的内容和水平。

但是，在市场经济条件下，定额的执行过程中允许施工企业根据招标投标的具体情况进行调整，内容和水平也可以变化，使其体现了市场经济竞争性的特点和自主报价的特点，故定额的法令性淡化了。所以具有权威性的预算定额既能起到国家宏观调控建筑市场，又能起到让建筑市场充分发育的作用。这种具有权威性的定额，能使承包商在竞争过程中有根据地改变其定额水平，起到推动社会生产力水平发展和提高建设投资效益的目的。具有权威性的定额符合社会主义市场经济条件下建筑产品的生产规律。

定额的权威性是建立在采用先进科学的编制方法上，能正确反映本行业的生产力水平，符合社会主义市场经济的发展规律。

三、群众性

定额的群众性是指定额的制定和执行都必须有广泛的群众基础。因为定额的水平高低主要取决于建筑安装工人所创造的劳动生产力水平的高低;其次,工人直接参加定额的测定工作,有利于制定出容易使用和推广的定额;最后,定额的执行要依靠广大职工的生产实践活动才能完成。

第三节 预算定额的编制原则

预算定额的编制原则主要有以下二个:

一、平均水平原则

平均水平是指编制预算定额时应遵循价值规律的要求,即按生产该产品的社会必要劳动量来确定其人工、材料、机械台班消耗量。这就是说,在正常施工条件下,以平均的劳动强度、平均的技术熟练程度、平均的技术装备条件,完成单位合格建筑产品所需的劳动消耗量来确定预算定额的消耗量水平。这种以社会必要劳动量来确定定额水平的原则,就称为平均水平原则。

二、简明适用原则

定额的简明与适用是统一体中的一对矛盾,如果只强调简明,适用性就差;如果单纯追求适用,简明性就差。因此,预算定额应在适用的基础上力求简明。

简明适用原则主要体现在以下几个方面:

1. 满足使用各方的需要。例如,满足编制施工图预算、编制竣工结算、编制投标报价、工程成本核算、编制各种计划等的需要,不但要注意项目齐全,而且还要注意补充新结构,新工艺的项目。另外,还要注意每个定额子目的内容划分要恰当。例如,预制构件的制作、运输、安装划分为三个子目较合适,因为在工程施工中,预制构件的制、运、安往往由不同的施工单位来完成。

2. 确定预算定额的计量单位时,要考虑简化工程量的计算。例如,砌墙定额的计量单位采用"m^3"要比用"块"更简便。

3. 预算定额中的各种说明,要简明扼要,通俗易懂。

4. 编制预算定额时要尽量少留活口,因为补充预算定额必然会影响定额水平的一致性。

第四节 劳动定额编制

预算定额是根据劳动定额、材料消耗定额、机械台班定额编制的,在讨论预算定额编制前应该了解上述三种定额的编制方法。

一、劳动定额的表现形式及相互关系

1. 产量定额

在正常施工条件下某工种工人在单位时间内完成合格产品的数量,叫产量定额。

产量定额的常用单位是:m^2/工日、m^3/工日、t/工日、套/工日、组/工日等等。

例如,砌一砖半厚标准砖基础的产量定额为:$1.08m^3$/工日。

2. 时间定额

在正常施工条件下,某工种工人完成单位合格产品所需的劳动时间,叫时间定额。

时间定额的常用单位是:工日/m^2、工日/m^3、工日/t、工日/组等等。

例如,现浇混凝土过梁的时间定额为:1.99 工日/m^3。

3. 产量定额与时间定额的关系

产量定额和时间定额是劳动定额两种不同的表现形式,他们之间是互为倒数的关系。

$$时间定额 = \frac{1}{产量定额}$$

或:
$$时间定额 \times 产量定额 = 1$$

利用这种倒数关系我们就可以求另外一种表现形式的劳动定额。例如:

$$一砖半厚砖基础的时间定额 = \frac{1}{产量定额} = \frac{1}{1.08} = 0.926 \text{ 工日}/m^3$$

$$现浇过梁的产量定额 = \frac{1}{时间定额} = \frac{1}{1.99} = 0.503 m^3/\text{工日}$$

二、时间定额与产量定额的特点

产量定额以 m^2/工日、m^3/工日、t/工日、套/工日等单位表示,数量直观、具体,容易为工人理解和接受,因此,产量定额适用于向工人班组下达生产任务。

时间定额以工日/m^2、工日/m^3、工日/t、工日/组等为单位,不同的工作内容有共同的时间单位,定额完成量可以相加,因此,时间定额适用于劳动计划的编制和统计完成任务情况。

三、劳动定额编制方法

在取得现场测定资料后,一般采用下列计算公式编制劳动定额。

$$N = \frac{N_{基} \times 100}{100 - (N_{辅} + N_{准} + N_{息} + N_{断})}$$

式中 N——单位产品时间定额;

$N_{基}$——完成单位产品的基本工作时间;

$N_{辅}$——辅助工作时间占全部定额工作时间的百分比;

$N_{准}$——准备结束时间占全部定额工作时间的百分比;

$N_{息}$——休息时间占全部定额工作时间的百分比;

$N_{断}$——不可避免的中断时间占全部定额工作时间的百分比。

【例 5-1】 根据下列现场测定资料,计算每 $100m^2$ 水泥砂浆抹地面的时间定额和产量定额。

基本工作时间:1450 工分/$50m^2$

辅助工作时间：占全部工作时间3%
准备与结束工作时间：占全部工作时间2%
不可避免中断时间：占全部工作时间2.5%
休息时间：占全部工作时间10%

【解】
$$\text{抹}100m^2\text{水泥砂浆地面的时间定额}=\frac{1450\times100}{100-(3+2+2.5+10)}\div50\times100$$
$$=\frac{145000}{100-17.5}\times\frac{100}{50}=\frac{145000}{82.5}\times2$$
$$=3515\text{工分}=58.58\text{工时}$$
$$=7.32\text{工日}$$

抹水泥砂浆地面的时间定额＝7.32 工日/100m²

抹水泥砂浆地面的产量定额＝$\frac{1}{7.32}$＝0.137(100m²)/工日＝13.7m²/工日

第五节 材料消耗定额编制

一、材料净用量定额和损耗量定额

1. 材料消耗量定额的构成

材料消耗量定额包括：
(1) 直接耗用于建筑安装工程上的构成工程实体的材料；
(2) 不可避免产生的施工废料；
(3) 不可避免的材料施工操作损耗。

2. 材料消耗净用量定额与损耗量定额的划分

直接构成工程实体的材料，称为材料消耗净用量定额。
不可避免的施工废料和施工操作损耗，称为材料损耗量定额。

3. 净用量定额与损耗量定额之间的关系

材料消耗定额＝材料消耗净用量定额＋材料损耗量定额

$$\text{材料损耗率}=\frac{\text{材料损耗量定额}}{\text{材料消耗量定额}}\times100\%$$

或：
$$\text{材料损耗率}=\frac{\text{材料损耗量}}{\text{材料总消耗量}}\times100\%$$

$$\text{材料消耗定额}=\frac{\text{材料消耗净用量定额}}{1-\text{材料损耗率}}$$

或：
$$\text{总消耗量}=\frac{\text{净用量}}{1-\text{损耗率}}$$

在实际工作中，为了简化上述计算过程，常用下列公式计算总消耗量：

$$\text{总消耗量}=\text{净用量}\times(1+\text{损耗率}')$$

其中：
$$\text{损耗率}'=\frac{\text{损耗量}}{\text{净用量}}$$

二、编制材料消耗定额的基本方法

1. 现场技术测定法

用该方法可以取得编制材料消耗定额的全部资料。

一般,材料消耗定额中的净用量比较容易确定,损耗量较难确定。我们可以通过现场技术测定方法来确定材料的损耗量。

2. 试验法

试验法是在实验室内采用专门的仪器设备,通过实验的方法来确定材料消耗定额的一种方法。用这种方法提供的数据,虽然精确度较高,但容易脱离现场实际情况。

3. 统计法

统计法是通过对现场用料的大量统计资料进行分析计算的一种方法。用该方法可以获得材料消耗定额的数据。

虽然统计法比较简单,但不能准确区分材料消耗的性质,因而不能区分材料净用量和损耗量,只能笼统地确定材料消耗定额。

4. 理论计算法

理论计算法是运用一定的计算公式确定材料消耗定额的方法。该方法较适合计算块状、板状、卷材状的材料消耗量计算。

三、砌体材料用量计算方法

1. 砌体材料用量计算的一般公式

$$每1m^3 砌体砌块净用量(块) = \frac{1m^3 砌体}{墙厚 \times (砌块长 + 灰缝) \times (砌块厚 + 灰缝)} \times 分母体积中砌块的数量$$

$$砂浆净用量 = 1m^3 砌体 - 砌块净数量 \times 砌块的单位体积$$

2. 砖砌体材料用量计算

灰砂砖的尺寸为 240mm×115mm×53mm,其材料用量计算公式为:

$$每1m^3 砌体灰砂砖净用量(块) = \frac{1}{墙厚 \times (砖长 + 灰缝) \times (砖厚 + 灰缝)} \times 墙厚的砖数 \times 2$$

$$灰砂砖总消耗量 = \frac{净用量}{1 - 损耗率}$$

$$砂浆净用量 = 1m^3 - 灰砂砖净用量 \times 0.24 \times 0.115 \times 0.053$$

$$砂浆总消耗量 = \frac{净用量}{1 - 损耗率}$$

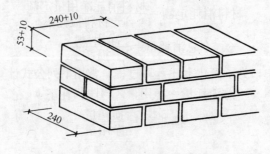

图 5-1 砖砌体计算尺寸示意图

【例 5-2】 计算 $1m^3$ 一砖厚灰砂砖墙的砖和砂浆的总消耗量,灰缝 10mm 厚,砖损耗率1.5%，砂浆损耗率1.2%。

【解】（1）灰砂砖净用量

$$\text{每1m}^3\text{砖墙灰砂砖净用量} = \frac{1}{0.24\times(0.24+0.01)\times(0.053+0.01)}\times 1\times 2$$

$$= \frac{1}{0.24\times 0.25\times 0.063}\times 2$$

$$= \frac{1}{0.00378}\times 2$$

$$= 529.1(\text{块})$$

（2）灰砂砖总消耗量

$$\text{每1m}^3\text{砖墙灰砂砖总消耗量} = \frac{529.1}{1-1.5\%} = \frac{529.1}{0.985} = 537.16(\text{块})$$

（3）砂浆净用量

$$\text{每1m}^3\text{砌体砂浆净用量} = 1-529.1\times 0.24\times 0.115\times 0.053 = 1-0.773967 = 0.226(\text{m}^3)$$

（4）砂浆总消耗量

$$\text{每1m}^3\text{砌体砂浆总消耗量} = \frac{0.226}{1-1.2\%} = \frac{0.226}{0.988} = 0.229(\text{m}^3)$$

3. 砌块砌体材料用量计算

【例5-3】 计算尺寸为390mm×190mm×190mm的每立方米190mm厚混凝土空心砌块墙的砌块和砂浆总消耗量，灰缝10mm，砌块与砂浆的损耗率均为1.8%。

【解】（1）空心砌块总消耗量

$$\text{每立方米砌体空心砌块净用量} = \frac{1}{0.19\times(0.39+0.01)\times(0.19+0.01)}\times 1$$

$$= \frac{1}{0.19\times 0.40\times 0.20} = 65.8(\text{块})$$

$$\text{每立方米砌体空心砌块总消耗量} = \frac{65.8}{1-1.8\%} = \frac{65.8}{0.982} = 67.0(\text{块})$$

（2）砂浆总消耗量

$$\text{每立方米砌体砂浆净用量} = 1-65.8\times 0.19\times 0.19\times 0.39$$

$$= 1-0.9264 = 0.074(\text{m}^3)$$

$$\text{每立方米砌体砂浆总消耗量} = \frac{0.074}{1-1.8\%}$$

$$= \frac{0.074}{0.982} = 0.075(\text{m}^3)$$

四、块料面层材料用量计算

$$\text{每100m}^2\text{块料面层净用量}(\text{块}) = \frac{100}{(\text{块料长}+\text{灰缝})\times(\text{块料宽}+\text{灰缝})}$$

$$\text{每100m}^2\text{块料总消耗量}(\text{块}) = \frac{\text{净用量}}{1-\text{损耗率}}$$

$$\text{每 100m}^2 \text{ 结合层砂浆净用量} = 100\text{m}^2 \times \text{结合层厚度}$$

$$\text{每 100m}^2 \text{ 结合层砂浆总消耗量} = \frac{\text{净用量}}{1-\text{损耗率}}$$

$$\text{每 100m}^2 \text{ 块料面层灰缝砂浆净用量} = (100 - \text{块料长} \times \text{块料宽} \times \text{块料净用量}) \times \text{灰缝深}$$

$$\text{每 100m}^2 \text{ 块料面层灰缝砂浆总消耗量} = \frac{\text{净用量}}{1-\text{损耗率}}$$

【例 5-4】 用水泥砂浆贴 500mm×500mm×15mm 花岗石板地面，结合层 5mm 厚，灰缝 1mm 宽，花岗石损耗率 2%，砂浆损耗率 1.5%，试计算每 100m² 地面的花岗石和砂浆的总消耗量。

【解】（1）计算花岗石总消耗量

$$\text{每 100m}^2 \text{ 地面花岗石净消耗量} = \frac{100}{(0.5+0.001) \times (0.5+0.001)}$$

$$= \frac{100}{0.501 \times 0.501}$$

$$= 398.4 \text{(块)}$$

$$\text{每 100m}^2 \text{ 地面花岗石总消耗量} = \frac{398.4}{1-2\%} = \frac{398.4}{0.98} = 406.5 \text{(块)}$$

（2）计算砂浆总消耗量

$$\text{每 100m}^2 \text{ 花岗石地面结合层砂浆净用量} = 100\text{m}^2 \times 0.005 = 0.5 \text{(m}^3\text{)}$$

$$\text{每 100m}^2 \text{ 花岗石地面灰缝砂浆净用量} = (100 - 0.5 \times 0.5 \times 398.4) \times 0.015$$

$$= (100 - 99.6) \times 0.015$$

$$= 0.006 \text{(m}^3\text{)}$$

$$\text{砂浆总消耗量} = \frac{0.5+0.006}{1-1.5\%} = \frac{0.506}{0.985} = 0.514 \text{(m}^3\text{)}$$

五、预制构件模板摊销量计算

预制构件模板摊销量是按多次使用、平均摊销的方法计算的。计算公式如下：

$$\text{模板一次使用量} = \frac{1\text{m}^3 \text{ 构件模板接触面积} \times 1\text{m}^2 \text{ 接触面积模板净用量}}{1} \times \frac{1}{1-\text{损耗率}}$$

$$\text{模板摊销量} = \frac{\text{一次使用量}}{\text{周转次数}}$$

【例 5-5】 根据选定的预制过梁标准图计算，每 1m³ 构件的模板接触面积为 10.16m²，每 1m² 接触面积的模板净用量 0.095m³，模板损耗率 5%，模板周转 28 次，试计算每 1m³ 预制过梁的模板摊销量。

【解】（1）模板一次使用量计算

$$\text{模板一次使用量} = 10.16 \times 0.095 \times \frac{1}{1-5\%}$$

$$= \frac{0.9652}{0.95} = 1.016 \text{ m}^3$$

（2）模板摊销量计算

$$\text{预制过梁模板摊销量} = \frac{1.016}{28} = 0.036 \text{m}^3/\text{m}^3$$

第六节 机械台班定额编制

施工机械台班定额是施工机械生产率的反映。编制高质量的机械台班定额是合理组织机械施工，有效利用施工机械，进一步提高机械生产率的必备条件。

编制机械台班定额，主要包括以下内容：

一、拟定正常施工条件

机械操作与人工操作相比，劳动生产率在更大程度上受施工条件的影响，所以需要更好地拟定正常的施工条件。

拟定机械工作正常的施工条件，主要是拟定工作地点的合理组织和拟定合理的工人编制。

二、确定机械纯工作一小时的正常生产率

确定机械正常生产率必须先确定机械纯工作一小时的正常劳动生产率。因为只有先取得机械纯工作一小时正常生产率，才能根据机械利用系数计算出施工机械台班定额。

机械纯工作时间，就是指机械必须消耗的净工作时间，包括：正常负荷下工作时间、有根据降低负荷下工作时间、不可避免的无负荷工作时间、不可避免的中断时间。

机械纯工作一小时的正常生产率，就是在正常施工条件下，由具备一定技能的技术工人操作施工机械净工作一小时的劳动生产率。

确定机械纯工作一小时正常劳动生产率可分三步进行。

第一步，计算机械循环一次的正常延续时间。他等于本次循环中各组成部分延续时间之和，计算公式为：

$$\text{机械循环一次正常延续时间} = \Sigma \text{循环内各组成部分延续时间}$$

【例 5-6】 某轮胎式起重机吊装大型屋面板，每次吊装一块，经过现场计时观察，测得循环一次的各组成部分的平均延续时间如下，试计算机械循环一次的正常延续时间。

挂钩时的停车 30.2s

将屋面板吊至 15m 高 95.6s

将屋面板下落就位 54.3s

解钩时的停车 38.7s

回转悬臂、放下吊绳空回至构件堆放处 51.4s

【解】 轮胎式起重机循环一次的正常延续时间 = 30.2+95.6+54.3+38.7+51.4
$$= 270.2\text{s}$$

第二步，计算机械纯工作一小时的循环次数，计算公式为：

$$\frac{\text{机械纯工作1}}{\text{小时循环次数}} = \frac{60 \times 60 \text{s}}{\text{一次循环的正常延续时间}}$$

【例 5-7】 根据上例计算结果，计算轮胎式起重机纯工作一小时的循环次数。

【解】 $\dfrac{\text{轮胎式起重机纯工作}}{1\text{小时循环次数}} = \dfrac{60 \times 60}{270.2} = 13.32(\text{次})$

第三步，求机械纯工作一小时的正常生产率，计算公式为：

$$\dfrac{\text{机械纯工作1小时}}{\text{正常生产率}} = \dfrac{\text{机械纯工作1小时}}{\text{正常循环次数}} \times \dfrac{\text{一次循环}}{\text{的产品数量}}$$

【例 5-8】 根据上例计算结果和每次吊装 1 块的产品数量，计算轮胎式起重机纯工作 1 小时的正常生产率。

【解】 $\dfrac{\text{轮胎式起重机纯工作}}{1\text{小时正常生产率}} = 13.32(\text{次}) \times 1(\text{块/次}) = 13.32(\text{块})$

三、确定施工机械的正常利用系数

机械的正常利用系数，是指机械在工作班内工作时间的利用率。

机械正常利用系数与工作班内的工作状况有着密切的关系。

拟定工作班的正常状况，关键是如何保证合理利用工时，因此，要注意下列几个问题：

（1）尽量利用不可避免的中断时间、工作开始前与结束后的时间，进行机械的维护和养护。

（2）尽量利用不可避免的中间时间作为工人的休息时间。

（3）根据机械工作的特点，在担负不同工作时，规定不同的开始与结束时间。

（4）合理组织施工现场，排除由于施工管理不善造成的机械停歇。

确定机械正常利用系数，首先要计算工作班在正常状况下，准备与结束工作，机械开动，机械维护等工作必须消耗的时间，以及有效工作的开始与结束时间，然后再计算机械工作班的纯工作时间，最后确定机械正常利用系数。机械正常利用系数按下列公式计算。

$$\dfrac{\text{机械正常}}{\text{利用系数}} = \dfrac{\text{工作班内机械纯工作时间}}{\text{机械工作班延续时间}}$$

四、计算机械台班定额

计算机械台班定额是编制机械台班定额的最后一个环节。

在确定了机械正常工作条件、机械一小时纯工作时间正常生产率和机械利用系数后，就可以确定机械台班的定额消耗指标了。计算公式如下。

$$\dfrac{\text{施工机械台}}{\text{班产量定额}} = \dfrac{\text{机械纯工作}}{1\text{小时正常生产率}} \times \dfrac{\text{工作班}}{\text{延续时间}} \times \dfrac{\text{机械正常}}{\text{利用系数}}$$

【例 5-9】 轮胎式起重机吊装大型屋面板，机械纯工作一小时的正常生产率为 13.32 块，工作班 8 小时内实际工作时间 7.2 小时，求产量定额和时间定额。

【解】 （1）计算机械正常利用系数

$$\text{机械正常利用系数} = \dfrac{7.2}{8} = 0.9$$

（2）计算机械台班产量定额

$$\dfrac{\text{轮胎式起重机}}{\text{台班产量定额}} = 13.32 \times 8 \times 0.9 = 96(\text{块/台班})$$

(3) 求机械台班时间定额

$$\text{轮胎式起重机台班时间定额} = \frac{1}{96} = 0.01(\text{台班}/\text{块})$$

第七节　建筑工程预算定额编制

一、预算定额的编制步骤

编制预算定额一般分为以下三个阶段进行。

1. 准备工作阶段

(1) 根据工程造价主管部门的要求，组织编制预算定额的领导机构和专业小组。

(2) 拟定编制定额的工作方案，提出编制定额的基本要求，确定编制定额的原则、适用范围，确定定额的项目划分以及定额表格形式等。

(3) 调查研究，收集各种编制依据和资料。

2. 编制初稿阶段

(1) 对调查和收集的资料进行分析研究。

(2) 按编制方案中项目划分的要求和选定的典型工程施工图计算工程量。

(3) 根据取定的各项消耗指标和有关编制依据，计算分项工程定额中的人工、材料和机械台班消耗量，编制出定额项目表。

(4) 测算定额水平。定额初稿编出后，应将新编定额与原定额进行比较，测算新定额的水平。

3. 修改和定稿阶段

组织有关部门和单位讨论新编定额，将征求到的意见交编制专业小组修改定稿，并写出送审报告，交审批机关审定。

二、确定预算定额消耗量指标

1. 定额项目计量单位的确定

预算定额项目计量单位的选择，与预算定额的准确性、简明适用性有着密切的关系。因此，要首先确定好定额各项目的计量单位。

在确定项目计量单位时，应首先考虑采用该单位能否确切反映单位产品的工、料、机消耗量，保证预算定额的准确性；其次，要有利于减少定额项目数量，提高定额的综合性；最后，要有利于简化工程量计算和预算的编制，保证预算的准确性和及时性。

由于各分项工程的形状不同，定额计量单位应根据分项工程不同的形状特征和变化规律来确定。一般要求如下。

凡物体的长、宽、高三个度量都在变化时，应采用立方米为计量单位。例如，土方、石方、砌筑、混凝土构件等项目。

当物体有一固定的厚度，而长和宽两个度量所决定的面积不固定时，宜采用平方米为计量单位。例如，楼地面面层、屋面防水层、装饰抹灰、木地板等项目。

如果物体截面形状大小固定，但长度不固定时，应以延长米为计量单位。例如，装饰线、栏杆扶手、给排水管道、导线敷设等项目。

有的项目体积、面积变化不大，但重量和价格差异较大，如金属结构制、运、安等，应当以重量单位"t"或"kg"计算。

有的项目还可以"个、组、座、套"等自然计量单位计算。例如，屋面排水用的水斗、水口以及给排水管道中的阀门、水嘴安装等均以"个"为计量单位；电气照明工程中的各种灯具安装则以"套"为计量单位。

定额项目计量单位确定之后，在预算定额项目表中，常用所采单位的"10倍"或"100倍"等倍数的计量单位来计算定额消耗量。

2. 预算定额消耗指标的确定

确定预算定额消耗指标，一般按以下步骤进行。

(1) 按选定的典型工程施工图及有关资料计算工程量

计算工程量的目的是为了综合不同类型工程在本定额项目中实物消耗量的比例数，使定额项目的消耗量更具有广泛性、代表性。

(2) 确定人工消耗指标

预算定额中的人工消耗指标是指完成该分项工程必须消耗的各种用工量。包括基本用工、材料超运距用工、辅助用工和人工幅度差。

① 基本用工。指完成该分项工程的主要用工。例如，砌砖墙中的砌砖、调制砂浆、运砖等的用工。采用劳动定额综合成预算定额项目时，还要增加附墙烟囱、垃圾道砌筑等的用工。

② 材料超运距用工。拟定预算定额项目的材料、半成品平均运距要比劳动定额中确定的平均运距远。因此在编制预算定额时，比劳动定额远的那部分运距，要计算超运距用工。

③ 辅助用工。指施工现场发生的加工材料的用工。例如筛砂子、淋石灰膏的用工。这类用工在劳动定额中是单独的项目，但在编制预算定额时，要综合进去。

④ 人工幅度差。主要指在正常施工条件下，预算定额项目中劳动定额没有包含的用工因素以及预算定额与劳动定额的水平差。例如，各工种交叉作业的停歇时间，工程质量检查和隐蔽工程验收等所占的时间。

预算定额的人工幅度差系数一般在 10%～15% 之间。人工幅度差的计算公式为：

人工幅度差＝(基本用工＋超运距用工＋辅助用工)×人工幅度差系数

(3) 材料消耗指标的确定

由于预算定额是在劳动定额、材料消耗定额、机械台班定额的基础上综合而成的，所以其材料消耗量也要综合计算。例如，每砌 $10m^3$ 一砖内墙的灰砂砖和砂浆用量的计算过程如下：

① 计算 $10m^3$ 一砖内墙的灰砂砖净用量；
② 根据典型工程的施工图计算每 $10m^3$ 一砖内墙中梁头、板头所占体积；
③ 扣除 $10m^3$ 砖墙体积中梁头、板头所占体积；
④ 计算 $10m^3$ 一砖内墙砌筑砂浆净用量；
⑤ 计算 $10m^3$ 一砖内墙灰砂砖和砂浆的总消耗量。

(4) 机械台班消耗指标的确定

预算定额中配合工人班组施工的施工机械，按工人小组的产量计算台班产量。计算公式为：

$$\text{分项工程定额机械台班使用量} = \frac{\text{分项工程定额计量单位值}}{\text{小组总产量}}$$

三、编制预算定额项目表

当分项工程的人工、材料、机械台班消耗量指标确定后，就可以着手编制预算定额项目表。根据典型工程计算编制的预算定额项目表，见表 5-1。

预算定额项目表　　　　　　　　　　　　　　　　表 5-1

工程内容：略　　　　　　　　　　　　　　　　　　单位：10m³

	定额编号		××××	××××
	项　目	单　位	混合砂浆砌砖墙	
			1 砖	3/4 砖
人工	砖工	工日	12.046	
	其他用工	工日	2.736	……
	小计	工日	14.782	
材料	灰砂砖	千块	5.194	
	砂浆	m³	2.218	……
	水	m³	2.16	
机械	2t 塔吊	台班	0.475	……
	200L 灰浆搅拌机	台班	0.475	

第八节　预算定额编制实例

一、典型工程工程量计算

计算一砖厚标准砖内墙及墙内构件体积时选择了六个典型工程，他们是某食品厂加工车间、某单位职工住宅、某中学教学楼、某职业技术学院教学楼、某单位综合楼、某住宅商品房。具体计算过程见表 5-2。

标准砖一砖内墙及墙内构件体积工程量计算表　　　　表 5-2

分部名称：砖石工程　　　　　　　　项目：砖内墙
分节名称：砌砖　　　　　　　　　　子目：一砖厚

序号	工程名称	砖墙体积 (m³)		门窗面积 (m²)		板头体积 (m³)		梁头体积 (m³)		弧形及圆形旋 (m)	附墙烟囱孔 (m)	垃圾道 (m)	抗震柱孔 (m)	墙顶抹灰找平 (m²)	壁橱 (个)	吊柜 (个)
		1	2	3	4	5	6	7	8	9	10	11	12	13	14	15
		数量	%	数量	%	数量	%	数量	%	数量	数量	数量	数量	数量	数量	数量
一	加工车间	30.01	2.51	24.50	16.38	0.26	0.87									
二	职工住宅	66.10	5.53	40.00	12.68	2.41	3.65	0.17	0.26	7.18			59.39	8.21		

续表

序号	工程名称	砖墙体积 (m³)		门窗面积 (m²)		板头体积 (m³)		梁头体积 (m³)		弧形及圆形旋 (m)	附墙烟囱孔 (m)	垃圾道 (m)	抗震柱孔 (m)	墙顶抹灰找平 (m²)	壁橱 (个)	吊柜 (个)
		1	2	3	4	5	6	7	8	9	10	11	12	13	14	15
		数量	%	数量	%	数量	%	数量	%	数量	数量	数量	数量	数量	数量	数量
三	普通中学教学楼	149.13	12.47	47.92	7.16	0.17	0.11	2.00	1.34					10.33		
四	高职教学楼	164.14	13.72	185.09	21.30	5.89	3.59	0.46	0.28							
五	综合楼	432.12	36.12	250.16	12.20	10.01	2.32	3.55	0.82		217.36	19.45	161.31	28.68		
六	住宅商品房	354.73	29.65	191.58	11.47	8.65	2.44				189.36	16.44	138.17	27.54	2	2
	合　计	1196.23	100	739.25	81.89	27:39	12.98	6.18	0.52	7.18	406.72	35.89	358.87	74.76	2	2

一砖内墙及墙内构件体积工程量计算表中门窗洞口面积占墙体总面积的百分比计算公式为：

$$\text{门窗洞口面积占墙体总面积百分比} = \frac{\text{门窗面积}}{\text{砖墙体积} \div \text{墙厚} + \text{门窗面积}} \times 100\%$$

例如，加工车间门窗洞口面积占墙体总面积百分比的计算式为：

$$\text{加工车间门窗洞口面积占墙总面积百分比} = \frac{24.50}{30.01 \div 0.24 + 24.50} \times 100\%$$

$$= \frac{24.5}{149.54} \times 100\%$$

$$= 16.38\%$$

通过上述六个典型工程测算，在一砖内墙中，单面清水、双面清水墙各占20%，混水墙占60%。

二、人工消耗指标确定

根据上述计算的工程量有关数据和某劳动定额计算的每10m³一砖内墙的预算定额人工消耗指标见表5-4。

预算定额砌砖工程材料超运距计算见表5-3。

预算定额砌砖工程材料超运距计算表　　表5-3

材料名称	预算定额运距	劳动定额运距	超运距
砂 子	80m	50m	30m
石灰膏	150m	100m	50m
灰砂砖	170m	50m	120m
砂 浆	180m	50m	130m

注：每砌10m³一砖内墙的砂子定额用量为2.43m³，石灰膏用量为0.19m³。

预算定额项目劳动力计算表　　　　　　　　　　　　　　　　　　　　表 5-4

子目名称：一砖内墙　　　　　　　　　　　　　　　　　　　　　　　　　单位：10m³

用工	施工过程名称	工程量	单位	劳动定额编号	工 种	时间定额	工日数
	1	2	3	4	5	6	7=2×6
基本工	单面清水墙	2.0	m³	§4-2-10	砖 工	1.16	2.320
	双面清水墙	2.0	m³	§4-2-5	砖 工	1.20	2.400
	混水内墙	6.0	m³	§4-2-16	砖 工	0.972	5.832
	小　计						10.552
	弧形及圆形碹	0.006	m	§4-2 加工表	砖 工	0.03	0.002
	附墙烟囱孔	0.34	m	§4-2 加工表	砖 工	0.05	0.170
	垃圾道	0.03	m	§4-2 加工表	砖 工	0.06	0.018
	预留抗震柱孔	0.30	m	§4-2 加工表	砖 工	0.05	0.150
	墙顶面抹灰找平	0.0625	m²	§4-2 加工表	砖 工	0.08	0.050
	壁　柜	0.002	个	§4-2 加工表	砖 工	0.30	0.006
	吊　柜	0.002	个	§4-2 加工表	砖 工	0.15	0.003
	小　计						0.399
	合　计						10.951
超运距用工	砂子超运 30m	2.43	m³	§4-超运距加工表-192	普 工	0.0453	0.110
	石灰膏超运 50m	0.19	m³	§4-超运距加工表-193	普 工	0.128	0.024
	标准砖超运 120m	10.00	m³	§4-超运距加工表-178	普 工	0.139	1.390
	砂浆超运 130m	10.00	m³	§4-超运距加工表-${178 \atop 173}$	普 工	${0.0516 \atop 0.00816}$	0.598
	合　计						2.122
辅助工	筛砂子	2.43	m³	§1-4-82	普 工	0.111	0.270
	淋石灰膏	0.19	m³	§1-4-95	普 工	0.50	0.095
	合　计						0.365
共计	人工幅度差=(10.951+2.122+0.365)×10%=1.344 工日						
	定额用工=10.951+2.122+0.365+1.344=14.782 工日						

三、材料消耗指标确定

1. 10m³ 一砖内墙灰砂砖净用量

$$\text{每 10m}^3 \text{ 砌体灰砂砖净用量} = \frac{1}{0.24 \times 0.25 \times 0.063} \times 2 \text{ 块} \times 10\text{m}^3$$

$$= 529.1 \times 10\text{m}^3 = 5291 (\text{块}/10\text{m}^3)$$

2. 扣除 10m³ 砌体中梁头板头所占体积

查表一，梁头和板头占墙体积的百分比为：梁头 0.52%+板头 2.29%=2.81%。

扣除梁、板头体积后的灰砂砖净用量为：

$$\text{灰砂砖净用量} = 5291 \times (1-2.81\%) = 5291 \times 0.9719 = 5142 (\text{块})$$

3. 10m³ 一砖内墙砌筑砂浆净用量

$$砂浆净用量=(1-529.1×0.24×0.115×0.053)×10m^3=2.26(m^3)$$

4. 扣除梁、板头体积后的砂浆净用量

$$砂浆净用量=2.26×(1-2.81\%)=2.26×0.9719=2.196(m^3)$$

5. 材料总消耗量计算

当灰砂砖损耗率为1%，砌筑砂浆损耗率为1%时，计算灰砂砖和砂浆的总消耗量。

$$灰砂砖总消耗量=\frac{5142}{1-1\%}=5194(块/10m^3)$$

$$砌筑砂浆总消耗量=\frac{2.196}{1-1\%}=2.218(m^3/10m^3)$$

四、机械台班消耗指标确定

预算定额项目中配合工人班组施工的施工机械台班按小组产量计算。

根据上述六个典型工程的工程量数据和劳动定额规定砌砖工人小组由22人组成的规定，计算每$10m^3$一砖内墙的塔吊和灰浆搅拌机的台班定额。

$$小组总产量=22人×(单面清水20\%×0.862工日/工日+双面清水20\%×0.833m^3/工日+混水60\%×1.029m^3/工日)$$

$$=22人×0.9564m^3/工日=21.04\ m^3/工日$$

$$2t塔吊时间定额=\frac{分项定额计量单位值}{小组总产量}=\frac{10}{21.04}$$

$$=0.475\ 台班/10m^3$$

$$200L砂浆搅拌机时间定额=\frac{10}{21.04}=0.475\ 台班/10m^3$$

五、编制预算定额项目表

根据上述计算的人工、材料、机械台班消耗指标编制的一砖厚内墙的预算定额项目表见表5-5。

预算定额项目表　　　　　　　　　　　　　　　　表5-5

工程内容：略　　　　　　　　　　　　　　　　　　单位：$10m^3$

定额编号		×××	×××	×××
项目	单位	内　墙		
		1 砖	3/4 砖	1/2 砖
人工　砖工	工日	12.046		
其他用工	工日	2.736	……	……
小计	工日	14.782		
材料　灰砂砖	块	5194	……	……
砂浆	m^3	2.218		
机械　塔吊2t	台班	0.475	……	……
砂浆搅拌机200L	台班	0.475		

思 考 题

1. 编制定额有哪几种方法？
2. 什么是技术测定法？
3. 什么是测时法？
4. 什么是写实记录法？
5. 什么是工作日写实法？
6. 什么是经验估计法？
7. 什么是统计计算法？
8. 什么是比较类推法？
9. 预算定额有哪些特性？
10. 预算定额有哪些编制原则？
11. 劳动定额有哪几种表现形式？
12. 什么是产量定额？
13. 什么是时间定额？
14. 产量定额和时间定额各有什么特点？
15. 叙述材料消耗定额的构成。
16. 叙述材料损耗率计算公式。
17. 编制材料消耗定额有哪几种方法？
18. 什么是现场技术测定法？
19. 什么是试验法？
20. 什么是统计法？
21. 什么是理论计算法？
22. 如何计算砌体材料用量？
23. 如何计算块料面层材料用量？
24. 如何计算预制构件模板摊销量？
25. 如何编制机械台班定额？
26. 叙述预算定额的编制步骤。
27. 如何确定预算定额消耗量指标？
28. 如何确定人工消耗指标？
29. 如何确定材料消耗指标？

第六章 工程单价

第一节 概述

原本预算定额只反映工料机消耗量指标。如果要反映货币量指标，就要另行编制单位估价表。但是现行的建筑工程预算定额多数都列出了定额子目的基价，具备了反映货币量指标的要求。因此，凡是含有定额基价的预算定额都具有了单位估价表的功能。为此，本书没有严格区分预算定额和单位估价表的概念。

预算定额基价由人工费、材料费、机械费构成。其计算过程如下：

定额基价＝人工费＋材料费＋机械费

其中： 人工费＝定额工日数×人工单价

$$材料费 = \sum_{i=1}^{n}(定额材料用量 \times 材料单价)_i$$

$$机械费 = \sum_{i=1}^{n}(定额机械台班用量 \times 机械台班单价)_i$$

第二节 人工单价确定

人工单价一般包括基本工资、工资性补贴及有关保险费等。

传统的基本工资是根据工资标准计算的。现阶段企业的工资标准基本上由企业内部制定。为了从理论上理解基本工资的确定原理，就需要了解原工资标准的计算方法。

一、工资标准的确定

研究工资标准的主要目的是为了计算非整数等级的基本工资。

1. 工资标准的概念

工资标准是指国家规定的工人在单位时间内（日或月）按照不同的工资等级所取得的工资数额。

2. 工资等级

工资等级是按国家有关规定或企业有关规定，按劳动者的技术水平、熟练程度和工作责任大小等因素所划分的工资级别。

3. 工资等级系数

工资等级系数也称工资级差系数，是某一等级的工资标准与一级工工资标准的比值。例如，国家原规定的建筑工人的工资等级系数 K_n 的计算公式为：

$$K_n = (1.187)^{n-1}$$

式中 n——工资等级；

K_n——n 级工工资等级系数；

1.187——工资等级系数的公比。

4. 工资标准的计算方法

计算月工资标准的计算公式为：

$$F_n = F_1 \times K_n$$

式中 F_n——n 级工工资标准；

F_1——一级工工资标准；

K_n——n 级工工资等级系数。

国家原规定的某类工资区建筑工人工资标准及工资等级系数见表 6-1。

建筑工人工资标准表　　　　　　　　　表 6-1

工资等级 n	一	二	三	四	五	六	七
工资等级系数 K_n	1.000	1.187	1.409	1.672	1.985	2.358	2.800
级差(%)	—	18.7	18.7	18.7	18.7	18.7	18.7
月工资标准 F_n(元/月)	33.66	39.95	47.43	56.28	66.82	79.37	94.25

【例 6-1】 求建筑工人四级工的工资等级系数。

【解】 $K_4 = (1.187)^{4-1} = 1.672$

【例 6-2】 求建筑工人 4.6 级工的工资等级系数。

【解】 $K_{4.6} = (1.187)^{4.6-1} = 1.854$

【例 6-3】 已知某地区一级工月工资标准为 33.66 元，三级工的工资等级系数为 1.409，求三级工的月工资标准。

【解】 $F_3 = 33.66 \times 1.409 = 47.43$(元/月)

【例 6-4】 已知某地区一级工的月工资标准为 33.66 元，求 4.8 级建筑工人的月工资标准。

【解】 (1) 求工资等级系数

$$K_{4.8} = (1.187)^{4.8-1} = 1.918$$

(2) 求月工资标准

$$F_{4.8} = 33.66 \times 1.918 = 64.56(元/月)$$

二、人工单价的计算

预算定额的人工单价包括综合平均工资等级的基本工资、工资性补贴、医疗保险费等。

1. 综合平均工资等级系数和工资标准的计算方法

计算工人小组的平均工资或平均工资等级系数，应采用综合平均工资等级系数的计算方法，计算公式如下。

$$\text{小组成员综合平均工资等级系数} = \frac{\sum_{i=1}^{n}(\text{某工资等级系数} \times \text{同等级工人数})_i}{\text{小组成员总人数}}$$

【例 6-5】 某砖工小组由 10 人组成，各等级的工人及工资等级系数如下，求综合平均工资等级系数和工资标准(已知 $F_1=33.66$ 元/月)。

二级工： 1人　　工资等级系数　　1.187
三级工： 2人　　工资等级系数　　1.409
四级工： 2人　　工资等级系数　　1.672
五级工： 3人　　工资等级系数　　1.985
六级工： 1人　　工资等级系数　　2.358
七级工： 1人　　工资等级系数　　2.800

【解】 (1) 求综合平均工资等级系数

$$\text{砖工小组综合平均工资等级系数} = \frac{1.187\times 1+1.409\times 2+1.672\times 2+1.985\times 3+2.358\times 1+2.800\times 1}{1+2+2+3+1+1}$$

$$=\frac{18.462}{10}=1.8462$$

(2) 求综合平均工资标准

砖工小组综合平均工资标准 $=33.66\times 1.8462=62.14$ 元/月

2. 人工单价计算方法

预算定额人工单价的计算公式为：

$$\text{人工单价} = \frac{\text{基本工资}+\text{工资性补贴}+\text{保险费}}{\text{月平均工作天数}}$$

式中　基本工资——指规定的月工资标准；

工资性补贴——包括流动施工补贴、交通费补贴、附加工资等；

保险费——包括医疗保险，失业保险费等。

月平均工作天数 $\dfrac{365-52\times 2-10}{12\ \text{个月}}=20.92(\text{天})$

【例 6-6】 已知砌砖工人小组综合平均月工资标准为 291 元/月，月工资性补贴为 180 元/月，月保险费为 52 元/月，求人工单价。

【解】 人工单价 $=\dfrac{291+180+52}{20.92}=\dfrac{523}{20.92}=25.00(\text{元}/\text{日})$

三、预算定额基价的人工费计算

预算定额基价中的人工费按以下公式计算：

预算定额基价人工费 = 定额用工量 × 人工单价

【例 6-7】 某预算定额砌 10m^3 砖基础的综合用工为 12.18 工日，人工单价为 25 元/工日，求该定额项目的人工费。

【解】 砌 10m^3 砖基础的定额人工费 $=12.18\times 25.00=304.50(\text{元}/10\text{m}^3)$

第三节　材料单价确定

材料单价类似于以前的材料预算价格，但是随着工程承包计价的发展，原来材料预算价格的概念已经包含不了更多的含义了。

一、材料单价的概念

材料单价是指材料从采购时起运到工地仓库或堆放场地后的出库价格。
材料从采购、运输到保管，在使用前所发生的全部费用构成了材料单价。

二、材料单价的费用构成

按照材料采购和供应方式的不同，其构成材料单价的费用也不同。一般有以下几种：
1. 材料供货到工地现场
当材料供应商将材料送到施工现场时，材料单价由材料原价、采购保管费构成。
2. 到供货地点采购材料
当需要派人到供货地点采购材料时，材料单价由材料原价、运杂费、采购保管费构成。
3. 需二次加工的材料
当某些材料采购回来后，还需要进一步加工的材料，材料单价除了上述费用外还包括二次加工费。
综上所述，材料单价包括材料原价、运杂费、采购及保管费和二次加工费。

三、材料原价计算

材料原价是指付给材料供应商的材料单价。当某种材料有二个或二个以上的材料供应商供货且材料原价不同时，要计算加权平均原价。

加权平均原价的计算公式为：

$$加权平均材料原价 = \frac{\sum_{i=1}^{n}(材料原价 \times 材料数量)_i}{\sum_{i=1}^{n}(材料数量)_i}$$

注：① 式中 i 是指不同材料供应商；
② 包装费和手续费均已包含在材料原价中。

【例 6-8】 某工地所需的墙面面砖由三个材料供应商供货，其数量和原价如下，试计算墙面砖的加权平均原价。

供 应 商	墙面砖数量(m²)	供货单价(元/m²)
甲	250	32.00
乙	680	31.50
丙	900	31.20

【解】 墙面砖加权平均原价 $= \dfrac{32.00 \times 250 + 31.50 \times 680 + 31.20 \times 900}{250 + 680 + 900} = \dfrac{57500}{1830}$
$= 31.42(元/m^2)$

四、材料运杂费计算

材料运杂费是指在采购材料后运回工地仓库发生的各项费用。包括装卸费、运输费和合理的运输损耗费等。

材料装卸费按行业标准支付。

材料运输费按运输价格计算,若供货来源地不同且供货数量不同时,需要计算加权平均运输费,其计算公式为:

$$加权平均运输费 = \frac{\sum_{i=1}^{n}(运输单价 \times 材料数量)_i}{\sum_{i=1}^{n}(材料数量)_i}$$

材料运输损耗费是指在运输和装卸材料过程中不可避免产生的损耗所发生的费用,一般按下列公式计算:

材料运输损耗费=(材料原价+装卸费+运输费)×运输损耗率

【例 6-9】 上例墙面砖由三个供应地点供货,根据下列资料计算墙面砖运杂费。

供货地点	面砖数量(m²)	运输单价(元/m²)	装卸费(元/m²)	运输损耗率(%)
甲	250	1.20	0.80	1.5
乙	680	1.80	0.95	1.5
丙	900	2.40	0.85	1.5

【解】 (1) 计算加权平均装卸费

$$\frac{墙面砖加权}{平均装卸费} = \frac{0.80 \times 250 + 0.95 \times 680 + 0.85 \times 900}{250 + 680 + 900} = \frac{1611}{1830}$$
$$= 0.88(元/m^2)$$

(2) 计算加权平均运输费

$$\frac{墙面砖加权}{平均运输费} = \frac{1.20 \times 250 + 1.80 \times 680 + 2.40 \times 900}{250 + 680 + 900} = \frac{3684}{1830}$$
$$= 2.01(元/m^2)$$

(3) 计算运输损耗费

$$墙面砖运输损耗费 = (31.42 + 0.88 + 2.01) \times 1.5\%$$
$$= 34.31 \times 1.5\% = 0.51(元/m^2)$$

(4) 计算运杂费

$$墙面砖运杂费 = 0.88 + 2.01 + 0.51 = 3.40(元/m^2)$$

五、材料采购及保管费计算

材料采购及保管费是指施工企业在组织采购材料和保管材料过程中发生的各项费用。包括采购人员的工资、差旅交通费、通讯费、业务费、仓库保管的各项费用等。采购及保管费一般按前面各项费用之和乘以一定的费率计算,通常取2%左右。计算公式为:

材料采购及保管费=(材料原价+运杂费)×采购及保管费率

【例 6-10】 上述墙面砖的采购保管费率为2%,根据前面计算结果计算墙面砖的采购及保管费。

【解】 墙面砖采购及保管费=(31.42+3.40)×2%=34.82×2%=0.70(元/m²)

六、材料单价汇总

通过以上分析，我们可以知道，材料单价的计算公式为：

$$材料单价=\left(\begin{array}{c}加权平均\\材料原价\end{array}+\begin{array}{c}加权平均\\材料运杂费\end{array}\right)\times\left(1+\begin{array}{c}采购及保\\管费费率\end{array}\right)$$

【例 6-11】 根据已经算出的结果，计算墙面砖的材料单价。

【解】 $\begin{array}{c}墙面砖\\材料单价\end{array}=(31.42+3.40)\times(1+2\%)=35.52(元/m^2)$

或 $=31.42+3.40+0.70=35.52(元/m^2)$

第四节 机械台班单价确定

一、机械台班单价的概念

机械台班单价亦称施工机械台班单价。他是指在单位工作台班中为使机械正常运转所分摊和支出的各项费用。

二、机械台班单价的费用构成

按现行的规定，机械台班单价由七项费用构成。这些费用按其性质划分为第一类费用和第二类费用。

1. 第一类费用

第一类费用亦称不变费用，是指属于分摊性质的费用，包括折旧费、大修理费、经常修理费、安拆及场外运输费。

2. 第二类费用

第二类费用亦称可变费用，是指属于支出性质的费用，包括燃料动力费、人工费、养路费及车船使用税。

三、第一类费用计算

1. 折旧费

折旧费是指机械设备在规定的使用期限内（耐用总台班），陆续收回其原值及支付贷款利息等费用。计算公式为：

$$台班折旧费=\frac{机械预算价格\times(1-残值率)+贷款利息}{耐用总台班}$$

式中 若是国产运输机械，则：

$$机械预算价格=销售价\times(1+购置附加费)+运杂费$$

【例 6-12】 6吨载重汽车的销售价为83000元，购置附加费率为10%，运杂费为5000元，残值率为2%，耐用总台班为1900个，贷款利息为4650元，试计算台班折旧费。

【解】 （1）求6t载重汽车预算价格

6t载重汽车预算价格$=83000\times(1+10\%)+5000=96300(元)$

（2）求台班折旧费

$$\begin{aligned}\text{6t 载重汽车} \\ \text{台班折旧费}\end{aligned} = \frac{96300 \times (1-2\%) + 4650}{1900}$$

$$= \frac{99024}{1900} = 52.12(元/台班)$$

2. 大修理费

大修理费是指机械设备按规定的大修理间隔台班进行大修理，以恢复正常使用功能所需支出的费用。计算公式为：

$$台班大修理费 = \frac{一次大修理费 \times (大修理周期 - 1)}{耐用总台班}$$

【例6-13】 6t载重汽车一次大修理费为9900元，大修理周期为3个，耐用总台班为1900个，试计算台班大修理费。

【解】 $\begin{aligned}\text{6t 载重汽车} \\ \text{台班大修理费}\end{aligned} = \frac{9900 \times (3-1)}{1900} = \frac{19800}{1900} = 10.42(元/台班)$

3. 经常修理费

经常修理费是指机械设备除大修理外的各级保养及临时故障所需支出的费用，包括为保障机械正常运转所需替换设备、随机配置的工具、附具的摊销及维护费用，包括机械正常运转及日常保养所需润滑、擦拭材料费用和机械停置期间的维护保养费用等。

台班经常修理费可以用以下简化公式计算：

$$台班经常修理费 = 台班大修理费 \times 经常修理费系数$$

【例6-14】 经测算6t载重汽车的台班经常修理系数为5.8，根据上例计算出的台班大修费，计算台班经常修理费。

【解】 6t载重汽车台班经常修理费 $= 10.42 \times 5.8 = 60.44(元/台班)$

4. 安拆费及场外运输费

安拆费是指机械在施工现场进行安装、拆卸所需人工、材料、机械和试运转费用，以及机械辅助设施（如行走轨道、枕木等）的折旧、搭设、拆除等费用。

场外运输费是指机械整体或分体自停置地点运至施工现场或由一工地运至另一工地的运输、装卸、辅助材料以及架线费用。计算公式为：

$$\begin{aligned}\text{台班安拆及} \\ \text{场外运输费}\end{aligned} = 台班辅助设施摊销费 + \frac{机械一次安拆费 \times 年平均安拆次数 + (一次运输装卸费 + 辅助材料一次摊销费 + 一次架线费) \times 年平均场外运输次数}{年工作台班}$$

四、第二类费用计算

1. 燃料动力费

燃料动力费是指机械设备在运转作业中所耗用的各种燃料、电力、风力、水等的费用。计算公式为：

$$\begin{aligned}\text{台班燃料} \\ \text{动力费}\end{aligned} = 每台班耗用的燃料或动力数量 \times 燃料或动力单价$$

【例6-15】 6t载重汽车每台班耗用柴油32.19kg，每1kg单价2.40元，求台班燃料费。

【解】 6t汽车台班燃料费 $= 32.19 \times 2.40 = 77.26(元/台班)$

2. 人工费

人工费是指机上司机、司炉和其他操作人员的工作日工资。计算公式为：

$$台班人工费 = \frac{机上操作人员}{人工工日数} \times 工日单价$$

【例6-16】 6t载重汽车每个台班的机上操作人工工日数为1.25个，人工工日单价为25元，求台班人工费。

【解】 $\dfrac{\text{6t载重汽车}}{\text{台班人工费}} = 1.25 \times 25 = 31.25(元/台班)$

3. 养路费及车船使用税

是指按国家规定缴纳的养路费和车船使用税。计算公式为：

$$\dfrac{\text{台班养路费}}{\text{及车船使用税}} = \dfrac{\text{载重量或核定吨位} \times \left\{ 养路费[元/(t \cdot 月)] \times 12 + 车船使用税[元/(t \cdot 车)] \right\}}{年工作台班} + \dfrac{\text{保险费}}{\text{及年检费}}$$

$$保险费及年检费 = \dfrac{年保险费及年检费}{年工作台班}$$

【例6-17】 6t载重汽车每月应缴纳养路费150元/t，车船使用税50元/t，每年工作台班240个，保险费及年检费共计2000元，计算台班养路费及车船使用税。

【解】 $\dfrac{\text{6t载重汽车养路}}{\text{费及车船使用税}} = \dfrac{6 \times (150 \times 12 + 50)}{240} + \dfrac{2000}{240} = \dfrac{13100}{240} = 54.58(元/台班)$

五、机械台班单价计算表

将上述6t载重汽车台班单价的计算过程汇总在机械台班单价计算表内的情况见表6-2。

机械台班单价计算表

单位：台班　　　　　　　　　　　　　　　　　　　　　　　　　　　　表6-2

项目		单位	6t载重汽车	
			金额	计算式
台班单价		元	286.07	122.98+160.09=286.07
第一类费用	折旧费	元	52.12	$\dfrac{96300 \times (1-2\%) + 4650}{1900} = 52.12$
	大修理费	元	10.42	$9900 \times (3-1) \div 1900 = 10.42$
	经常修理费	元	60.44	$10.42 \times 5.8^* = 60.44$
	安拆及场外运输费	元	—	
	小计	元	122.98	
第二类费用	燃料动力费	元	77.26	$32.19 \times 2.40 = 77.26$
	人工费	元	31.25	$1.25 \times 25.00 = 31.25$
	养路费及车船使用税	元	54.58	$\dfrac{6 \times (150 \times 12 + 50) + 2000}{240} = 54.58$
	小计	元	160.09	

注：带"*"号为取定值。

思 考 题

1. 什么是工程单价?
2. 预算定额基价由哪些费用构成?
3. 人工单价由哪些费用构成?
4. 什么是工资标准?
5. 什么是工资等级系数?
6. 怎样计算人工单价?
7. 什么是工程材料单价?
8. 叙述工程材料单价的费用构成。
9. 怎样计算加权平均材料原价?
10. 怎样计算加权平均材料运杂费?
11. 材料运杂费包括哪些内容?
12. 什么是材料采购及保管费?如何计算?
13. 什么是机械台班单价?
14. 什么是第一类费用?
15. 什么是第二类费用?
16. 叙述机械台班单价的计算过程。

第七章 预算定额的应用

第一节 预算定额的构成

预算定额一般由总说明、分部说明、分节说明、建筑面积计算规则、工程量计算规则、分项工程消耗指标、分项工程基价、机械台班预算价格、材料预算价格、砂浆和混凝土配合比表、材料损耗率表等内容构成,见图7-1。

由此可见,预算定额是由文字说明、分项工程项目表和附录等三部分内容所构成。其中,分项工程项目表是预算定额的核心内容。例如表7-1为某地区土建部分砌砖项目工程的定额项目表,它反映了砌砖工程某子目项目的预算价值(定额基价)以及人工、材料、机械台班消耗量指标。

需要强调的是,当分项工程项目中的材料项目栏中含有砂浆或混凝土半成品的用量时,其半成品的原材料用量要根据定额附录中的砂浆、混凝土配合比表的材料用量来计算。因此,当定额项目中的配合比与设计配合比不同时,附录半成品配合比表是定额换算的重要依据。

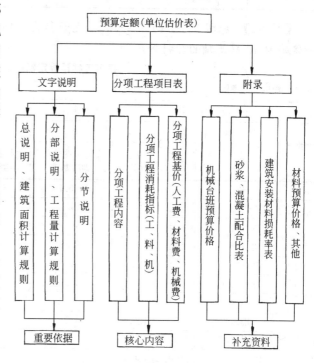

图7-1 预算定额构成示意图

建筑工程预算定额

工程内容:略   表7-1

定额编号			定-1	×××
定额单位			10m³	×××
项 目	单 位	单价(元)	M5混合砂浆砌砖墙	×××
基 价	元		1257.12	×××
其中	人工费	元	145.28	×××
	材料费	元	1023.24	
	机械费	元	88.60	

续表

定额编号			定-1	×××
定额单位			10m³	×××
项目	单位	单价(元)	M5混合砂浆砌砖墙	×××
人工	合计用工	工日	8.18	17.76	×××
材料	标准砖	千块	140	5.26	×××
	M5混合砂浆	m³	127	2.24	
	水	m³	0.5	2.16	
	其他材料费	元		1.28	
机械	200L砂浆搅拌机	台班	15.92	0.475	×××
	2t内塔吊	台班	170.61	0.475	

【例7-1】 根据表7-2的"定-1"号定额和表7-4的"附-1"号定额，计算用M5水泥砂浆砌10m³砖基础的原材料用量。

建筑工程预算定额（摘录）

工程内容：略　　　　　　　　　　　　　　　　　　　　　　　　　　　　表7-2

	定额编号			定-1	定-2	定-3	定-4
	定额单位			10m³	10m³	10m³	100m²
	项目	单位	单价(元)	M5水泥砂浆砌砖基础	现浇C20钢筋混凝土矩形梁	C15混凝土地面垫层	1:2水泥砂浆墙基防潮层
其中	基价	元		1115.71	6721.44	1673.96	675.29
	人工费	元		149.16	879.12	258.72	114.00
	材料费	元		958.99	5684.33	1384.26	557.31
	机械费	元		7.56	157.99	30.98	3.98
人工	基本工	工日	12.00	10.32	52.20	13.46	7.20
	其他工	工日	12.00	2.11	21.06	8.10	2.30
	合计	工日	12.00	12.43	73.26	21.56	9.5
材料	标准砖	千块	127.00	5.23			
	M5水泥砂浆	m³	124.32	2.36			
	木材	m³	700.00		0.138		
	钢模板	kg	4.60		51.53		
	零星卡具	kg	5.40		23.20		
	钢支撑	kg	4.70		11.60		
	φ10内钢筋	kg	3.10		471		
	φ10外钢筋	kg	3.00		728		
	C20混凝土(0.5～4)	m³	146.98		10.15		
	C15混凝土(0.5～4)	m³	136.02			10.10	
	1:2水泥砂浆	m³	230.02				2.07
	防水粉	kg	1.20				66.38
	其他材料费	元			26.83	1.23	1.51
	水	m³	0.60	2.31	13.52	15.38	
机械	200L砂浆搅拌机	台班	15.92	0.475			0.25
	400L混凝土搅拌机	台班	81.52		0.63	0.38	
	2t内塔吊	台班	170.61		0.625		

【解】
32.5 级水泥： $2.36m^3/10m^3 \times 270kg/m^3 = 637.20kg/10m^3$
中砂： $2.36m^3/10m^3 \times 1.14m^3/m^3 = 2.690m^3/10m^3$

第二节 预算定额的使用

一、预算定额的直接套用

当施工图的设计要求与预算定额的项目内容一致时，可直接套用预算定额。

在编制单位工程施工图预算的过程中，大多数项目可以直接套用预算定额。套用时应注意以下几点：

1. 根据施工图、设计说明和做法说明，选择定额项目。
2. 要从工程内容、技术特征和施工方法上仔细核对，才能较准确地确定相对应的定额项目。
3. 分项工程的名称和计量单位要与预算定额相一致。

二、预算定额的换算

当施工图中的分项工程项目不能直接套用预算定额时，就产生了定额的换算。

1. 换算原则

为了保持定额的水平，在预算定额的说明中规定了有关换算原则，一般包括：

（1）定额的砂浆、混凝土强度等级，如设计与定额不同时，允许按定额附录的砂浆、混凝土配合比表换算，但配合比中的各种材料用量不得调整。

（2）定额中抹灰项目已考虑了常用厚度，各层砂浆的厚度一般不作调整。如果设计有特殊要求时，定额中工、料可以按厚度比例换算。

（3）必须按预算定额中的各项规定换算定额。

2. 预算定额的换算类型

预算定额的换算类型有以下四种：

（1）砂浆换算：即砌筑砂浆换强度等级、抹灰砂浆换配合比及砂浆用量。

（2）混凝土换算：即构件混凝土、楼地面混凝土的强度等级、混凝土类型的换算。

（3）系数换算：按规定对定额中的人工费、材料费、机械费乘以各种系数的换算。

（4）其他换算：除上述三种情况以外的定额换算。

三、定额换算的基本思路

定额换算的基本思路是：根据选定的预算定额基价，按规定换入增加的费用，换出扣除的费用。

这一思路用下列表达式表述：

换算后的定额基价＝原定额基价＋换入的费用－换出的费用

例如，某工程施工图设计用 M15 水泥砂浆砌砖墙，查预算定额中只有 M5、M7.5、M10 水泥砂浆砌砖墙的项目，这时就需要选用预算定额中的某个项目，再依据定额附录中M15水泥砂浆的配合比用量和基价进行换算：

$$\begin{aligned}\text{换算后}\\ \text{定额基价}\end{aligned}=\begin{aligned}\text{M5(或M10)水泥砂}\\ \text{浆砌砖墙定额基价}\end{aligned}+\begin{aligned}\text{定额砂}\\ \text{浆用量}\end{aligned}\times\begin{aligned}\text{M15水泥}\\ \text{砂浆基价}\end{aligned}-\begin{aligned}\text{定额砂}\\ \text{浆用量}\end{aligned}\times\begin{aligned}\text{M5(或M10)}\\ \text{水泥砂浆基价}\end{aligned}$$

上述项目的定额基价换算示意见图7-2。

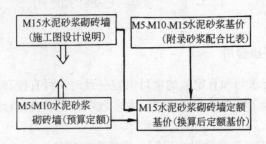

图7-2 定额基价换算示意图

第三节 建筑工程预算定额换算

一、砌筑砂浆换算

1. 换算原因

当设计图纸要求的砌筑砂浆强度等级在预算定额中缺项时，就需要调整砂浆强度等级，求出新的定额基价。

2. 换算特点

由于砂浆用量不变，所以人工、机械费不变，因而只换算砂浆强度等级和调整砂浆材料费。

砌筑砂浆换算公式：

$$\begin{aligned}\text{换算后}\\ \text{定额基价}\end{aligned}=\begin{aligned}\text{原定额}\\ \text{基价}\end{aligned}+\begin{aligned}\text{定额砂}\\ \text{浆用量}\end{aligned}\times\left(\begin{aligned}\text{换入砂}\\ \text{浆基价}\end{aligned}-\begin{aligned}\text{换出砂}\\ \text{浆基价}\end{aligned}\right) \qquad (7-1)$$

【例7-2】 M7.5水泥砂浆砌砖基础。

【解】 用公式7-1换算

换算定额号：定-1(表7-2)、附-1、附-2(表7-4)

$$\begin{aligned}\text{换算后定额基价} &= 1115.71+2.36\times(144.10-124.32)\\ &=1115.71+2.36\times19.78\\ &=1115.71+46.68\\ &=1162.39(\text{元}/10\text{m}^3)\end{aligned}$$

换算后材料用量(每10m^3砌体)：

32.5级水泥：$2.36\times341.00=804.76(\text{kg})$

中砂：$2.36\times1.10=2.596(\text{m}^3)$

二、抹灰砂浆换算

1. 换算原因

当设计图纸要求的抹灰砂浆配合比或抹灰厚度与预算定额的抹灰砂浆配合比或厚度不同时，就要进行抹灰砂浆换算。

2. 换算特点

第一种情况：当抹灰厚度不变只换算配合比时，人工费、机械费不变，只调整材料费；

第二种情况：当抹灰厚度发生变化时，砂浆用量要改变，因而人工费、材料费、机械费均要换算。

3. 换算公式

第一种情况的换算公式：

$$\text{换算后定额基价} = \text{原定额基价} + \text{抹灰砂浆定额用量} \times (\text{换入砂浆基价} - \text{换出砂浆基价}) \quad (7\text{-}2)$$

第二种情况换算公式：

$$\text{换算后定额基价} = \text{原定额基价} + (\text{定额人工费} + \text{定额机械费}) \times (K-1)$$

$$+ \Sigma(\text{各层换入砂浆用量} \times \text{换入砂浆基价} - \text{各层换出砂浆用量} \times \text{换出砂浆基价}) \quad (7\text{-}3)$$

式中 K——工、机费换算系数，且

$$K = \frac{\text{设计抹灰砂浆总厚}}{\text{定额抹灰砂浆总厚}}$$

$$\text{各层换入砂浆用量} = \frac{\text{定额砂浆用量}}{\text{定额砂浆厚度}} \times \text{设计厚度}$$

各层换出砂浆用量 ＝ 定额砂浆用量

【例7-3】 1∶2 水泥砂浆底 13 厚，1∶2 水泥砂浆面 7 厚抹砖墙面。

【解】 用公式 7-2 换算（砂浆总厚不变）。

换算定额号：定-6（表 7-3）、附-6、附-7（表 7-5）。

建筑工程预算定额(摘录)

工程内容：略   表 7-3

定 额 编 号			定-5	定-6
定 额 单 位			100m²	100m²
项 目		单位	C15 混凝土地面面层(60 厚)	1∶2.5 水泥砂浆抹砖墙面(底 13 厚、面 7 厚)
		单价(元)		
基 价		元	1018.38	688.24
其中	人 工 费	元	159.60	184.80
	材 料 费	元	833.51	451.21
	机 械 费	元	25.27	52.23
人工	基 本 工	工日	9.20	13.40
	其 他 工	工日	4.10	2.00
	合 计	工日	13.30	15.40

续表

定额编号				定-5	定-6
定额单位				100m²	100m²
项目		单位	单价(元)	C15混凝土地面面层(60厚)	1∶2.5水泥砂浆抹砖墙面(底13厚、面7厚)
材料	C15混凝土(0.5~4)	m³	136.02	6.06	
	1∶2.5水泥砂浆	m³	210.72		2.10 (底：1.39 面：0.71)
	其他材料费	元			4.50
	水	m³	0.60	15.38	6.99
机械	200L砂浆搅拌机	台班	15.92		0.28
	400L混凝土搅拌机	台班	81.52	0.31	
	塔式起重机	台班	170.61		0.28

砌筑砂浆配合比表(摘录)   单位：m³   表7-4

定额编号				附-1	附-2	附-3	附-4
项目		单位	单价(元)	水 泥 砂 浆			
				M5	M7.5	M10	M15
基价		元		124.32	144.10	160.14	189.98
材料	32.5级水泥	kg	0.30	270.00	341.00	397.00	499.00
	中砂	m³	38.00	1.140	1.100	1.080	1.060

换算后定额基价＝688.24＋2.10×(230.02－210.72)
     ＝688.24＋2.10×19.30
     ＝688.24＋40.53
     ＝728.77(元/100m²)

换算后材料用量(每100m²)：

  32.5级水泥：2.10×635＝1333.50(kg)

  中砂：2.10×1.04＝2.184(m³)

【例7-4】 1∶3水泥砂浆底15厚，1∶2.5水泥砂浆面7厚抹砖墙面。

【解】 设计抹灰厚度发生了变化，故用公式7-3换算。换算定额号：定-6(表7-3)、附-7、附-8(表7-5)。

$$\text{工、机费换算系数}=\frac{15+7}{13+7}=\frac{22}{20}=1.10$$

$$1∶3\text{水泥砂浆用量}=\frac{1.39}{13}\times 15=1.604(m^3)$$

1∶2.5水泥砂浆用量不变。

换算后定额基价＝688.24＋(184.80＋52.23)×(1.10－1)＋1.604×182.82－1.39×210.72
     ＝688.24＋237.03×0.10＋293.24－292.90
     ＝688.24＋23.70＋293.24－292.90
     ＝712.28(元/100m²)

换算后材料用量(每100m²)：

32.5级水泥：1.604×465+0.71×558=1142.04(kg)

中砂：1.604×1.14+0.71×1.14=2.638(m³)

【例7-5】 1:2水泥砂浆底14厚,1:2水泥砂浆面9厚抹砖墙面。

【解】 用公式7-3换算。

换算定额号：定-6(表7-3)、附-6、附-7(表7-5)。

抹灰砂浆配合比表(摘录)　　　　　单位：m³　表7-5

定额编号			附-5	附-6	附-7	附-8
项目	单位	单价(元)	水泥砂浆			
			1:1.5	1:2	1:2.5	1:3
基价	元		254.40	230.02	210.72	182.82
材料	32.5级水泥	kg	0.30	734	635	558	465
	中砂	m³	38.00	0.90	1.04	1.14	1.14

工、机费换算系数 $K=\dfrac{14+9}{13+7}=\dfrac{23}{20}=1.15$

1:2水泥砂浆用量 $=\dfrac{2.10}{20}\times 23$

$=2.415(m³)$

换算后定额基价=688.24+(184.80+52.23)×(1.15−1)+2.415

×230.02−2.10×210.72

=688.24+237.03×0.15+555.50−442.51

=688.24+35.55+555.50−442.51

=836.78(元/100m²)

换算后材料用量(每100m²)：

32.5级水泥：2.415×635=1533.53(kg)

中砂：2.415×1.04=2.512(m³)

三、构件混凝土换算

1. 换算原因

当设计要求构件采用的混凝土强度等级,在预算定额中没有相符合的项目时,就产生了混凝土强度等级或石子粒径的换算。

2. 换算特点

混凝土用量不变,人工费、机械费不变,只换算混凝土强度等级或石子粒径。

3. 换算公式

$$\begin{matrix}换算后\\定额基价\end{matrix}=\begin{matrix}原定额\\基价\end{matrix}+\begin{matrix}定额混凝\\土用量\end{matrix}\times\left(\begin{matrix}换入混凝\\土基价\end{matrix}-\begin{matrix}换出混凝\\土基价\end{matrix}\right) \quad (7-4)$$

【例7-6】 现浇C25钢筋混凝土矩形梁。

【解】 用公式7-4换算。

换算定额号：定-2(表7-2)、附-10、附-11(表7-6)。

普通塑性混凝土配合比表(摘录)　　　　单位：m³　表 7-6

定额编号			附-9	附-10	附-11	附-12	附-13	附-14
项　目	单　位	单价（元）	\multicolumn{6}{c}{最大粒径：40mm}
			C15	C20	C25	C30	C35	C40
基　价	元		136.02	146.98	162.63	172.41	181.48	199.18
42.5级水泥	kg	0.30	274	313.00				
52.5级水泥	kg	0.35			313	343	370	
62.5级水泥	kg	0.40						368
中　砂	m³	38.00	0.49	0.46	0.46	0.42	0.41	0.41
0.5～4砾石	m³	40.00	0.88	0.89	0.89	0.91	0.91	0.91

换算后定额基价 = 6721.44 + 10.15 × (162.63 − 146.98)
　　　　　　　 = 6721.44 + 10.15 × 15.65
　　　　　　　 = 6721.44 + 158.85
　　　　　　　 = 6880.29(元/10m³)

换算后材料用量(每10m³)：

52.5级水泥：10.15 × 313 = 3176.95(kg)

中砂：10.15 × 0.46 = 4.669(m³)

0.5～4砾石：10.15 × 0.89 = 9.034(m³)

四、楼地面混凝土换算

1. 换算原因

楼地面混凝土面层的定额单位一般是平方米。因此，当设计厚度与定额厚度不同时，就产生了定额基价的换算。

2. 换算特点

同抹灰砂浆的换算特点。

3. 换算公式

$$\begin{aligned}\text{换算后定额基价} =\ &\text{原定额基价} + (\text{定额人工费} + \text{定额机械费}) \times (K-1) \\ &+ \text{换入混凝土用量} \times \text{换入混凝土基价} - \text{换出混凝土用量} \times \text{换出混凝土基价}\end{aligned} \quad (7\text{-}5)$$

式中　K——工、机费换算系数，

$$K = \frac{\text{混凝土设计厚度}}{\text{混凝土定额厚度}}$$

$$\text{换入混凝土用量} = \frac{\text{定额混凝土用量}}{\text{定额混凝土厚度}} \times \text{设计混凝土厚度}$$

$$\text{换出混凝土用量} = \text{定额混凝土用量}$$

【例7-7】 C20混凝土地面面层80mm厚。

【解】 用公式7-5换算。

换算定额号：定-5(表7-3)、附-9、附-10(表7-6)。

工、机费换算系数 $K=\dfrac{8}{6}=1.333$

换入混凝土用量 $=\dfrac{6.06}{6}\times 8=8.08(\mathrm{m}^3)$

换算后定额基价 $=1018.38+(159.60+25.27)\times(1.333-1)+$
$\qquad 8.08\times 146.98-6.06\times 136.02$
$\qquad =1018.38+184.87\times 0.333+1187.60-824.28$
$\qquad =1018.38+61.56+1187.60-824.28$
$\qquad =1443.26(元/100\mathrm{m}^2)$

换算后材料用量(每$100\mathrm{m}^2$)：

$\qquad$ 42.5级水泥：$8.08\times 313=2529.04(\mathrm{kg})$

$\qquad$ 中砂：$8.08\times 0.46=3.717(\mathrm{m}^3)$

$\qquad$ 0.5~4砾石：$8.08\times 0.89=7.191(\mathrm{m}^3)$

五、乘系数换算

乘系数换算是指在使用某些预算定额项目时，定额的一部分或全部乘以规定的系数。例如，某地区预算定额规定，砌弧形砖墙时，定额人工费乘以1.10系数；楼地面垫层用于基础垫层时，定额人工费乘以系数1.20。

【例7-8】 C15混凝土基础垫层。

【解】 根据题意按某地区预算定额规定，楼地面垫层定额用于基础垫层时，定额人工费乘以1.20系数。

换算定额号：定-3(表7-2)。

换算后定额基价 $=$ 原定额基价 $+$ 定额人工费 $\times$ (系数-1)
$\qquad =1673.96+258.72\times(1.20-1)$
$\qquad =1673.96+258.72\times 0.20$
$\qquad =1673.96+51.74$
$\qquad =1725.7(元/10\mathrm{m}^3)$

其中：人工费 $=258.72\times 1.20=310.46(元/10\mathrm{m}^3)$

六、其他换算

其他换算是指不属于上述几种换算情况的定额基价换算。

【例7-9】 1:2防水砂浆墙基防潮层(加水泥用量8%的防水粉)。

【解】 根据题意和定额"定-4"(表7-2)内容应调整防水粉的用量。

换算定额号：定-4(表7-2)、附-6(表7-5)。

防水粉用量 $=$ 定额砂浆用量 $\times$ 砂浆配合比中的水泥用量 $\times 8\%$
$\qquad =2.07\times 635\times 8\%$
$\qquad =105.16(\mathrm{kg})$

$$\text{换算后定额基价} = \text{原定额基价} + \text{防水粉单价} \times \left(\text{防水粉换入量} - \text{防水粉换出量}\right)$$

$$= 675.29 + 1.20 \times (105.16 - 66.38)$$

$$= 675.29 + 1.20 \times 38.78$$

$$= 675.29 + 46.54$$

$$= 721.83 (\text{元}/100\text{m}^2)$$

材料用量(每100m²):

32.5级水泥:$2.07 \times 635 = 1314.45(\text{kg})$

中砂:$2.07 \times 1.04 = 2.153(\text{m}^3)$

防水粉:$2.07 \times 635 \times 8\% = 105.16(\text{kg})$

第四节 安装工程预算定额换算

安装工程预算定额中,一般不包括主要材料的材料费,定额中称之为未计价材料费。因而,安装工程定额基价是不完全工程单价。若要构成完全定额基价,就要通过换算的形式来计算。

一、完全定额基价的计算

【例7-10】 某地区安装工程估价表中,室内DN50镀锌钢管丝接的安装基价为65.16元/10m,未计价材料DN50镀锌钢管用量10.20m,单价23.71元/m,试计算该项目的完全定额基价。

【解】 完全定额基价$= 65.16 + 10.2 \times 23.71$

$= 307.00(\text{元}/10\text{m})$

二、乘系数换算

安装工程预算定额中,有许多项目的人工费、机械费,定额规定需乘系数换算。例如,设置于管道间、管廊内的管道、阀门、法兰、支架的定额项目,人工费乘以系数1.30。

【例7-11】 计算安装某宾馆管道间DN25镀锌给水钢管的完全定额基价和定额人工费(DN25镀锌给水钢管基价为45.79元/10m,其中人工费为27.06元/10m,未计价材料镀锌钢管用量10.20m,单价11.43元/m)。

【解】 完全定额基价$= 45.79 + 27.06 \times (1.30 - 1) + 10.20 \times 11.43$

$= 45.79 + 27.06 \times 0.30 + 116.59$

$= 45.79 + 8.12 + 116.59$

$= 170.50(\text{元}/10\text{m})$

其中:定额人工费$= 27.06 \times 1.30 = 35.18(\text{元}/10\text{m})$

第五节 定额基价换算公式小结

一、定额基价换算总公式

$$\text{换算后定额基价} = \text{原定额基价} + \text{换入费用} - \text{换出费用}$$

二、定额基价换算通用公式

$$\begin{aligned}\text{换算后定额基价} = &\text{原定额基价} + (\text{定额人工费} + \text{定额机械费}) \times (K-1) \\ &+ \Sigma(\text{换入半成品用量} \times \text{换入半成品基价} - \text{换出半成品用量} \times \text{换出半成品基价})\end{aligned} \quad (7\text{-}6)$$

三、定额基价换算通用公式的变换

在定额基价换算通用公式中:

1. 当半成品为砌筑砂浆时,公式变为:

$$\text{换算后定额基价} = \text{原定额基价} + \text{砌筑砂浆定额用量} \times (\text{换入砂浆基价} - \text{换出砂浆基价})$$

说明:砂浆用量不变,工、机费不变,$K=1$;换入半成品用量与换出半成品用量同是定额砂浆用量,提相同的公因式;半成品基价定为砌筑砂浆基价。经过此变换就由公式 7-6 变化为上述换算公式。

2. 当半成品为抹灰砂浆,砂浆厚度不变,且只有一种砂浆时的换算公式为:

$$\text{换算后定额基价} = \text{原定额基价} + \text{抹灰砂浆定额用量} \times (\text{换入砂浆基价} - \text{换出砂浆基价})$$

当抹灰砂浆厚度发生变化,且各层砂浆配合比不同时,用以下公式:

$$\begin{aligned}\text{换算后定额基价} = &\text{原定额基价} + (\text{定额人工费} + \text{定额机械费}) \times (K-1) \\ &+ \Sigma(\text{换入砂浆用量} \times \text{换入砂浆基价} - \text{换出砂浆用量} \times \text{换出砂浆基价})\end{aligned}$$

3. 当半成品为混凝土构件时,公式变为:

$$\text{换算后定额基价} = \text{原定额基价} + \text{定额混凝土用量} \times (\text{换入混凝土基价} - \text{换出混凝土基价})$$

4. 当半成品为楼地面混凝土时,公式变为:

$$\begin{aligned}\text{换算后定额基价} = &\text{原定额基价} + (\text{定额人工费} + \text{定额机械费}) \times (K-1) \\ &+ \text{换入混凝土用量} \times \text{换入混凝土基价} - \text{换出混凝土用量} \times \text{换出混凝土基价}\end{aligned}$$

综上所述,只要掌握了定额基价换算的通用公式,就掌握了四种类型的换算方法。除此以外,只要灵活应用定额基价换算的总公式,那么,乘系数的换算、其他换算的方法也是容易掌握的。

思 考 题

1. 叙述预算定额的内容构成。
2. 使用预算定额为什么会产生换算的情况?
3. 预算定额的换算有哪几种类型?
4. 叙述预算定额砂浆换算的过程。
5. 叙述预算定额混凝土换算的过程。
6. 叙述预算定额乘系数换算的过程。
7. 叙述预算定额其他换算的过程。

第八章 运用统筹法计算工程量

第一节 统筹法计算工程量的要点

施工图预算中工程量计算的特点是，项目多、数据量大、费时间，这与编制预算既快又准的基本要求相悖。如何简化工程量计算，提高计算速度和准确性是人们一直关注的问题。

统筹法是一种用来研究、分析事物内在规律及相互依赖关系，从全局角度出发，明确工作重点，合理安排工作顺序，提高工作质量和效率的科学管理方法。

运用统筹思想对工程量计算过程进行分析后，可以看出，虽然各项工程量计算各有特点，但有些数据存在着内在的联系。例如，外墙地槽、外墙基础垫层、外墙基础可以用同一个长度计算工程量。如果我们抓住这些基本数据，利用他来计算较多工程量的这个主要矛盾，就能达到简化工程量计算的目的。

一、统筹程序、合理安排

统筹程序、合理安排工程量的计算顺序，是应用统筹法计算工程量的要点，其思想是不按施工顺序或传统的顺序计算工程量，只按计算简便的原则安排工程量计算顺序。如，有关地面项目工程量计算顺序按施工顺序完成是：

$$\frac{室内回填土}{长\times宽\times厚}①\quad \frac{地面垫层}{长\times宽\times厚}②\quad \frac{地面面层}{长\times宽}③$$

这一顺序，计算了三次"长×宽"。如果按计算简便的原则安排，上述顺序变为：

$$\frac{地面面层}{长\times宽}①\quad \frac{地面垫层}{地面面层\times厚}②\quad \frac{室内回填土}{地面面层\times厚}③$$

显然，第二种顺序只需计算一次"长×宽"，节省了时间，简化了计算，也提高了结果的准确度。

二、利用基数、连续计算

基数是指在计算工程量的过程中重复使用的一些基本数据。包括 $L_{中}$、$L_{内}$、$L_{外}$、$S_{底}$，简称"三线一面"。

只要事先计算好这些数据，提供给后面工程量计算时使用，就可以提高工程量的计算速度。运用基数计算工程量是统筹法的重要思想。

第二节 统筹法计算工程量的方法

一、外墙中线长

外墙中线长用 $L_{中}$ 表示，是指围绕建筑物的外墙中心线长度之和。利用 $L_{中}$，可以计算下列项目的工程量(见表 8-1)：

表 8-1

基 数 名 称	项 目 名 称	计 算 方 法
$L_{中}$	外墙基槽 外墙基础垫层 外墙基础 外墙体积 外墙圈梁 外墙基防潮层	$V=L_{中} \times$ 基槽断面积 $V=L_{中} \times$ 垫层断面积 $V=L_{中} \times$ 基础断面积 $V=(L_{中} \times$ 墙高－门窗面积$) \times$ 墙厚 $V=L_{中} \times$ 圈梁断面积 $S=L_{中} \times$ 墙厚

二、内墙净长

内墙净长用 $L_{内}$ 表示，是指建筑物内隔墙的长度之和。利用 $L_{内}$ 可以计算下列项目的工程量(见表 8-2)：

表 8-2

基 数 名 称	项 目 名 称	计 算 方 法
$L_{内}$	内墙基槽 内墙基础垫层 内墙基础 内墙体积 内墙圈梁 内墙基防潮层	$V=(L_{内}-$ 调整值$) \times$ 基槽断面积 $V=(L_{内}-$ 调整值$) \times$ 垫层断面积 $V=L_{内} \times$ 基础断面积 $V=(L_{内} \times$ 墙高－门窗面积$) \times$ 墙厚 $V=L_{内} \times$ 圈梁断面积 $S=L_{内} \times$ 墙厚

三、外墙外边长

外墙外边长用 $L_{外}$ 表示，是指围绕建筑物外墙外边的长度之和。利用 $L_{外}$ 可以计算下列项目的工程量(见表 8-3)：

表 8-3

基 数 名 称	项 目 名 称	计 算 方 法
$L_{外}$	人工平整场地 墙脚排水坡 墙脚明沟(暗沟) 外墙脚手架 挑檐	$S=L_{外} \times 2+16+S_{底}$ $S=(L_{外}+4 \times$ 散水宽$) \times$ 散水宽 $L=L_{外}+8 \times$ 散水宽$+4 \times$ 明沟(暗沟)宽 $S=L_{外} \times$ 墙高 $V=(L_{外}+4 \times$ 挑檐宽$) \times$ 挑檐断面积

四、建筑底层面积

建筑底层面积用 $S_{底}$ 表示。利用 $S_{底}$ 可以计算以下项目的工程量(见表 8-4)：

表 8-4

基 数 名 称	项 目 名 称	计 算 方 法
$S_{底}$	人工平整场地 室内回填土 地面垫层 地面面层 顶棚面抹灰 屋面防水卷材	$S=S_{底}+L_{外} \times 2+16$ $V=(S_{底}-$ 墙结构面积$) \times$ 厚度 同　　上 $S=S_{底}-$ 墙结构面积 同　　上 $S=S_{底}-$ 女儿墙结构面积＋四周卷起面积

第三节　统筹法计算工程量实例

一、小平房工程施工图

1. 设计说明

（1）本工程为某单位单层砖混结构小平房，室内地坪标高±0.000，室外地坪标高－0.300。

（2）M5水泥砂浆砌砖基础，C10混凝土基础垫层200mm厚，位于－0.06m处做1∶2水泥砂浆防潮层20mm厚。

（3）M5混合砂浆砌砖墙、砖柱。

（4）1∶2水泥砂浆地面面层20mm厚，C10混凝土地面垫层60mm厚，基层素土回填夯实。

（5）屋面做法见大样图。

（6）C15混凝土散水800mm宽，60mm厚。

（7）1∶2水泥砂浆踢脚线20mm厚、150mm高。

（8）台阶C10混凝土基层，1∶2水泥砂浆面层。

（9）内墙面、梁柱面混合砂浆抹面，刷106涂料。

（10）1∶2水泥砂浆抹外墙面，刷外墙涂料。

（11）单层玻璃窗，单层镶板门，单层镶板门带窗（门900mm宽，窗1100mm宽）。

（12）现浇C20钢筋混凝土圈梁，钢筋用量为：$\phi12$　116.80m，$\phi6.5$　122.64m。

（13）现浇C20钢筋混凝土矩形梁，钢筋用量为：$\phi14$　18.41kg，$\phi12$　9.02kg，$\phi6.5$　8.70kg。

（14）预应力C30钢筋混凝土空心板，单件体积及钢筋用量如下：

YKB—3962　0.164m³/块　6.57kg/块

YKB—3362　0.139m³/块　4.50kg/块

YKB—3062　0.126m³/块　3.83kg/块

2. 门窗统计表

门 窗 统 计 表　　　　　　　表8-5

名　称	代　号	洞口宽(mm)	洞口高(mm)	数　量	备　注
单层镶板门	M-1	900	2400	3	
单层镶板门带窗	M-2	2000	2400	1	其中门宽900mm
单层玻璃窗	C-1	1500	1500	6	

二、小平房工程列项

小平房工程施工图预算分项工程项目列项见表8-6。

小平房工程施工图预算分项工程项目表　　　表8-6

利用基数	序号	定额号	分项工程名称	单　位
	1	1-8	人工挖地槽	m³
	2	8-16	C10混凝土基础垫层	m³
$L_中$	3	4-1	M5水泥砂浆砌砖基础	m³
$L_内$	4	1-46	人工地槽回填土	m³

续表

利用基数	序号	定额号	分项工程名称	单位
$L_{中}$	5	9-53	1:2水泥砂浆墙基防潮层	m²
	6	4-10	M5混合砂浆砌砖墙	m³
	7	5-408	现浇C20钢筋混凝土圈梁	m³
$L_{内}$	8	3-15	里脚手架	m²
	9	8-27	1:2水泥砂浆踢脚线	m
	10	11-36	混合砂浆抹内墙	m²
	11	11-636	内墙面刷106涂料	m²
$L_{外}$	12	1-48	人工平整场地	m²
	13	3-6	外脚手架	m²
	14	11-605	1:2水泥砂浆抹外墙	m²
	15	8-43	C15混凝土散水	m²
$S_{底}$	16	8-16换	C20细石混凝土刚性屋面40mm厚	m²
	17	8-23	1:2水泥砂浆屋面面层	m²
	18	11-289	预制板底水泥砂浆嵌缝找平	m²
	19	1-46	室内回填土	m³
	20	8-16	C10混凝土地面垫层	m³
	21	8-23	1:2水泥砂浆地面面层	m²
	22	11-636	预制板底刷106涂料	m²
	23	1-17	人工挖地坑	m³
	24	1-46	人工地坑回填土	m³
	25	4-38	M5混合砂浆砌砖柱	m³
	26	7-174	单层玻璃窗框制作	m²
	27	7-175	单层玻璃窗框安装	m²
	28	7-176	单层玻璃窗扇制作	m²
	29	7-177	单层玻璃窗扇安装	m²
	30	7-17	单层镶板门框制作	m²
	31	7-18	单层镶板门框安装	m²
	32	7-19	单层镶板门扇制作	m²
	33	7-20	单层镶板门扇安装	m²
	34	7-121	门带窗框制作	m²
	35	7-122	门带窗框安装	m²
	36	7-123	门带窗扇制作	m²
	37	7-124	门带窗扇安装	m²
	38	6-93	木门窗运输	m²
	39	11-409	木门窗油漆	m²
	40	5-406	现浇C20混凝土矩形梁	m³
	41	5-453	预应力C30混凝土空心板制作	m³
	42	6-8	空心板运输	m³
	43	6-330	空心板安装	m³
	44	5-529	空心板接头灌浆	m³
	45	1-49	人工运土	m³
	46	5-431	C10混凝土台阶	m³
	47	8-25	1:2水泥砂浆抹台阶面	m²
	48	5-294	现浇构件圆钢筋制安 $\phi 6.5$	t
	49	5-297	现浇构件圆钢筋制安 $\phi 12$	t
	50	5-309	现浇构件螺纹钢筋制安 $\oplus 14$	t
	51	5-359	预应力构件钢筋制安 $\phi 4$	t
	52	5-73	现浇圈梁模板安拆	m²
	53	5-82	现浇矩形梁模板安拆	m²
	54	5-123	现浇混凝土台阶模板安拆	m²
	55	11-45	混合砂浆抹梁柱面	m²

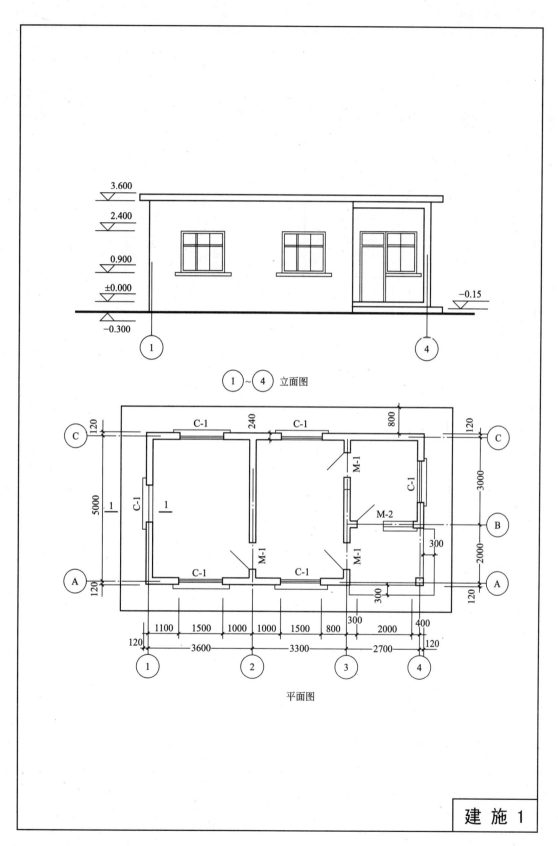

建 施 1

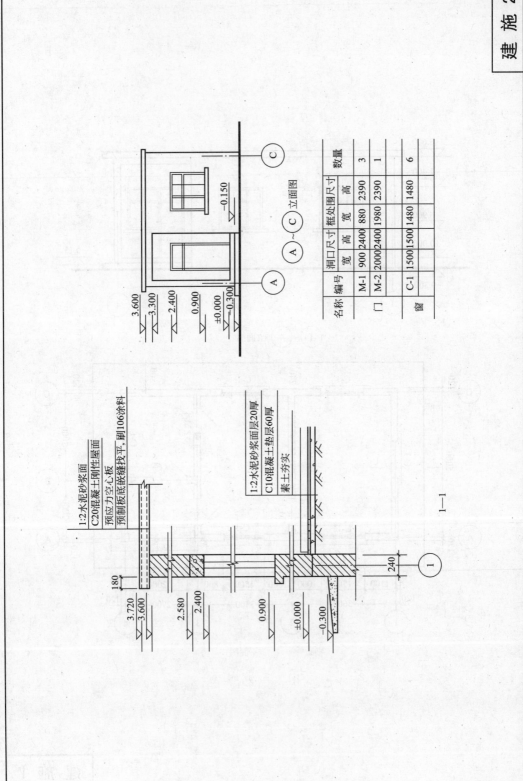

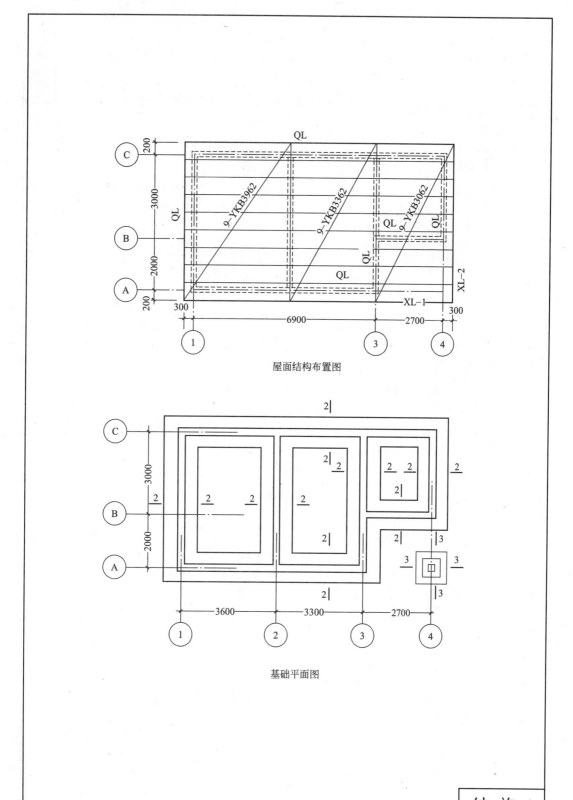

屋面结构布置图

基础平面图

结 施 1

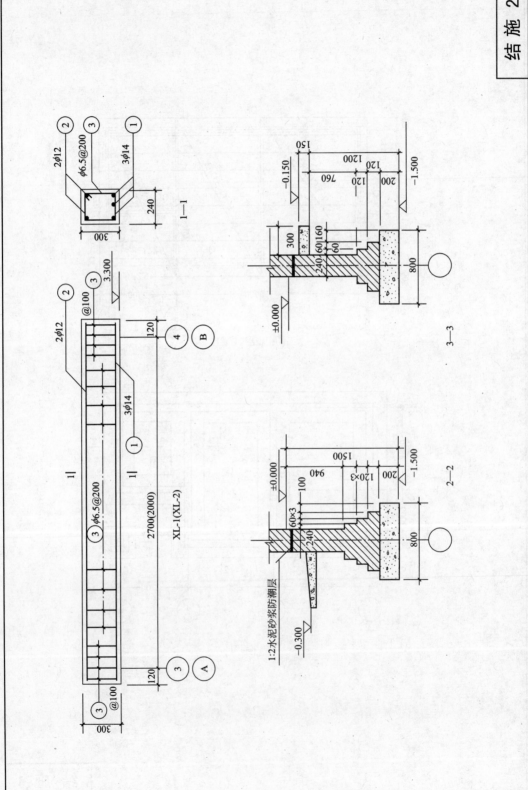

三、小平房工程基数计算

小平房工程基数计算见表 8-7。

小平房工程基数计算表 表 8-7

基数名称	代号	图号	墙高(m)	墙厚(m)	单位	数量	计 算 式
外墙中线长	$L_中$	建施1	3.60	0.24	m	29.20	$(3.60+3.30+2.70+5.0)\times 2=29.20$m
内墙净长	$L_内$	建施1	3.60	0.24	m	7.52	$(5.0-0.24)+(3.0-0.24)=7.52$m
外墙外边长	$L_外$	建施1			m	30.16	$29.20+0.24\times 4=30.16$m 或：$[(3.60+3.30+2.70+0.24)+(5.0+0.24)]\times 2=30.16$m
底层建筑面积	$S_底$	建施1			m²	51.56	$(3.60+3.30+2.70+0.24)\times(5.0+0.24)=51.56$m²

四、小平房工程工程量计算

(1) 人工平整场地

$$S = S_底 + L_外 \times 2 + 16$$
$$= 51.56 + 30.16 \times 2 + 16$$
$$= 127.88 (m^2)$$

(2) 人工挖地槽(不加工作面、不放坡)

$$V = 槽长 \times 槽宽 \times 槽深$$
$$= (\underset{L_中}{29.20} + \underset{L_内}{7.52} + 0.24 \times 2 - 0.80 \times 2) \times 0.80 \times (1.50 - 0.30)$$
$$= (29.20 + 8.0 - 1.60) \times 0.8 \times 1.20$$
$$= 35.60 \times 0.8 \times 1.20$$
$$= 34.18 (m^3)$$

(3) 人工挖地坑(不加工作面、不放坡)

$$V = 坑长 \times 坑宽 \times 坑深 \times 个数$$
$$= 0.80 \times 0.80 \times (1.50 - 0.30) \times 1$$
$$= 0.80 \times 0.80 \times 1.20 \times 1$$
$$= 0.77 (m^3)$$

(4) C10 混凝土基础垫层

$$V = (外墙垫层长 + 内墙垫层长) \times 垫层宽 \times 垫层厚$$
$$= (\underset{L_中}{29.20} + \underset{L_内}{7.52} + 0.24 \times 2 - 0.80 \times 2) \times 0.80 \times 0.20$$
$$= (29.20 + 8.0 - 1.60) \times 0.80 \times 0.20$$
$$= 35.60 \times 0.80 \times 0.20$$
$$= 5.70 (m^3)$$

$$V = 柱垫层面积 \times 垫层厚$$
$$= 0.80 \times 0.80 \times 0.20$$

$$=0.13(m^3)$$
小计：$5.70+0.13=5.83(m^3)$

(5) M5 水泥砂浆砌砖墙基础

$V=(L_{中}+L_{内})\times($基础高$\times$墙厚$+$放脚断面积$)$

$=(29.20+7.52)\times[(1.50-0.20)\times 0.24+0.007875\times 12]$

$=36.72\times(0.312+0.0945)$

$=36.72\times 0.4065$

$=14.93(m^3)$

(6) 人工地槽回填土

$V=$挖土体积$-($垫层体积$+$砖墙基础体积$-$高出室外地坪砖墙基础体积$)$

$=34.18-(5.70+14.93-36.72\times 0.3\times 0.24)$

$=34.18-(5.70+14.93-2.64)$

$=34.18-17.99$

$=16.19(m^3)$

(7) M5 水泥砂浆砌砖柱基础

$V=$柱基高$\times$柱断面积$+$四周放脚体积

$=(1.5-0.2)\times(0.24\times 0.24)+0.033$

$=1.30\times 0.0576+0.033$

$=0.11(m^3)$

(8) 人工地坑回填土

$V=$挖土体积$-($垫层体积$+$砖柱基础体积$-$高出地坪砖柱基础体积$)$

$=0.77-(0.13+0.11-0.30\times 0.24\times 0.24)$

$=0.77-0.22$

$=0.55(m^3)$

(9) 1∶2 水泥砂浆墙基防潮层

$S=(L_{中}+L_{内})\times$墙厚$+$柱断面积$\times$个数

$=36.72\times 0.24+0.24\times 0.24\times 1$

$=8.81+0.06$

$=8.87(m^2)$

(10) 双排外脚手架

$S=$墙高(含室外地坪高差)$\times$墙外边长$(L_{外})$

$=(3.60+0.30)\times 30.16$

$=3.90\times 30.16$

$=117.62(m^2)$

(11) 里脚手架

$S=$内墙净长$\times$墙高

$=\overset{L_{内}}{7.52}\times 3.60$

$=27.07(m^2)$

(12) 单层玻璃窗框制作
　　$S=$ 窗洞口面积×樘数
　　　$=1.5×1.5×6$
　　　$=13.50(m^2)$

(13) 单层玻璃窗框安装
　　同序 12　　　　　$13.50(m^2)$

(14) 单层玻璃窗扇制作
　　同序 12　　　　　$13.50(m^2)$

(15) 单层玻璃窗扇安装
　　同序 12　　　　　$13.50(m^2)$

(16) 单层镶板门框制作
　　$S=$ 门洞口面积×樘数
　　　$=0.9×2.4×3$
　　　$=6.48(m^2)$

(17) 单层镶板门框安装
　　同序 16　　　　　$6.48(m^2)$

(18) 单层镶板门扇制作
　　同序 16　　　　　$6.48(m^2)$

(19) 单层镶板门扇安装
　　同序 16　　　　　$6.48(m^2)$

(20) 镶板门带窗框制作
　　$S=$ 门带窗洞口面积×樘数
　　　$=2.00×2.40-1.10×0.90$
　　　$=4.80-0.99$
　　　$=3.81(m^2)$

(21) 镶板门带窗框安装
　　同序 20　　　　$S=3.81(m^2)$

(22) 镶板门带窗扇制作
　　同序 20　　　　$S=3.81(m^2)$

(23) 镶板门带窗扇安装
　　同序 20　　　　$S=3.81(m^2)$

(24) 木门窗运输
　　$S=$ 门面积＋窗面积
　　　$=13.50+6.48+3.81$
　　　$=23.79(m^2)$

(25) 木门窗油漆
　　同序 24　　　　$S=23.79(m^2)$

(26) 现浇 C20 钢筋混凝土圈梁
　　$V=$ 梁长×梁断面积

$$= 29.20 \overset{L_\text{中}}{\times} 0.24 \times 0.18$$
$$= 1.26 (\text{m}^3)$$

(27) 现浇圈梁模板安拆

$S =$ 圈梁侧模面积＋圈梁代过梁底模面积

$$= 29.20 \overset{L_\text{中}}{\times} 0.18 \times 2\text{边} + (1.5 \overset{\text{C-1}}{\times} 6 + 0.9 \overset{\text{M-1}}{+} 2.0 \overset{\text{M-2}}{)} \times 0.24$$
$$= 10.51 + 2.86$$
$$= 13.37 (\text{m}^2)$$

(28) 现浇 C20 钢筋混凝土矩形梁

$V =$ 梁长×断面积×根数
$$= 2.94 \times 0.24 \times 0.30 + (2.0 - 0.12 + 0.12) \times 0.24 \times 0.30$$
$$= 0.36 (\text{m}^3)$$

(29) 现浇矩形梁模板安拆

$S =$ 模板接触面积
$$= 侧模 (2.70 \overset{\text{内侧}}{+} 2.00 + 2.70 \overset{\text{外侧}}{+} 0.24 + 2.0 + 0.24) \times 0.30$$
$$+ 底模 (2.70 - 0.24 + 2.0 - 0.24) \times 0.24$$
$$= 9.88 \times 0.30 + 4.22 \times 0.24$$
$$= 3.98 (\text{m}^2)$$

(30) C10 混凝土台阶

$S =$ 台阶水平投影面积
$$= (2.7 + 2.0) \times 0.3 \times 2$$
$$= 4.7 \times 0.6$$
$$= 2.82 (\text{m}^2)$$

(31) 1∶2 水泥砂浆抹台阶

　　同序 30　　　　$S = 2.82 (\text{m}^2)$

(32) 台阶模板安拆

　　同序 30　　　　$S = 2.82 (\text{m}^2)$

(33) 现浇构件圆钢筋制安 $\phi 6.5$

$\phi 6.5$　　$122.64 \overset{\text{圈梁}}{\times} 0.26 \text{kg/m} + 8.70 \overset{\text{矩形梁}}{\text{kg}} = 40.59 \text{kg}$

(34) 现浇构件圆钢筋制安 $\phi 12$

$\phi 12$　　$116.80 \overset{\text{圈梁}}{\times} 0.888 \text{kg/m} + 9.02 \overset{\text{矩形梁}}{\text{kg}} = 112.73 \text{kg}$

(35) 现浇构螺纹钢筋制安 $\Phi 14$

$\Phi 14$　　18.41kg（见设计说明）

(36) 预应力构件钢筋制安 $\phi 4$

$\phi 4$　　$Y_{KB}3962$　9@6.57kg/块＝59.13kg ⎤
　　　　$Y_{KB}3362$　9@4.50kg/块＝40.5kg　⎬ 134.10kg
　　　　$Y_{KB}3062$　9@3.83kg/块＝34.47kg ⎦

(37) 预应力 C30 钢筋混凝土空心板制作（详设计说明）

$V=$ 单块体积×块数×制作损耗系数

$$\left.\begin{array}{l}\text{Y KB 3962}\quad 9@0.164\text{m}^3/\text{块}=1.476\text{m}^3\\ \text{Y KB 3362}\quad 9@0.139\text{m}^3/\text{块}=1.251\text{m}^3\\ \text{Y KB 3062}\quad 9@0.126\text{m}^3/\text{块}=1.134\text{m}^3\end{array}\right\} 3.861\text{m}^3(\text{净})$$

制作工程量 $=3.861\times1.015^*=3.92(\text{m}^3)$

(38) 空心板运输

$V=$ 净体积×运输损耗系数

$=3.861\times1.013^*$

$=3.91(\text{m}^3)$

(39) 空心板安装

$V=$ 净体积×安装损耗系数

$=3.861\times1.005^*$

$=3.88(\text{m}^3)$

(40) 空心板接头灌浆

$V=$ 净体积 $=3.86(\text{m}^3)$

(41) M5 混合砂浆砌砖墙

$V=$（墙长×墙高－门窗面积）×墙厚－圈梁体积

$=[(\underset{L_{\text{中}}}{29.20}+\underset{L_{\text{内}}}{7.52})\times3.60-23.79]\times0.24-1.26$

$=(36.72\times3.60-23.79)\times0.24-1.26$

$=(108.40)\times0.24-1.26$

$=26.02-1.26$

$=24.76(\text{m}^3)$

(42) M5 混合砂浆砌砖柱

$V=$ 柱断面积×柱高

$=0.24\times0.24\times3.60$

$=0.21(\text{m}^3)$

(43) 1:2 水泥砂浆屋面面层

$S=$ 屋面实铺水平投影面积

$=(5.0+0.2\times2)\times(9.60+0.30\times2)$

$=5.4\times10.2$

$=55.08(\text{m}^2)$

(44) C20 细石混凝土刚性屋面（40mm 厚）

$S=$ 屋面实铺面积

$=55.08(\text{m}^2)$（同序 43）

(45) 预制板底嵌缝找平

$S=$ 空心板实铺面积－墙结构面积

$=55.08-(\underset{L_{\text{中}}}{29.20}+\underset{L_{\text{内}}}{7.52})\times0.24$

$$=55.08-8.81$$
$$=46.27(m^2)$$

(46) 预制板顶棚面刷106涂料

同序45　　　　$S=46.27m^2$

(47) 1∶2水泥砂浆地面面层

$S=S_底-墙结构面积-台阶所占面积$
$$=51.56-(29.20+7.52)\times0.24-(2.70+2.0-0.12-0.18)\times0.30$$
$$=51.56-8.81-1.32$$
$$=41.43(m^2)$$

(48) C10混凝土地面垫层

$V=$室内地面净面积$\times$厚度
$$=\underset{序47}{41.43}\times0.06$$
$$=2.49(m^3)$$

(49) 室内地坪回填土

$V=$室内地坪净面积$\times$厚度
$$=\underset{序47}{41.43}\times(0.30-0.02-0.06)$$
$$=41.43\times0.22$$
$$=9.11(m^3)$$

(50) 人工运土

$V=$挖土量$-$回填量
$$=\underset{序2}{34.18}+\underset{序3}{0.77}-\underset{序6}{16.19}-\underset{序8}{0.55}-\underset{序49}{9.11}$$
$$=9.10(m^3)$$

(51) 混合砂浆抹内墙面

$S=$内墙面净长$\times$净高$-$门窗面积
$$=[(5.0-0.24+3.60-0.24)\times2+(5.0-0.24+3.3-0.24)\times2$$
$$+\underset{③轴、Ⓑ轴}{(2.7-0.24+3.0-0.24)\times2}+2.0+2.7]\times3.60-\underset{C-1}{1.5}$$
$$\times1.5\times6-\underset{M-1}{0.9}\times2.4\times3\times2\text{面}-\underset{M-2}{3.81}\times2\text{面}$$
$$=(16.24+15.64+10.44+4.70)\times3.60-30.27$$
$$=47.02\times3.60-30.27$$
$$=139.00(m^2)$$

(52) 水泥砂浆抹外墙面

$S=$外墙外边周长$\times$墙高$-$门窗面积
$$=\underset{L_外}{(30.16}-\underset{③、Ⓑ轴}{2.7-2.0)\times(3.60+0.30)}-\underset{C-1}{1.5\times1.5\times6}$$
$$=25.46\times3.90-13.50$$
$$=85.79(m^2)$$

(53) 混合砂浆抹砖柱、矩形梁

S＝柱周长×柱高
　＝0.24×0.24×3.60
　＝0.21(m²)

S＝梁展开面积
　＝侧面(2.7+2.0+2.7－0.24+2.0－0.24)×0.30
　　+底面(2.7－0.24+2.0－0.24)×0.24
　＝2.68+1.01＝3.69(m²)

小计：0.21+3.69＝3.90m²

(54) 1∶2水泥砂浆踢脚线

L＝内墙净长之和
　＝(3.60－0.24+5.0－0.24)×2+(3.30－0.24+5.0－0.24)×2
　　+(2.70－0.24+3.0－0.24)×2+2.70+2.0
　＝47.02(m)

(55) C15混凝土散水60mm厚

S＝散水长×散水宽－台阶所占面积
　＝($L_外$+4×散水宽)×散水宽－台阶所占面积
　＝(30.16+4×0.8)×0.80－(2.70+0.30+2.0)×0.30
　＝26.69－1.50
　＝25.19(m²)

思 考 题

1. 叙述用统筹法计算工程量的要点。
2. 外墙中线长怎样计算？
3. 内墙净长线怎样计算？
4. 外墙外边周长如何计算？
5. 底层建筑面积如何计算？
6. 利用 $L_外$ 可以计算哪些工程量？
7. 利用 $L_中$ 可以计算哪些工程量？
8. 利用 $L_内$ 可以计算哪些工程量？
9. 利用 $S_底$ 可以计算哪些工程量？

第九章 建筑面积计算

第一节 建筑面积的概念

建筑面积亦称建筑展开面积，是建筑物各层面积的总和。

建筑面积包括使用面积、辅助面积和结构面积三部分。

一、使用面积

使用面积是指建筑物各层平面中直接为生产或生活使用的净面积之和。例如，住宅建筑中的居室、客厅、书房、卫生间、厨房等。

二、辅助面积

辅助面积是指建筑物各层平面中为辅助生产或辅助生活所占的净面积之和。例如，住宅建筑中的楼梯、走道等。使用面积与辅助面积之和称有效面积。

三、结构面积

结构面积是指建筑物各层平面中的墙、柱等结构所占的面积之和。

第二节 建筑面积的作用

一、重要管理指标

建筑面积是建设投资、建设项目可行性研究、建设项目勘察设计、建设项目评估、建设项目招标投标、建筑工程施工和竣工验收、建设工程造价管理、建筑工程造价控制等一系列管理工作的重要指标。

二、重要技术指标

建筑面积是计算开工面积、竣工面积、优良工程率、建筑装饰规模等重要的技术指标。

三、重要经济指标

建筑面积是计算建筑、装饰等单位工程或单项工程的单位面积工程造价、人工消耗指标、机械台班消耗指标、工程量消耗指标的重要经济指标。

各经济指标的计算公式如下：

$$每平方米工程造价=\frac{工程造价}{建筑面积}(元/m^2)$$

$$每平方米人工消耗 = \frac{单位工程用工量}{建筑面积}(工日/m^2)$$

$$每平方米材料消耗 = \frac{单位工程某材料用量}{建筑面积}(kg/m^2、m^3/m^2 等)$$

$$每平方米机械台班消耗 = \frac{单位工程某机械台班用量}{建筑面积}(台班/m^2 等)$$

$$每平方米工程量 = \frac{单位工程某项工程量}{建筑面积}(m^2/m^2、m/m^2 等)$$

四、重要计算依据

建筑面积是计算有关工程量的重要依据。例如，装饰用满堂脚手架工程量等。

综上所述，建筑面积是重要的技术经济指标，在全面控制建筑、装饰工程造价和建设过程中起着重要作用。

第三节 建筑面积计算规则

由于建筑面积是计算各种技术经济指标的重要依据，这些指标又起着衡量和评价建设规模、投资效益、工程成本等方面重要尺度的作用。因此，中华人民共和国建设部颁发了《建筑工程建筑面积计算规范》（GB/T 50353—2005），规定了建筑面积的计算方法。

《建筑工程建筑面积计算规范》主要规定了三个方面的内容：

(1) 计算全部建筑面积的范围和规定；
(2) 计算部分建筑面积的范围和规定；
(3) 不计算建筑面积的范围和规定。

这些规定主要基于以下几个方面的考虑。

① 尽可能准确地反映建筑物各组成部分的价值量。例如，有永久性顶盖，无围护结构的走廊，按其结构底板水平面积 1/2 计算建筑面积；有围护结构的走廊（增加了围护结构的工料消耗）则计算全部建筑面积。又如，多层建筑坡屋顶内和场馆看台下，当设计加以利用时，净高在超过 2.10m 的部位应计算建筑面积；净高在 1.20m 至 2.10m 的部位应计算 1/2 面积；净高不足 1.20m 时不应计算面积。

② 通过建筑面积计算规范的规定，简化建筑面积的计算过程。例如，附墙柱、垛等不计算建筑面积。

第四节 应计算建筑面积的范围

一、单层建筑物

1. 计算规定

单层建筑物的建筑面积，应按其外墙勒脚以上结构外围水平面积计算，并应符合下列规定：

(1) 单层建筑物高度在 2.20m 及其以上应计算全面积；高度不足 2.20 者应计算 1/2 面积。

(2) 利用坡屋顶内空间时，净高超过 2.10m 的部位应计算全面积；净高在 1.20m 至 2.10m 的部位应计算 1/2 面积；净高不足 1.20m 的部位不应计算面积。

2. 计算规定解读

(1) 单层建筑物可以是民用建筑、公共建筑，也可以是工业厂房。

(2) "应按其外墙勒脚以上结构外围水平面积计算"的规定，主要强调，勒脚是墙根部很矮的一部分墙体加厚，不能代表整个外墙结构，因此要扣除勒脚墙体加厚部分。另外还强调，建筑面积只包括外墙的结构面积，不包括外墙抹灰厚度、装饰材料厚度所占的面积。如图 9-1 所示，其建筑面积为

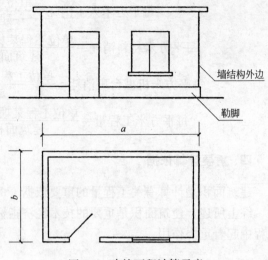

图 9-1 建筑面积计算示意

$$S = a \times b (外墙外边尺寸，不含勒脚厚度)。$$

(3) 利用坡屋顶空间净高计算建筑面积的部位举例如下，见图 9-2。

- 应计算 1/2 面积：($A_轴 \sim B_轴$）

$$S_1 = (2.70 - 0.40) \times 5.34 \times 0.50 = 6.15 (m^2)$$

（符合1.2m高的宽 坡屋面长）

- 应计算全部面积：($B_轴 \sim C_轴$)

$$S_2 = 3.60 \times 5.34 = 19.22 (m^2)$$

小计：$S_1 + S_2 = 6.15 + 19.22 = 25.37 (m^2)$

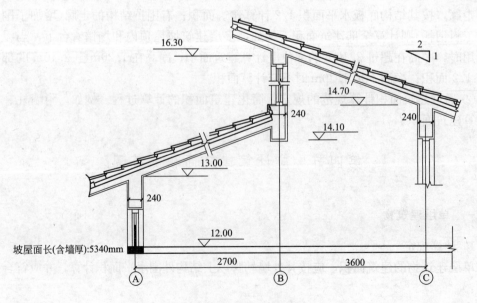

图 9-2 利用坡屋顶空间应计算建筑面积示意图

（4）单层建筑物应按不同的高度确定面积的计算。其高度指室内地面标高至屋面板板面结构标高之间的垂直距离。遇有以屋面板找坡的平屋顶单层建筑物，其高度指室内地面标高至屋面板最低处板面结构标高之间的垂直距离。

二、单层建筑物内设有局部楼层

1. 计算规定

单层建筑物内设有局部楼层者，局部楼层及其以上楼层，有围护结构的应按其围护结构外围水平面积计算，无围护结构的应按其底板水平面积计算。层高在2.20m及其以上者应计算全面积；层高不足2.20m者应该计算1/2面积。

2. 计算规定解读

（1）单层建筑物内设有部分楼层的例子见图9-3。这时，局部楼层的墙厚应包括在楼层面积内。

【例9-1】 根据图9-3计算该建筑的建筑面积（墙厚均为240mm）

【解】 底层建筑面积＝(6.0＋4.0＋0.24)×(3.30＋2.70＋0.24)
$$=10.24×6.24$$
$$=63.90(m^2)$$

楼隔层建筑面积＝(4.0＋0.24)×(3.30＋0.24)
$$=4.24×3.54$$
$$=15.01(m^2)$$

全部建筑面积＝69.30＋15.01＝78.91(m^2)

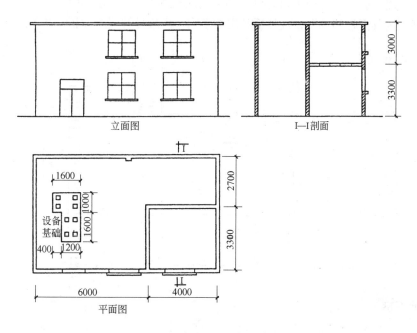

图9-3 建筑面积计算示意图

(2) 本规定没有说不算建筑面积的部位,我们可以理解为局部楼层层高一般不会低于1.20m。

三、多层建筑物

1. 计算规定

(1) 多层建筑物首层应按其外墙勒脚以上结构外围水平面积计算;二层及以上楼层应按其外墙结构外围水平面积计算。层高在2.20m及以上者应计算全面积;层高不足2.20m者应1/2面积。

(2) 多层建筑坡层顶内和场馆看台下,当设计加以利用时,净高超过2.10m的部位应计算全面积;净高在1.20m至2.10m的部位应计算1/2面积;当设计不利用或室内净高不足1.20m时不应计算面积。

2. 计算规定解读

(1) 其规定明确了外墙上的抹灰厚度或装饰材料厚度不能计入建筑面积。

(2) "二层及以上楼层"是指,有可能各层的平面布置不同,面积也不同,因此要分层计算。

(3) 多层建筑物的建筑面积应按不同的层高分别计算。层高是指上下两层楼面结构标高之间的垂直距离。建筑物最底层的层高指,当有基础底板时按基础底板上表面结构标高至上层楼面的结构标高之间的垂直距离确定;当没有基础底板时按地面标高至上层楼面结构标高之间的垂直距离确定。最上一层的层高是指楼面结构标高至屋面板板面结构标高之间的垂直距离;若遇到以屋面板找坡的屋面,层高指楼面结构标高至屋面板最低处板面结构标高之间的垂直距离。

(4) 多层建筑坡屋顶内和场馆看台下的空间应视为坡屋顶内的空间,设计加以利用时,应按其净高确定其面积的计算;设计不利用的空间,不应计算建筑面积,其示意图见图9-4。

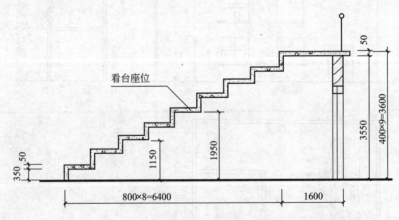

图9-4 看台下空间(场馆看台剖面图)计算建筑面积示意图

四、地下室

1. 计算规定

地下室、半地下室(车间、商店、车站、车库、仓库等),包括相应的有永久性顶盖的出入口，应按其外墙上口（不包括采光井、外墙防潮层及其保护墙）外边线所围水平面积计算。层高在 2.20m 及以上者应计算全面积；层高不足 2.20m 者应计算 1/2 面积。

2. 计算规定解读

(1) 地下室采光井是为了满足地下室的采光和通风要求设置的。一般在地下室围护墙上口开设一个矩形或其他形状的竖井，井的上口一般设有铁栅，井的一个侧面安装采光和通风用的窗子。见图 9-5。

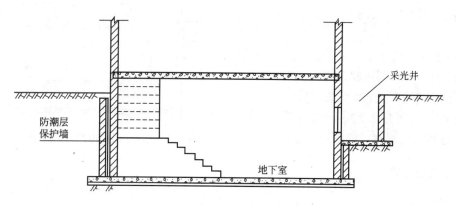

图 9-5 地下室建筑面积计算示意图

(2) 地下室、半地下室应以其外墙上口外边线所围水平面积计算。以前的计算规则规定：按地下室、半地室上口外墙外围水平面积计算，文字上不甚严密，"上口外墙"容易被理解成为地下室、半地下室的上一层建筑的外墙。因为通常情况下，上一层建筑外墙与地下室墙的中心线不一定完全重叠，多数情况是凹进或凸出地下室外墙中心线。

五、建筑物吊脚架空层、深基础架空层

1. 计算规定

坡地的建筑物吊脚架空层、深基础空层，设计加以利用并有围护结构的，层高在 2.20m 及以上的部位应计算全面积；层高不足 2.20m 的部位应该计算 1/2 面积；设计加以利用的无围护结构的建筑物吊脚架空层，应按其利用部位水平面积的 1/2 计算；设计不利用的深基础架空层、坡地吊脚架空层不应计算面积。

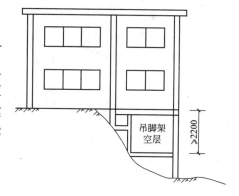

图 9-6 坡地建筑物吊脚架空层示意

2. 计算规定解读

(1) 建于坡地的建筑物吊脚架空层示意见图 9-6。

(2) 层高在 2.20m 的及以上的吊脚架空层可以设计用来作为一个房间使用。

(3) 深基础架空层 2.20m 及以上层高时，可以设计用来作为安装设备或做储藏间使用。

六、建筑物内门厅、大厅

1. 计算规定

建筑物的门厅、大厅按一层计算建筑面积。门厅、大厅内设有回廊时，应按其结构底板水平面积计算。层高在 2.20m 及以上者应计算全面积；层高不足 2.20m 者应计算 1/2 面积。

2. 计算规定解读

(1)"门厅、大厅内设有回廊"是指，建筑物大厅、门厅的上部（一般该大厅、门厅占二个或二个以上建筑物层高）四周向大厅、门厅、中间挑出的走廊称为回廊。如图 9-7。

(2) 宾馆、大会堂、教学楼等大楼内的门厅或大厅，往往要占建筑物的二层或二层以上的层高，这时也只能计算一层面积。

(3)"层高不足 2.20m 者应计算 1/2 面积"应该指回廊层高可能出现的情况。

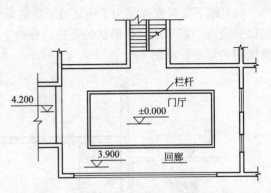

图 9-7 大厅、门厅内设有回廊示意图

七、架空走廊

1. 计算规定

建筑物间有围护结构的架空走廊，应按其围护结构外围水平面积计算。层高在 2.20m 及以上者应计算全面积；层高不足 2.20m 者应计算 1/2 面积。有永久性顶盖无围护结构的应按其结构底板水平面积 1/2 计算。

2. 计算规定解读

架空走廊是指建筑物与建筑物之间，在二层或二层以上专门为水平交通设置的走廊。见图 9-8。

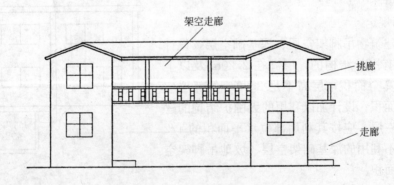

图 9-8 有永久性顶盖架空走廊示意图

八、立体书库、立体仓库、立体车库

1. 计算规定

立体书库、立体仓库、立体车库，无结构层的应按一层计算；有结构层的应按其结构层面积分别计算。层高在 2.20m 及以上者应计算全面积；层高不足 2.20m 者应计算 1/2 面积分别计算。

2. 计算规定解读

(1) 计算规范对以前的计算规则进行了修订，增加了立体车库的面积计算。立体车库、立体仓库、立体书库不规定是否有围护结构，均按是否有结构层，应区分不同的层高确定建筑面积计算的范围。改变了以前按书架层和货架层计算面积的规定。

(2) 立体书库建筑面积计算（按图 9-9 计算）如下：

底层建筑面积 = (2.82+4.62)×(2.82+9.12)+3.0×1.20 ←楼梯
         = 7.44×11.94+3.60
         = 92.43(m^2)

结构层建筑面积 = (4.62+2.82+9.12)×2.82×0.50（层高 2m）
          = 16.56×2.82×0.50
          = 23.35(m^2)

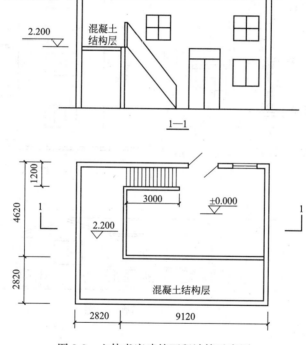

图 9-9　立体书库建筑面积计算示意图

九、舞台灯光控制室

1. 计算规定

有围护结构的舞台灯光控制室，应按其围护结构外围水平面积计算。层高在 2.20m 及以上者应计算全面积；层高不足 2.20m 者应计算 1/2 面积。

2. 计算规定解读

如果舞台灯光控制室有围护结构且只有一层，那么就不能另外计算面积。因为整个舞台的面积计算已经包含了该灯光控制室的面积。

十、落地橱窗、门斗、挑廊、走廊、檐廊

1. 计算规定

建筑物外有围护结构的落地橱窗、门斗、挑廊、走廊、檐廊，应按其围护结构外围水平面积计算。层高在2.20m及以上者应计算全面积；层高不足2.20m者应计算1/2面积。有永久性顶盖无围护结构的应按其结构底板水平面积的1/2计算。

2. 计算规定解读

(1) 落地橱窗是指突出外墙面，根基落地的橱窗。

(2) 门斗是指在建筑物出入口设置的起分隔、挡风、御寒等作用的建筑过渡空间。保温门斗一般有围护结构，见图9-10。

(3) 挑廊是指挑出建筑物外墙的水平交通空间，见图9-11；走廊指建筑物底层的水平交通空间，见图9-12；檐廊是指设置在建筑物底层檐下的水平交通空间，见图9-12。

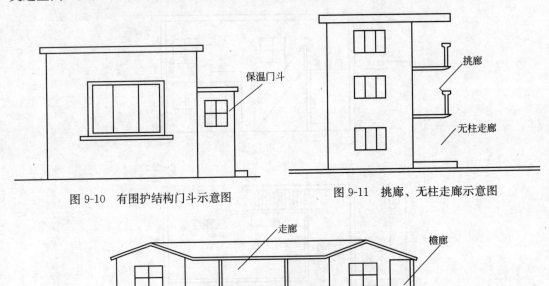

图9-10 有围护结构门斗示意图　　图9-11 挑廊、无柱走廊示意图

图9-12 走廊、檐廊示意图

十一、场馆看台

1. 计算规定

有永久性顶盖无围护结构的场馆看台，应按其顶盖水平投影面积的1/2计算。

2. 计算规定解读

这里所称的"场馆"实际上是指"场"（如：足球场、网球场等）看台上有永久性顶盖部分。"馆"应是有永久性顶盖和围护结构的，应按单层或多层建筑相关规定计算面积。

十二、建筑物顶部楼梯间、水箱间、电梯机房

1. 计算规定

建筑物顶部有围护结构的楼梯间、水箱间、电梯机房等，层高在2.20m及以上者应

计算全面积；层高不足 2.20m 者应计算 1/2 面积。

2. 计算规定解读

(1) 如遇建筑物屋顶的楼梯间是坡屋顶时，应按坡屋顶的相关规定计算面积。

(2) 单独放在建筑物屋顶上的混凝土水箱或钢板水箱，不计算面积。

(3) 建筑物屋顶水箱间、电梯机房见示意图 9-13。

十三、不垂直于水平面而超出底板外沿的建筑物

1. 计算规定

设有围护结构不垂直于水平面而超出底板外沿的建筑物，应按其底板面的外围水平面积计算。层高在 2.20m 及以上者应计算全面积；层高不足 2.20m 者应计算 1/2 面积。

2. 计算规定解读

设有围护结构不垂直于水平面而超出底板外沿的建筑物是指向建筑物外倾斜的墙体（见图 9-14）。若遇有向建筑物内倾斜的墙体，应视为坡屋面，应按坡屋顶的有关规定计算面积。

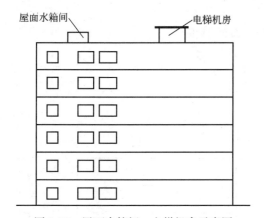

图 9-13 屋面水箱间、电梯机房示意图

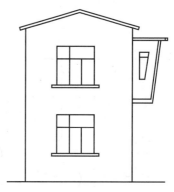

图 9-14 不垂直于水平面超出地板外沿的建筑物

十四、室内楼梯间、电梯井、垃圾道等

1. 计算规定

建筑物内的室内楼梯间、电梯井、观光电梯井、提物井、管道井、通风排气竖井、垃圾道、附墙烟囱应按建筑物的自然层计算面积。

2. 计算规定解读

(1) 室内楼梯间的面积计算，应按楼梯依附的建筑物的自然层数计算，合并在建筑物面积内。若遇跃层建筑，其共用的室内楼梯应按自然层计算面积；上下两错层户室共用的室内楼梯，应选上一层的自然层计算面积，见图 9-15。

(2) 电梯井是指安装电梯用的垂直通道，见图 9-16。

【例 9-2】 某建筑物共 12 层，电梯井尺寸（含壁厚）如图 9-16，求电梯井面积。

【解】 $S = 2.80 \times 3.40 \times 12 \text{ 层} = 114.24 (\text{m}^2)$

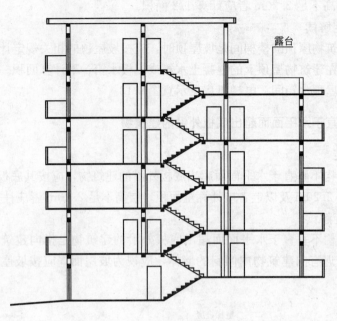

图 9-15 户室错层剖面示意图

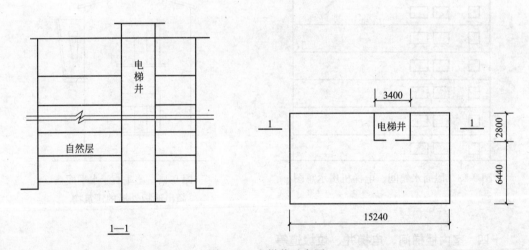

图 9-16 电梯井示意图

(3) 提物井是指图书馆提升书籍、酒店提升食物的垂直通道。

(4) 垃圾道是指写字楼等大楼内每层设垃圾倾倒口的垂直通道。

(5) 管道井是指宾馆或写字楼内集中安装给排水、采暖、消防、电线管道用的垂直通道。

十五、雨篷

1. 计算规定

雨篷结构的外边线至外墙结构外边线的宽度超过 2.10m 者，应按雨篷结构板的水平投影面积的 1/2 计算面积。

2. 计算规定解读

(1) 雨篷均以其宽度超过 2.10m 或不超过 2.10m 划分。超过者按雨篷结构板水平投影面积的 1/2 计算；不超过者不计算。上述规定不管雨篷是否有柱或无柱，计算应一致。

(2) 有柱的雨篷、无柱的雨篷、独立柱的雨篷见图 9-17、图 9-18。

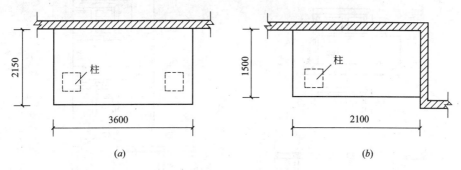

图 9-17 有柱雨篷示意图
(a)计算 1/2 面积；(b)不计算面积

十六、室外楼梯

1. 计算规定

有永久性顶盖的室外楼梯，应按建筑自然层的水平投影面积 1/2 计算。

2. 计算规定解读

室外楼梯，最上层楼梯无永久性顶盖或不能完全遮盖楼梯的雨篷，上层楼梯不计算面积；上层楼梯可视为下层楼梯的永久性顶盖，下层楼梯应计算面积，见图 9-19。

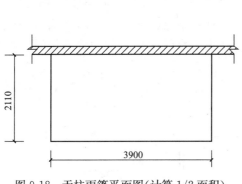

图 9-18 无柱雨篷平面图(计算 1/2 面积)

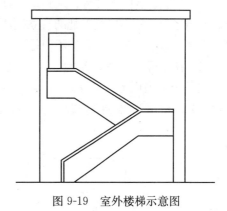

图 9-19 室外楼梯示意图

十七、阳台

1. 计算规定

建筑物的阳台均应按其水平投影面积的 1/2 计算建筑面积。

2. 计算规定解读

(1) 建筑物的阳台，不论是凹阳台、挑阳台、封闭阳台均按其水平投影面积的 1/2 计算建筑面积。

（2）挑阳台、凹阳台示意图见图 9-20、图 9-21。

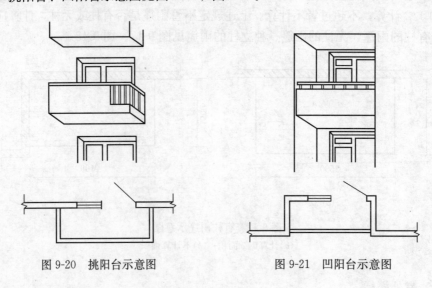

图 9-20 挑阳台示意图　　　　图 9-21 凹阳台示意图

十八、车棚、货棚、站台、加油站、收费站等

1. 计算规定

有永久性顶盖无围护结构的车棚、货棚、站台、加油站、收费站等，应按其顶盖水平投影面积的 1/2 计算建筑面积。

2. 计算规定解读

（1）车棚、货棚、站台、加油站、收费站等的面积计算，由于建筑技术的发展，出现许多新型结构，如柱不再是单纯的直立柱，而出现正V形、倒∧形等不同类型的柱，给面积计算带来许多争议。为此，我们不以柱来确定面积，而依据顶盖的水平投影面积计算面积。

（2）在车棚、货棚、站台、加油站、收费站内设有带围护结构的管理房间、休息室等，应另按有关规定计算面积。

（3）站台示意图见图 9-22。

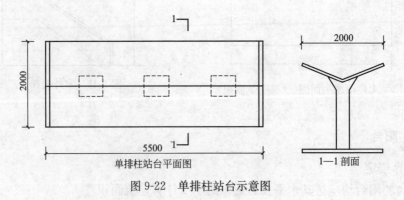

图 9-22 单排柱站台示意图

其面积为：

$$S = 2.0 \times 5.50 \times 0.5 = 5.50 (m^2)$$

十九、高低联跨建筑物

1. 计算规定

高低联跨的建筑物,应以高跨结构外边线为界,分别计算建筑面积;其高低跨内部联通时,其变形缝应计算在低跨面积内。

2. 计算规定解读

(1) 高低联跨建筑物示意图见图9-23。

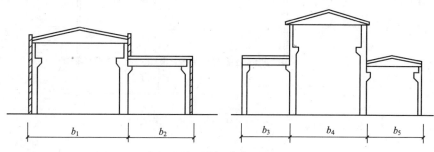

图9-23 高低跨单层建筑物建筑面积计算示意图

(2) 建筑面积计算示例。

【例9-3】 当建筑物长为L时,其建筑面积分别为:

【解】 $S_{高1}=b_1 \times L$

$S_{高2}=b_4 \times L$

$S_{低1}=b_2 \times L$

$S_{低2}=(b_3+b_5) \times L$

二十、以幕墙作为围护结构的建筑物

1. 计算规定

以幕墙作为围护结构的建筑物,应按幕墙外边线计算建筑面积。

2. 计算规定解读

围护性幕墙是指直接作为外墙起围护作用的幕墙。

二十一、建筑物外墙外侧有保温隔热层

建筑物外墙外侧有保温隔热层的,应按保温隔热层的外边线计算建筑面积。

二十二、建筑物内的变形缝

1. 计算规定

建筑物内的变形缝,应按其自然层合并在建筑面积内计算。

2. 计算规定解读

(1) 本条规定所指建筑物内的变形缝是与建筑物相联通的变形缝,即暴露在建筑物内,可以看得见的变形缝。

(2) 室内看得见的变形缝如示意图9-24所示。

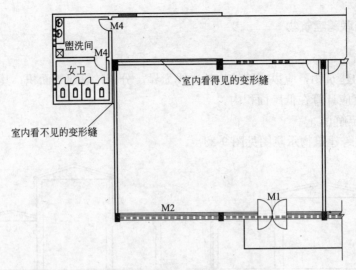

图 9-24 室内看得见的变形缝示意图

第五节 不计算建筑面积的范围

一、建筑物通道

1. 计算规定

建筑物的通道(骑楼、过街楼的底层),不应计算建筑面积。

2. 计算规定解读

(1)骑楼是指楼层部分跨在人行道上的临街楼房,见图 9-25。
(2)过街楼是指有道路穿过建筑空间的楼房。见图 9-26。

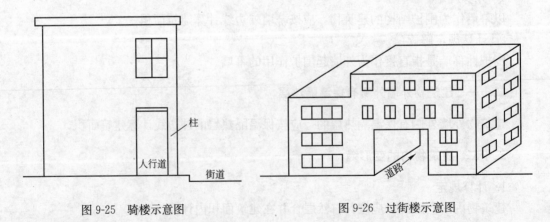

图 9-25 骑楼示意图　　　　图 9-26 过街楼示意图

二、设备管道夹层

1. 计算规定

建筑物内的设备管道夹层不应计算建筑面积。

2. 计算规定解读

高层建筑的宾馆、写字楼等,通常在建筑物高度的中间部分设置管道及设备层,主要用于集中放置水、暖、电、通风管道及设备。这一设备管道层不应计算建筑面积,如图 9-27 所示。

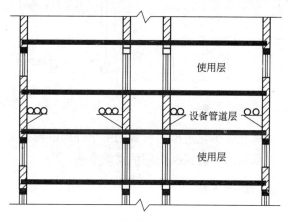

图 9-27 设备管道层示意图

三、建筑物内单层房间、舞台及天桥等

建筑物内分隔的单层房间,舞台及后台悬挂幕布、布景的天桥、挑台等不应计算建筑面积。

四、屋顶花架、露天游泳池等

屋顶水箱、花架、凉棚、露台、露天游泳池等不应计算建筑面积。

五、操作、上料平台等

1. 计算规定

建筑物内的操作平台、上料平台、安装箱和罐体的平台不应计算建筑面积。

2. 计算规定解读

建筑物外的操作平台、上料平台等应该按有关规定确定是否应计算建筑面积。操作平台示意图见图 9-28。

六、勒脚、附墙柱、垛等

1. 计算规定

勒脚、附墙柱、垛、台阶、墙面抹灰、装饰面、镶贴块料面层、装饰性幕墙、空调机外机搁板(箱)、飘窗、构件、配件、宽度在 2.10m 以内的雨篷以及与建筑物内不相连的装饰性阳台、挑廊等不应计算建筑面积。

2. 计算规定解读

(1) 上述内容均不属于建筑结构,所以不应计算建筑面积。

(2) 附墙柱、垛示意图见图 9-29。

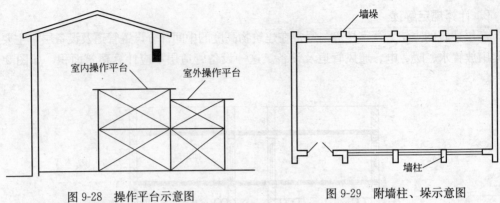

图 9-28 操作平台示意图　　　图 9-29 附墙柱、垛示意图

（3）飘窗是指为房间采光和美化造型而设置的突出外墙的窗。如图 9-30 所示。

（4）装饰性阳台、挑廊指人不能在其中间活动的空间。

七、无顶盖架空走廊和检修梯等

1. 计算规定

无永久性顶盖的架空走廊、室外楼梯和用于检修、消防等室外钢楼梯、爬梯不应计算建筑面积。

2. 计算规定解读

室外检修钢爬梯见图 9-31。

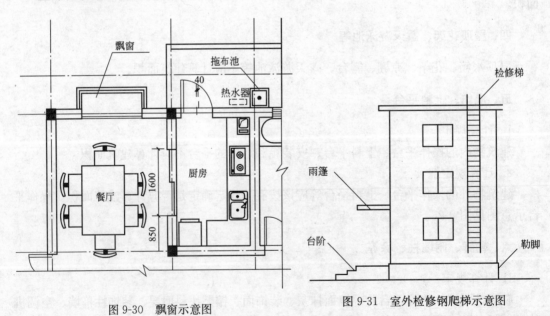

图 9-30 飘窗示意图　　　图 9-31 室外检修钢爬梯示意图

八、自动扶梯等

1. 计算规定

自动扶梯、自动人行道不应计算建筑面积。

2. 计算规定解读

自由扶梯(斜步道滚梯),除两端固定在楼层板或梁上面之外,扶梯本身属于设备,为此,扶梯不应计算建筑面积。

自动人行道(水平步道滚梯)属于安装在楼板上的设备,不应单独计算建筑面积。

思 考 题

1. 什么是建筑面积?
2. 建筑面积有何用?
3. 计算建筑面积的计算规则有哪些?
4. 哪些内容不计算建筑面积?

第十章 土石方工程

土石方工程主要包括平整场地，挖掘沟槽、基坑，挖土，回填土，运土和井点降水等内容。

第一节 土石方工程量计算的有关规定

计算土石方工程量前，应确定下列各项资料：

1. 土壤及岩石类别的确定。

土石方工程土壤及岩石类别的划分，依工程勘测资料与《土壤及岩石分类表》对照后确定（该表在建筑工程预算定额中）。

2. 地下水位标高及排（降）水方法。
3. 土方、沟槽、基坑挖（填）土起止标高、施工方法及运距。
4. 岩石开凿、爆破方法、石碴清运方法及运距。
5. 其他有关资料。

土方体积，均以挖掘前的天然密实体积为准计算。如遇有必须以天然密实体积折算时，可按表 10-1 所列数值换算。

土方体积折算表　　　　　　　表 10-1

虚方体积	天然密实度体积	夯实后体积	松填体积
1.00	0.77	0.67	0.83
1.30	1.00	0.87	1.08
1.50	1.15	1.00	1.25
1.20	0.92	0.80	1.00

注：查表方法实例：已知挖天然密实 $4m^3$ 土方，求虚方体积 V。

【解】　　　　　　　$V=4.0\times1.30=5.20m^3$

挖土一律以设计室外地坪标高为准计算。

第二节 平整场地

人工平整场地，是指建筑场地挖、填土方厚度在 ±30cm 以内及找平（见图10-1）。挖、填土方厚度超过 ±30cm 以外时，按场地土方平衡竖向布置图另行计算。

图 10-1 平整场地示意图

说明：

1. 人工平整场地示意见图 10-2，超过±30cm 的按挖、填土方计算工程量。
2. 场地土方平衡竖向布置，是将原有地形划分成 20m×20m 或 10m×10m 若干个方格网，将设计标高和自然地形标高分别标注在方格点的右上角和左下角，再根据这些标高数据计算出零线位置，然后确定挖方区和填方区的精度较高的土方工程量计算方法。

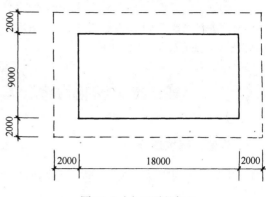

图 10-2 人工平整场地

平整场地工程量按建筑物外墙外边线（用 $L_{外}$ 表示）每边各加 2m，以平方米计算。

【例 10-1】 根据图 10-2 计算人工平整场地工程量。

【解】 $S_{平}=(9.0+2.0\times2)\times(18.0+2.0\times2)=286(\text{m}^2)$

平整场地工程量计算公式

根据例 1 可以整理出平整场地工程量计算公式：

$$S_{平}=(9.0+2.0\times2)\times(18.0+2.0\times2)$$
$$=9.0\times18.0+9.0\times2.0\times2+2.0\times2\times18+2.0\times2\times2.0\times2$$
$$=9.0\times18.0+(9.0\times2+18.0\times2)\times2.0+2.0\times2.0\times4 \text{个角}$$
$$=162+54\times2.0+16$$
$$=286(\text{m}^2)$$

上式中，9.0×18.0 为底面积，用 $S_{底}$ 表示；54 为外墙外边周长，用 $L_{外}$ 表示；故可以归纳为：

$$S_{平}=S_{底}+L_{外}\times2+16$$

上述公式示意图见图 10-3。

【例 10-2】 根据图 10-4 计算人工平整场地工程量。

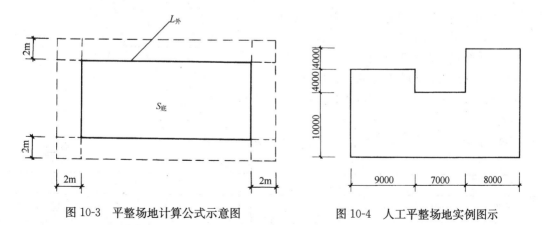

图 10-3 平整场地计算公式示意图　　图 10-4 人工平整场地实例图示

【解】 $S_{底}=(10.0+4.0)\times9.0+10.0\times7.0+18.0\times8.0=340(\text{m}^2)$

$L_{外}=(18+24+4)\times2=92(\text{m})$

$$S_{\text{平}}=340+92\times2+16=540(\text{m}^2)$$

注：上述平整场地工程量计算公式只适用于由矩形组成的建筑物平面布置的场地平整工程量计算，如遇其他形状，还需按有关方法计算。

第三节 挖掘沟槽、基坑土方的有关规定

一、沟槽、基坑划分

1. 凡图示沟槽底宽在 3m 以内，且沟槽长大于槽宽三倍以上的，为沟槽，见图 10-5。

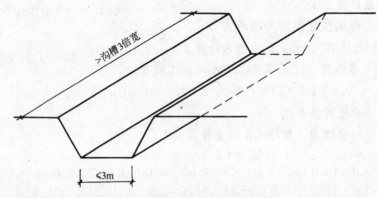

图 10-5 沟槽示意图

2. 凡图示基坑底面积在 20m² 以内为基坑，见图 10-6。

3. 凡图示沟槽底宽 3m 以外，坑底面积 20m² 以外，平整场地挖土方厚度在 30cm 以外，均按挖土方计算。

说明：

（1）图示沟槽底宽和基坑底面积的长、宽均不含两边工作面的宽度。

（2）根据施工图判断沟槽、基坑、挖土方的顺序是：先根据尺寸判断沟槽是否成立，若不成立再判断是否属于基坑，若还不成立，就一定是挖土方项目。

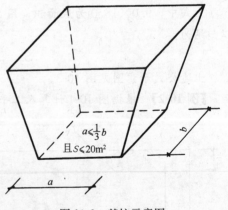

图 10-6 基坑示意图

例 根据表 10-2 中各段挖方的长宽尺寸，分别确定挖土项目。

表 10-2

位 置	长(m)	宽(m)	挖土项目	位 置	长(m)	宽(m)	挖土项目
A段	3.0	0.8	沟槽	D段	20.0	3.05	挖土方
B段	3.0	1.0	基坑	E段	6.1	2.0	沟槽
C段	20.0	3.0	沟槽	F段	6.0	2.0	基坑

二、放坡系数

计算挖沟槽、基坑、土方工程量需放坡时,放坡系数按表10-3规定计算。

放坡系数表　　　　　　　　　　　表10-3

土 壤 类 别	放坡起点(m)	人工挖土	机械挖土	
			在坑内作业	在坑上作业
一、二类土	1.20	1∶0.5	1∶0.33	1∶0.75
三 类 土	1.50	1∶0.33	1∶0.25	1∶0.67
四 类 土	2.00	1∶0.25	1∶0.10	1∶0.33

注:1. 沟槽、基坑中土壤类别不同时,分别按其放坡起点、放坡系数,依不同土壤厚度加权平均计算。
　　2. 计算放坡时,在交接处的重复工程量不予扣除,原槽、坑作基础垫层时,放坡从垫层上表面开始计算。

说明:

(1) 放坡起点深是指,挖土方时,各类土超过表中的放坡起点深时,才能按表中的系数计算放坡工程量。例如,图10-7中若是三类土时,$H \geqslant 1.50m$ 才能计算放坡。

(2) 表10-3中,人工挖四类土超过2m深时,放坡系数为1∶0.25,含义是每挖深1m,放坡宽度 b 就增加0.25m。

(3) 从图10-7中可以看出,放坡宽度 b 与深度 H 和放坡角度 α 之间的关系是正切函数关系,即 $\tan\alpha = \dfrac{b}{H}$,不同的土壤类别取不同的 α 角度值,所以不难看出,放坡系数就是根据 $\tan\alpha$ 来确定的。例如,三类土的 $\tan\alpha = \dfrac{b}{H} = 0.33$。我们将 $\tan\alpha = K$ 来表示放坡系数,故放坡宽度 $b = KH$。

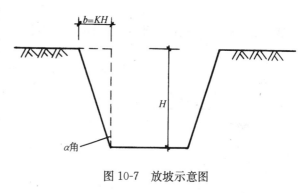

图10-7　放坡示意图

(4) 沟槽放坡时,交接处重复工程量不予扣除,示意图见图10-8。

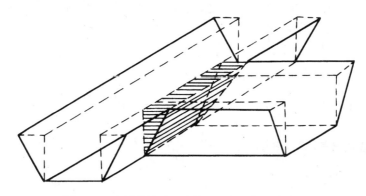

图10-8　沟槽放坡时,交接处重复工程量示意图

(5)原槽、坑作基础垫层时，放坡自垫层上表面开始，示意图见图10-9。

三、支挡土板

挖沟槽、基坑需支挡土板时，其挖土宽度按图10-10所示沟槽、基坑底宽，单面加10cm，双面加20cm计算。挡土板面积，按槽、坑垂直支撑面积计算。支挡土板后，不得再计算放坡。

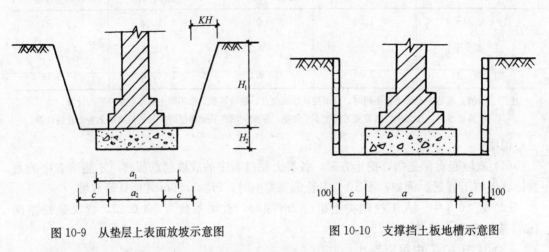

图10-9　从垫层上表面放坡示意图　　　　图10-10　支撑挡土板地槽示意图

四、基础施工所需工作面，按表10-4规定计算

基础施工所需工作面宽度计算表　　　　表10-4

基础材料	每边各增加工作面宽度(mm)	基础材料	每边各增加工作面宽度(mm)
砖基础	200	混凝土基础支模板	300
浆砌毛石、条石基础	150	基础垂直面做防水层	800
混凝土基础垫层支模板	300		

五、沟槽长度

挖沟槽长度，外墙按图示中心线长度计算；内墙按图示基础底面之间净长线长度计算；内外突出部分（垛、附墙烟囱等）体积并入沟槽土方工程量内计算。

【例10-3】　根据图10-11计算地槽长度。

【解】　外墙地槽长（宽1.0m）=(12+6+8+12)×2=76m

内墙地槽长（宽0.9m）=$6+12-\frac{1.0}{2}\times 2=17$m

内墙地槽长（宽0.8m）=$8-\frac{1.0}{2}-\frac{0.9}{2}=7.05$m

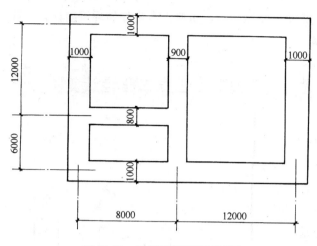

图 10-11 地槽及槽底宽平面图

六、人工挖土方深度超过 1.5m 时，按表 10-5 的规定增加工日

人工挖土方超深增加工日表　　　　单位：100m³　**表 10-5**

深 2m 以内	深 4m 以内	深 6m 以内
5.55 工日	17.60 工日	26.16 工日

七、挖管道沟槽土方

挖管道沟槽按图示中心线长度计算，沟底宽度，设计有规定的，按设计规定尺寸计算，设计无规定时，可按表 10-6 规定的宽度计算。

管道地沟沟底宽度计算表　　　　单位：m　**表 10-6**

管径(mm)	铸铁管、钢管、石棉水泥管	混凝土、钢筋混凝土、预应力混凝土管	陶土管
50～70	0.60	0.80	0.70
100～200	0.70	0.90	0.80
250～350	0.80	1.00	0.90
400～450	1.00	1.30	1.10
500～600	1.30	1.50	1.40
700～800	1.60	1.80	
900～1000	1.80	2.00	
1100～1200	2.00	2.30	
1300～1400	2.20	2.60	

注：1. 按上表计算管道沟土方工程量时，各种井类及管道(不含铸铁给排水管)接口等处需加宽增加的土方量不另行计算，底面积大于 20m² 的井类，其增加工程量并入管沟土方内计算。

2. 铺设铸铁给排水管道时其接口等处土方增加量，可按铸铁给排水管道地沟土方总量的 2.5% 计算。

八、沟槽、基坑深度，按图示槽、坑底面至室外地坪深度计算；管道地沟按图示沟底至室外地坪深度计算

第四节 土方工程量计算

一、地槽(沟)土方

1. 有放坡地槽(见图10-12)

计算公式：$V=(a+2c+KH)HL$

式中 a——基础垫层宽度；
　　　c——工作面宽度；
　　　H——地槽深度；
　　　K——放坡系数；
　　　L——地槽长度。

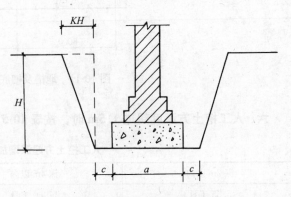

图10-12 有放坡地槽示意图

【例10-4】 某地槽长15.50m，槽深1.60m，混凝土基础垫层宽0.90m，有工作面，三类土，计算人工挖地槽工程量。

【解】 已知：$a=0.90$m
　　　　　　$c=0.30$m(查表10-4)
　　　　　　$H=1.60$m
　　　　　　$L=15.50$m
　　　　　　$K=0.33$(查表10-3)

故：$V=(a+2c+KH)HL$
　　$=(0.90+2\times0.30+0.33\times1.60)\times1.60\times15.50$
　　$=2.028\times1.60\times15.50=50.29(m^3)$

2. 支撑挡土板地槽

计算公式：$V=(a+2c+2\times0.10)HL$

式中变量含义同上。

3. 有工作面不放坡地槽(见图10-13)

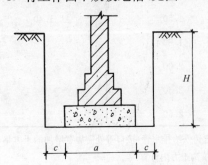

图10-13 有工作面不放坡地槽示意图

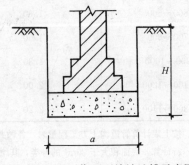

图10-14 无工作面不放坡地槽示意图

计算公式：
$$V=(a+2c)HL$$

4. 无工作面不放坡地槽（见图10-14）
计算公式：
$$V=aHL$$

5. 自垫层上表面放坡地槽（见图10-15）
计算公式：
$$V=[a_1H_2+(a_2+2c+KH_1)H_1]L$$

【**例 10-5**】 根据图10-15和已知条件计算12.8m长地槽的土方工程量（三类土）。

已知：$a_1=0.90$m
$a_2=0.63$m
$c=0.30$m
$H_1=1.55$m
$H_2=0.30$m
$K=0.33$（查表10-3）

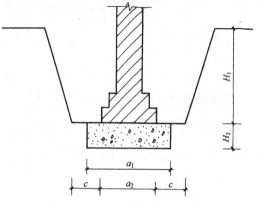

图10-15 自垫层上表面放坡示意图

【**解**】 $V=[0.9\times0.30+(0.63+2\times0.30+0.33\times1.55)\times1.55]\times12.8$
$=(0.27+2.70)\times12.80=2.97\times12.80=38.02(\text{m}^3)$

二、地坑土方

1. 矩形不加工作面、不放坡地坑
计算公式：
$$V=abH$$

2. 矩形有工作面有放坡地坑（见图10-16）
计算公式：
$$V=(a+2c+KH)(b+2c+KH)H+\frac{1}{3}K^2H^3$$

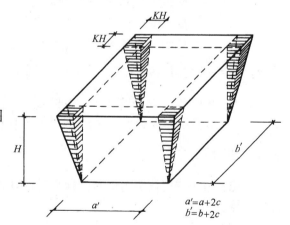

图10-16 放坡地坑示意图

式中 a——基础垫层宽度；
b——基础垫层长度；
c——工作面宽度；
H——地坑深度；
K——放坡系数。

【**例 10-6**】 已知某基础土壤为四类土，混凝土基础垫层长、宽为1.50m和1.20m，深度2.20m，有工作面，计算该基础工程土方工程量。

【**解**】 已知：$a=1.20$m
$b=1.50$m
$H=2.20$m

$$K=0.25(查表10\text{-}3)$$
$$c=0.30(查表10\text{-}4)$$

故：$V=(1.20+2\times0.30+0.25\times2.20)\times(1.50+2\times0.30+0.25\times2.20)$

$\qquad\times2.20+\dfrac{1}{3}\times(0.25)^2\times(2.20)^3$

$\qquad=2.35\times2.65\times2.20+0.22=13.92\text{m}^3$

3. 圆形不放坡地坑

计算公式：
$$V=\pi r^2 H$$

4. 圆形放坡地坑（见图10-17）

计算公式：$V=\dfrac{1}{3}\pi H[r^2+(r+KH)^2+r(r+KH)]$

式中　r——坑底半径（含工作面）；

　　　H——坑深度；

　　　K——放坡系数。

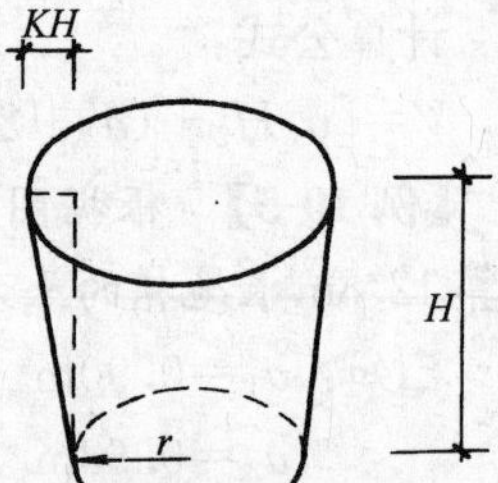

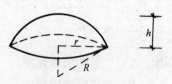

图10-17　圆形放坡地坑示意图

【**例10-7**】　已知一圆形放坡地坑，混凝土基础垫层半径0.40m，坑深1.65m，二类土，有工作面，计算其土方工程量。

【**解**】　已知：$c=0.30\text{m}$（查表10-4）

$\qquad\qquad r=0.40+0.30=0.70\text{m}$

$\qquad\qquad H=1.65$

$\qquad\qquad K=0.50$（查表10-3）

故：$V=\dfrac{1}{3}\times3.1416\times1.65\times[0.70^2+(0.70+0.50\times1.65)^2$

$\qquad+0.70\times(0.70+0.50\times1.65)]$

$\qquad=1.728\times(0.49+2.326+1.068)=1.728\times3.884=6.71\text{m}^3$

三、挖孔桩土方

人工挖孔桩土方应按图示桩断面积乘以设计桩孔中心线深度计算。

挖孔桩的底部一般是球冠体（见图10-18）。

球冠体的体积计算公式为：

$$V=\pi h^2\left(R-\dfrac{h}{3}\right)$$

图10-18　球冠示意图

由于施工图中一般只标注 r 的尺寸，无 R 尺寸，所以需变换一下求 R 的公式：

已知：$r^2=R^2-(R-h)^2$

故：$r^2=2Rh-h^2$

$\therefore R=\dfrac{r^2+h^2}{2h}$

【**例10-8**】　根据图10-19中的有关数据和上述计算公式，计算挖孔桩土方工程量。

【**解**】　（1）桩身部分

$$V = 3.1416 \times \left(\frac{1.15}{2}\right)^2 \times 10.90 = 11.32 \text{m}^3$$

（2）圆台部分

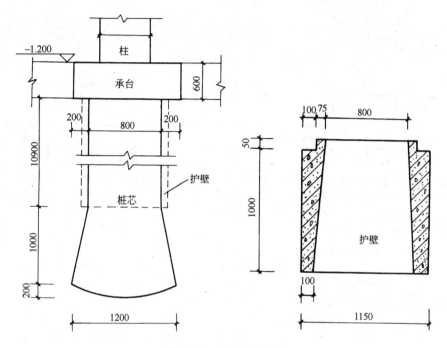

图 10-19 挖孔桩示意图

$$V = \frac{1}{3}\pi h(r^2 + R^2 + rR)$$

$$= \frac{1}{3} \times 3.1416 \times 1.0 \times \left[\left(\frac{0.80}{2}\right)^2 + \left(\frac{1.20}{2}\right)^2 + \frac{0.80}{2} \times \frac{1.20}{2}\right]$$

$$= 1.047 \times (0.16 + 0.36 + 0.24)$$

$$= 1.047 \times 0.76 = 0.80 \text{m}^3$$

（3）球冠部分

$$R = \frac{\left(\frac{1.20}{2}\right)^2 + (0.2)^2}{2 \times 0.2} = \frac{0.40}{0.4} = 1.0 \text{m}$$

$$V = \pi h^2 \left(R - \frac{h}{3}\right) = 3.1416 \times (0.20)^2 \times \left(1.0 - \frac{0.20}{3}\right) = 0.12 \text{m}^3$$

∴ 挖孔桩体积 = 11.32 + 0.80 + 0.12 = 12.24 m³

四、挖土方

挖土方是指不属于沟槽、基坑和平整场地厚度超过±30cm 按土方平衡竖向布置图的挖方。

建筑工程中竖向布置平整场地，常有大规模土方工程。所谓大规模土方工程系指一个单位工程的挖方或填方工程分别在 2000 立方米以上的及无砌筑管道沟的挖土方。其土方量，常用的方法有横截面计算法和方格网计算法两种。

(1) 横截面计算法

常用不同截面及其计算公式

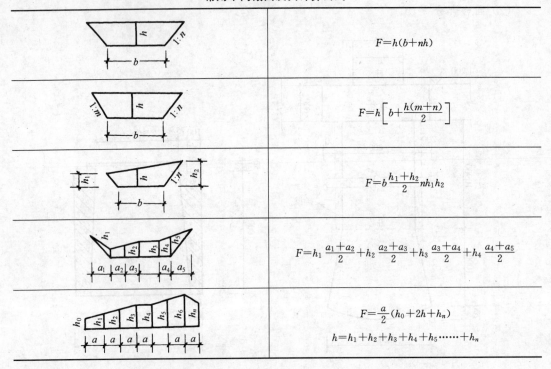

	$F=h(b+nh)$
	$F=h\left[b+\dfrac{h(m+n)}{2}\right]$
	$F=b\dfrac{h_1+h_2}{2}nh_1h_2$
	$F=h_1\dfrac{a_1+a_2}{2}+h_2\dfrac{a_2+a_3}{2}+h_3\dfrac{a_3+a_4}{2}+h_4\dfrac{a_4+a_5}{2}$
	$F=\dfrac{a}{2}(h_0+2h+h_n)$ $h=h_1+h_2+h_3+h_4+h_5\cdots\cdots+h_n$

计算土方量，按照计算的各截面积，根据相邻两截面间距离，计算出土方量，其计算公式如下：

$$V=\dfrac{F_1+F_2}{2}\times L$$

式中　V——相邻两截面间土方量(m^3)；

　　　F_1、F_2——相邻两截面的填、挖方截面(m^2)；

　　　L——相邻两截面的距离(m)。

(2) 方格网计算法

在一个方格网内同时有挖土和填土时(挖土地段冠以"+"号，填土地段冠以"-"号)，应求出零点(即不填不挖点)，零点相连就是划分挖土和填土的零界线(见图10-20)。计算零点可采用以下公式：

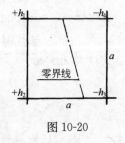

图 10-20

$$x=\dfrac{h_1}{h_1+h_4}\times a$$

式中　x——施工标高至零界点的距离；

　　　h_1、h_4——挖土和填土的施工标高；

　　　a——方格网的每边长度。

方格网内的土方工程量计算，有下列几个公式：①四点均为填土或挖土(见图10-21)。

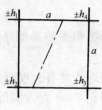

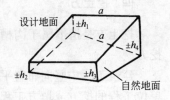

图 10-21

公式为：
$$\pm V = \frac{h_1+h_2+h_3+h_4}{4} \times a^2$$

式中　　$\pm V$——为填土或挖土的工程量(m^3)；

h_1、h_2、h_3、h_4——施工标高(m)；

a——方格网的每边长度(m)。

② 二点为挖土和二点为填土(见图 10-22)。

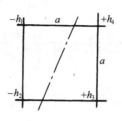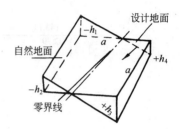

图 10-22

公式为：

$$+V = \frac{(h_1+h_2)^2}{4(h_1+h_2+h_3+h_4)} \times a^2$$

$$-V = \frac{(h_3+h_4)^2}{4(h_1+h_2+h_3+h_4)} \times a^2$$

③ 三点挖土和一点填土或三点填土一点挖土(见图 10-23)。

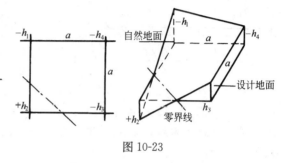

图 10-23

公式为：$+V = \dfrac{{h_2}^3}{6(h_1+h_2)(h_2+h_3)} \times a^2$

$-V = +V + \dfrac{a^2}{b}(2h_1+2h_2+h_4-h_3)$

④ 二点挖土和二点填土成对角形(见图 10-24)。

中间一块即四周为零界线，就不挖不填，所以只要计算四个三角锥体，公式为：

$$\pm V = \frac{1}{6} \times 底面积 \times 施工标高$$

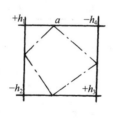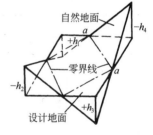

图 10-24

以上土方工程量计算公式，是假设在自然地面和设计地面都是平面的条件，但自然地面很少符合实际情况的，因此计算出来的土方工程量会有误差，为了提高计算的精确度，应检查一下计算的精确程度，用 K 值表示：

$$K = \frac{h_2+h_4}{h_1+h_3}$$

上式即方格网的二对角点的施工标高总和的比例。当 $K=0.75\sim1.35$ 时，计算精确度为5%；$K=0.80\sim1.20$ 时，计算精确度为3%；一般土方工程量计算的精确度为5%。

【例 10-9】 某建设工程场地大型土方方格网图(见图 10-25)。

$a=30m$，括号内为设计标高，无括号为地面实测标高，单位均为 m。

a. 求施工标高：

施工标高＝地面实测标高－设计标高(见图 10-26)

b. 求零线：

	(43.24)		(43.44)		(43.64)		(43.84)		(44.04)
1	43.24	2	43.72	3	43.93	4	44.09	5	44.56
	I		II		III		IV		
	(43.14)		(43.34)		(43.54)		(43.74)		(43.94)
6	42.79	7	43.34	8	43.70	9	44.00	10	44.25
	V		VI		VII		VIII		
	(43.04)		(43.24)		(43.44)		(43.64)		(43.84)
11	42.35	12	42.36	13	43.18	14	43.43	15	43.89

图 10-25

先求零点,图中已知 1 和 7 为零点,尚需求 8~13；9~14，14~15 线上的零点,如 8~13 线上的零点为:

$$x=\frac{ah_1}{h_1+h_2}=\frac{30\times 0.16}{0.26+0.16}=11.4$$

另一段为 $a-x=30-11.4=18.6$

求出零点后,连接各零点即为零线,图上折线为零线,以上为挖方区,以下为填方区。

c. 求土方量:计算见表 10-7。

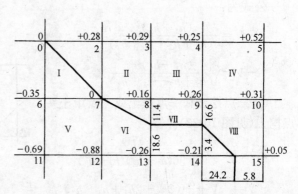

图 10-26

土方工程量计算表 表 10-7

方格编号	挖方(+)	填方(-)
I	$\frac{1}{2}\times 30\times 30\times \frac{0.28}{3}=42$	$\frac{1}{2}\times 30\times 30\frac{0.35}{3}=52.5$
II	$30\times 30\times \frac{0.29+0.16+0.28}{4}=164.25$	
III	$30\times 30\times \frac{0.25+0.26+0.16+0.29}{4}=216$	
IV	$30\times 30\times \frac{0.52+0.31+0.26+0.25}{4}=301.5$	
V		$30\times 30\times \frac{0.88+0.69+0.35}{4}=432$
VI	$\frac{1}{2}\times 30\times 11.4\times \frac{0.16}{3}=9.12$	$\frac{1}{2}(30+18.6)\times 30\times \frac{0.88+0.26}{4}=207.77$
VII	$\frac{1}{2}\times (11.4+16.6)\times 30\times \frac{0.16+0.26}{4}=44.10$	$\frac{1}{2}(13.4+18.6)\times 30\times \frac{0.21+0.26}{4}=56.40$
VIII	$\left[30\times 30-\frac{(30-5.8)(30-16.6)}{2}\right]$ $\times \frac{0.26+0.31+0.05}{5}=91.49$	$\frac{1}{2}\times 13.4\times 24.2\times \frac{0.21}{3}=11.35$
合计	868.46	760.02

五、回填土

回填土分夯填和松填,按图示尺寸和下列规定计算:

1. 沟槽、基坑回填土

沟槽、基坑回填土体积以挖方体积减去设计室外地坪以下埋设砌筑物(包括:基础垫层、基础等)体积计算,见图10-27。

计算公式:V＝挖方体积－设计室外地坪以下埋设砌筑物

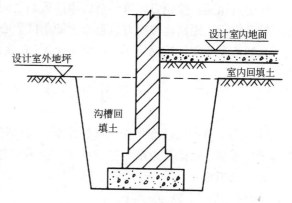

图10-27 沟槽及室内回填土示意图

说明:如图10-27所示,在减去沟槽内砌筑的基础时,不能直接减去砖基础的工程量,因为砖基础与砖墙的分界线在设计室内地面,而回填土的分界线在设计室外地坪,所以要注意调整两个分界线之间相差的工程量。

即:回填土体积＝挖方体积－基础垫层体积－砖基础体积＋高出设计室外地坪部分砖基础的体积

2. 房心回填土

房心回填土即室内回填土,按主墙之间的面积乘以回填土厚度计算,见图10-27。

计算公式:V＝室内净面积×(设计室内地坪标高－设计室外地坪标高－地面面层厚－地面垫层厚)
　　　　　＝室内净面积×回填土厚

3. 管道沟槽回填土

管道沟槽回填土,以挖方体积减去管道所占体积计算。管径在500mm以下的不扣除管道所占体积;管径超过500mm以上时,按表10-8的规定扣除管道所占体积。

管道扣除土方体积表　　　　　单位:m^3　　表10-8

管道名称	管道直径(mm)					
	501～600	601～800	801～1000	1001～1200	1201～1400	1401～1600
钢　　管	0.21	0.44	0.71			
铸 铁 管	0.24	0.49	0.77			
混凝土管	0.33	0.60	0.92	1.15	1.35	1.55

六、运土

运土包括余土外运和取土。当回填土方量小于挖方量时,需余土外运,反之,需取土。

各地区的预算定额规定,土方的挖、填、运工程量均按自然密实体积计算,不换算为虚方体积。

计算公式：运土体积＝总挖方量－总回填量

式中计算结果为正值时，为余土外运体积；负值时，为取土体积。

土方运距按下列规定计算：

推土机运距：按挖方区重心至回填区重心之间的直线距离计算。

铲运机运土距离：按挖方区重心至卸土区重心加转向距离 45m 计算。

自卸汽车运距：按挖方区重心至填土区(或堆放地点)重心的最短距离计算。

第五节 井 点 降 水

井点降水分别以轻型井点、喷射井点、大口径井点、电渗井点、水平井点，按不同井管深度的安装、拆除，以根为单位计算，使用按套、天计算。

井点套组成：

轻型井点：50 根为一套；

喷射井点：30 根为一套；

大口径井点：45 根为一套；

电渗井点阳极：30 根为一套；

水平井点：10 根为一套。

井管间距应根据地质条件和施工降水要求，依施工组织设计确定。施工组织设计没有规定时，可按轻型井点管距 0.8～1.6m，喷射井点管距 2～3m 确定。

使用天应以每昼夜 24h 为一天，使用天数应按施工组织设计规定的天数计算。

思 考 题

1. 土方工程量计算包括哪些内容？
2. 什么是平整场地？
3. 叙述平整场地计算公式"$S_平＝S_底＋L_外×2＋16$"的含义。
4. 怎样区分沟槽与地坑？
5. 放坡系数 K 值与槽坑深度有什么关系？
6. 怎样确定槽坑挖土是否放坡？
7. 怎样确定沟槽长度？
8. 叙述矩形放坡地坑工程量计算公式的含义。
9. 怎样计算人工挖孔桩土方？
10. 怎样计算竖向布置挖土方工程量？
11. 列出方格网计算法的计算公式。
12. 叙述方格网计算法计算土方工程量的步骤。
13. 怎样计算沟槽、基坑回填土？
14. 怎样计算房心回填土？
15. 怎样计算运土工程量？

第十一章 桩基及脚手架工程

第一节 预制钢筋混凝土桩

一、打桩

打预制钢筋混凝土桩的体积,按设计桩长(包括桩尖,不扣除桩尖虚体积)乘以桩截面面积计算。管桩的空心体积应扣除。如管桩的空心部分按设计要求灌注混凝土或其他填充材料时,应另行计算。预制桩、桩靴示意图见图11-1。

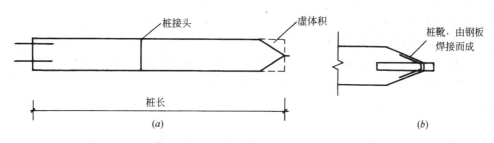

图11-1 预制桩、桩靴示意图
(a)预制桩示意图;(b)桩靴示意图

二、接桩

电焊接桩按设计接头,以个计算(见图11-2);硫磺胶泥接桩按桩断面积以平方米计算(见图11-3)。

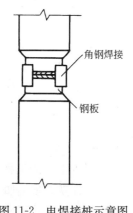
图11-2 电焊接桩示意图

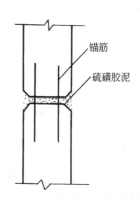
图11-3 硫磺胶泥接桩示意图

三、送桩

送桩按桩截面面积乘以送桩长度(即打桩架底至桩顶面高度或自桩顶面至自然地坪面另加 0.5m)计算。

第二节 钢板桩

打拔钢板桩按钢板桩重量以吨计算。

第三节 灌注桩

一、打孔灌注桩

1. 混凝土桩、砂桩、碎石桩的体积,按设计规定的桩长(包括桩尖,不扣除桩尖虚体积)乘以钢管管箍外径截面面积计算。
2. 扩大桩的体积按单桩体积乘以次数计算。
3. 打孔后先埋入预制混凝土桩尖,再灌注混凝土者,桩尖按钢筋混凝土章节规定计算体积,灌注桩按设计长度(自桩尖顶面至桩顶面高度)乘以钢管管箍外径截面面积计算。

二、钻孔灌注桩

钻孔灌注桩,按设计桩长(包括桩尖,不扣除桩尖虚体积)增加 0.25m 乘以设计断面面积计算。

三、灌注桩钢筋

灌注混凝土桩的钢筋笼制作依设计规定,按钢筋混凝土章节相应项目以吨计算。

四、泥浆运输

灌注桩的泥浆运输工程量按钻孔体积以立方米计算。

第四节 脚手架工程

建筑工程施工中所需搭设的脚手架,应计算工程量。

目前,脚手架工程量有两种计算方法,即综合脚手架和单项脚手架。具体采用哪种方法计算,应按本地区预算定额的规定执行。

一、综合脚手架

为了简化脚手架工程量的计算,一些地区以建筑面积为综合脚手架的工程量。

综合脚手架不管搭设方式,一般综合了砌筑、浇注、吊装、抹灰等所需脚手架材料的摊销量;综合了木制、竹制、钢管脚手架等,但不包括浇灌满堂基础等脚手架的项目。

综合脚手架一般按单层建筑物或多层建筑物分不同檐口高度来计算工程量,若是高层建筑还须计算高层建筑超高增加费。

二、单项脚手架

单项脚手架是根据工程具体情况按不同的搭设方式搭设的脚手架,一般包括:单排脚手架、双排脚手架、里脚手架、满堂脚手架、悬空脚手架、挑脚手架、防护架、烟囱(水塔)脚手架、电梯井字架、架空运输道等。

单项脚手架的项目应根据批准了的施工组织设计或施工方案确定。如施工方案无规定,应根据预算定额的规定确定。

1. 单项脚手架工程量计算一般规则

(1)建筑物外墙脚手架:凡设计室外地坪至檐口(或女儿墙上表面)的砌筑高度在15m以下的按单排脚手架计算;砌筑高度在15m以上的或砌筑高度虽不足15m,但外墙门窗及装饰面积超过外墙表面积60%以上时,均按双排脚手架计算。

采用竹制脚手架时,按双排计算。

(2)建筑物内墙脚手架:凡设计室内地坪至顶板下表面(或山墙高度的1/2处)的砌筑高度在3.6m以下的(含3.6m),按里脚手架计算;砌筑高度超过3.6m以上时,按单排脚手架计算。

(3)石砌墙体,凡砌筑高度超过1.0m以上时,按外脚手架计算。

(4)计算内、外墙脚手架时,均不扣除门、窗洞口、空圈洞口等所占的面积。

(5)同一建筑物高度不同时,应按不同高度分别计算。

【例11-1】 根据图11-4图示尺寸,计算建筑物外墙脚手架工程量。

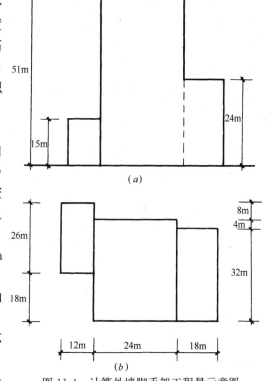

图11-4 计算外墙脚手架工程量示意图
(a)建筑物立面;(b)建筑物平面

【解】 单排脚手架(15m 高)=(26+12×2+8)×15=870m²
双排脚手架(24m 高)=(18×2+32)×24=1632m²
双排脚手架(27m 高)=32×27=864m²
双排脚手架(36m 高)=(26-8)×36=648m²
双排脚手架(51m 高)=(18+24×2+4)×51=3570m²

(6)现浇钢筋混凝土框架柱、梁按双排脚手架计算。

(7)围墙脚手架:凡室外自然地坪至围墙顶面的砌筑高度在3.6m以下的,按里脚手架计算;砌筑高度超过3.6m以上时,按单排脚手架计算。

(8)室内顶棚装饰面距设计室内地坪在3.6m以上时,应计算满堂脚手架。计算满堂脚手架后，墙面装饰工程则不再计算脚手架。

（9）滑升模板施工的钢筋混凝土烟囱、筒仓，不另计算脚手架。

（10）砌筑贮仓，按双排外脚手架计算。

（11）贮水（油）池，大型设备基础，凡距地坪高度超过1.2m以上时，均按双排脚手架计算。

（12）整体满堂钢筋混凝土基础，凡其宽度超过3m以上时，按其底板面积计算满堂脚手架。

2. 砌筑脚手架工程量计算

（1）外脚手架按外墙外边线长度，乘以外墙砌筑高度以平方米计算，突出墙面宽度在24cm以内的墙垛，附墙烟囱等不计算脚手架；宽度超过24cm以外时按图示尺寸展开计算，并入外脚手架工程量之内。

（2）里脚手架按墙面垂直投影面积计算。

（3）独立柱按图示柱结构外围周长另加3.6m，乘以砌筑高度以平方米计算，套用相应外脚手架定额。

3. 现浇钢筋混凝土框架脚手架计算

（1）现浇钢筋混凝土柱，按柱图示周长尺寸另加3.6m，乘以柱高以平方米计算，套用外脚手架定额。

（2）现浇钢筋混凝土梁、墙，按设计室外地坪或楼板上表面至楼板底之间的高度，乘以梁、墙净长以平方米计算，套用相应双排外脚手架定额。

4. 装饰工程脚手架工程量计算

（1）满堂脚手架，按室内净面积计算，其高度在3.6～5.2m之间时，计算基本层。超过5.2m时，每增加1.2m按增加一层计算，不足0.6m的不计，算式表示如下：

$$满堂脚手架增加层 = \frac{室内净高 - 5.2(m)}{1.2(m)}$$

【例11-2】 某大厅室内净高9.50m，试计算满堂脚手架增加层数。

【解】 满堂脚手架增加层 $= \frac{9.50 - 5.2}{1.2} = 3$ 层余 $0.7m = 4$ 层

（2）挑脚手架、按搭设长度和层数，以延长米计算。

（3）悬空脚手架，按搭设水平投影面积以平方米计算。

（4）高度超过3.6m的墙面装饰不能利用原砌筑脚手架时，可以计算装饰脚手架。装饰脚手架按双排脚手架乘以0.3计算。

5. 其他脚手架工程量计算

（1）水平防护架，按实际铺板的水平投影面积，以平方米计算。

（2）垂直防护架，按自然地坪至最上一层横杆之间的搭设高度，乘以实际搭设长度，以平方米计算。

（3）架空运输脚手架，按搭设长度以延长米计算。

（4）烟囱、水塔脚手架，区别不同搭设高度以座计算。

（5）电梯井脚手架，按单孔以座计算。

（6）斜道，区别不同高度，以座计算。

（7）砌筑贮仓脚手架，不分单筒或贮仓组，均按单筒外边线周长乘以设计室外地坪至贮仓上口之间高度，以平方米计算。

（8）贮水（油）池脚手架，按外壁周长乘以室外地坪至池壁顶面之间高度，以平方米计算。

（9）大型设备基础脚手架，按其外形周长乘以地坪至外形顶面边线之间高度，以平方米计算。

（10）建筑物垂直封闭工程量，按封闭面的垂直投影面积计算。

6. 安全网工程量计算

（1）立挂式安全网按网架部分的实挂长度乘以实挂高度计算。

（2）挑出式安全网，按挑出的水平投影面积计算。

思 考 题

1. 怎样计算打预制混凝土桩的工程量？
2. 怎样计算灌注桩工程量？
3. 综合脚手架综合了哪些内容？
4. 叙述单项脚手架的搭设方式。
5. 什么是垂直防护架？

第十二章 砌 筑 工 程

第一节 砖墙的一般规定

一、计算墙体的规定

1. 计算墙体时，应扣除门窗洞口、过人洞、空圈、嵌入墙身的钢筋混凝土柱、梁(包括过梁、圈梁及埋入墙内的挑梁)、砖平碹(图12-1)、平砌砖过梁和暖气包壁龛(图12-2)及内墙板头(图12-3)的体积，不扣除梁头、外墙板头(图12-4)、檩头、垫木、木楞头、沿椽木、木砖、门窗框(图12-5)走头、砖墙内的加固钢筋、木筋、铁件、钢管及每个面积在0.3m² 以下的孔洞等所占的体积，突出墙面的窗台虎头砖(图12-6)、压顶线(图12-7)、山墙泛水(图12-11)、烟囱根(图12-8、图12-9)、门窗套(图12-12)及三皮砖(图12-10)以内的腰线和挑檐等体积亦不增加。

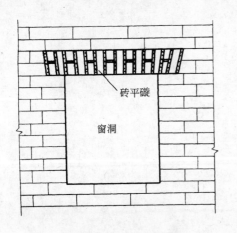

图12-1 砖平碹示意图

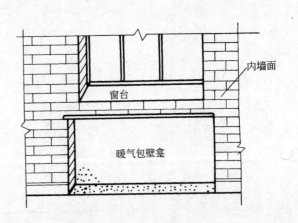

图12-2 暖气包壁龛示意图

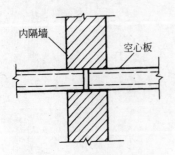

图12-3 内墙板头示意图

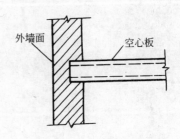

图12-4 外墙板头示意图

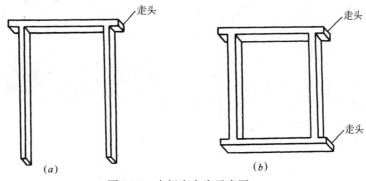

图 12-5 木门窗走头示意图
(a)木门框走头示意图；(b)木窗框走头示意图

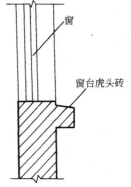

图 12-6 突出墙面的窗台虎头砖示意图

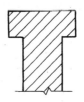

图 12-7 砖压顶线示意图

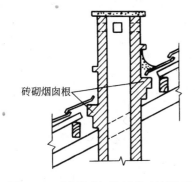

图 12-8 砖烟囱剖面图(平瓦坡屋面)

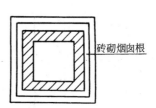

图 12-9 砖烟囱平面图

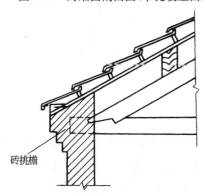

图 12-10 坡屋面砖挑檐示意图

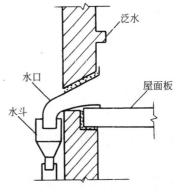

图 12-11 山墙泛水、排水示意图

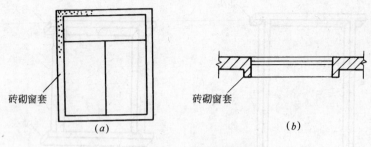

图 12-12 窗套示意图
(a)窗套立面图；(b)窗套剖面图

2. 砖垛、三皮砖以上的腰线和挑檐等体积，并入墙身体积内计算(图 12-13)。

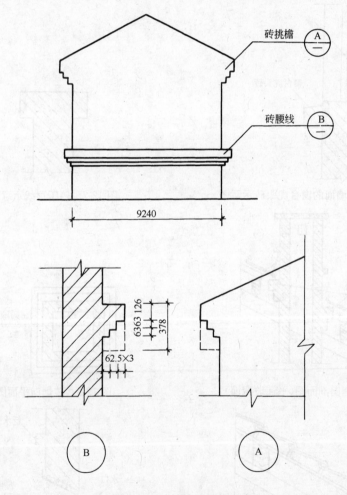

图 12-13 砖挑檐、腰线示意

3. 附墙烟囱(包括附墙通风道、垃圾道)按其外形体积计算，并入所依附的墙体内，不扣除每一个孔洞横截面在 0.1m² 以下的体积，但孔洞内的抹灰工程量亦不增加。

4. 女儿墙(图 12-14)高度，自外墙顶面至图示女儿墙顶面高度，不同墙厚分别并入外墙计算。

5. 砖平碹、平砌砖过梁按图示尺寸以立方米计算。如设计无规定时，砖平碹按门窗洞口宽度两端共加 100mm，乘以高度计算（门窗洞口宽小于 1500mm 时，高度为 240mm；大于 1500mm 时，高度为 365mm）；平砌砖过梁按门窗洞口宽度两端共加 500mm，高按 440mm 计算。

二、砌体厚度的规定

1. 标准砖尺寸以 240mm×115mm×53mm 为准，其砌体（图 12-15）计算厚度按表 12-1 计算。

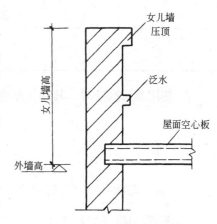

图 12-14 女儿墙示意图

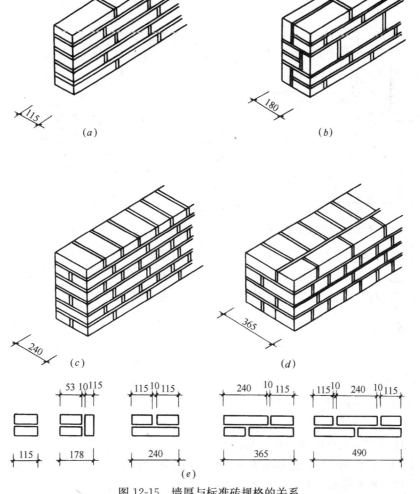

图 12-15 墙厚与标准砖规格的关系
(a)1/2 砖砖墙示意图；(b)3/4 砖砖墙示意图
(c)1 砖砖墙示意图；(d)1½砖砖墙示意图；(e)墙厚示意图

标准砖砌体计算厚度表　　　　表 12-1

砖数(厚度)	1/4	1/2	3/4	1	1.5	2	2.5	3
计算厚度(mm)	53	115	180	240	365	490	615	740

2. 使用非标准砖时,其砌体厚度应按砖实际规格和设计厚度计算。

第二节 砖 基 础

一、基础与墙身(柱身)的划分

1. 基础与墙(柱)身(图 12-16)使用同一种材料时,以设计室内地面为界;有地下室者,以地下室室内设计地面为界(图 12-17),以下为基础,以上为墙(柱)身。

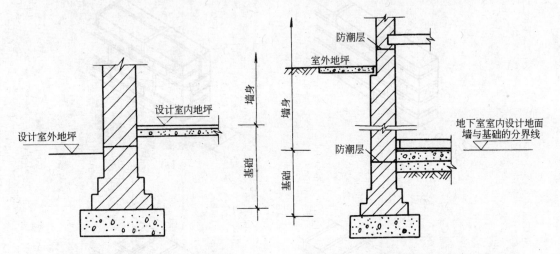

图 12-16　基础与墙身划分示意图　　　图 12-17　地下室的基础与墙身划分示意图

2. 基础与墙身使用不同材料时,位于设计室内地面±300mm 以内时,以不同材料为分界线;超过±300mm 时,以设计室内地面为分界线。

3. 砖、石围墙,以设计室外地坪为界线,以下为基础,以上为墙身。

二、基础长度

外墙墙基按外墙中心线长度计算;内墙墙基按内墙基净长计算。基础大放脚 T 形接头处的重叠部分以及嵌入基础的钢筋、铁件、管道、基础防潮层及单个面积在 0.3m² 以内孔洞所占体积不予扣除,但靠墙暖气沟的挑檐亦不增加。附墙垛基础宽出部分体积应并入基础工程量内。

砖砌挖孔桩护壁工程量按实砌体积计算。

【例 12-1】 根据图 12-18 基础施工图的尺寸,计算砖基础的长度(基础墙均为 240 厚)。

【解】 (1)外墙砖基础长($l_中$)

$$l_中=[(4.5+2.4+5.7)+(3.9+6.9+6.3)]×2$$
$$=(12.6+17.1)×2=59.40\text{m}$$

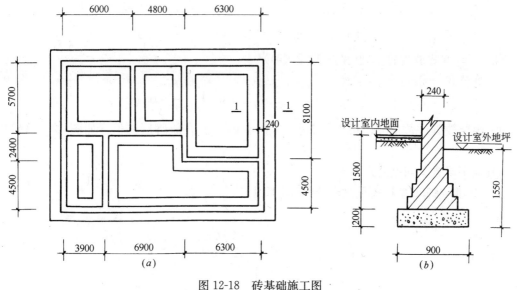

图 12-18 砖基础施工图
(a)基础平面图;(b)1—1 剖面图

(2) 内墙砖基础净长($l_内$)

$l_内 = (5.7-0.24)+(8.1-0.24)+(4.5+2.4-0.24)+(6.0+4.8-0.24)+6.3$

$= 5.46+7.86+6.66+10.56+6.30$

$= 36.84 \text{m}$

三、有放脚砖墙基础

1. 等高式放脚砖基础(见图 12-20(a))

计算公式:

$$V_基 = (基础墙厚 \times 基础墙高 + 放脚增加面积) \times 基础长$$

$$= (d \times h + \Delta S) \times l$$

$$= [dh + 0.126 \times 0.0625 n(n+1)]l$$

$$= [dh + 0.007875 n(n+1)]l$$

式中　0.007875——一个放脚标准块面积;
　　　$0.007875n(n+1)$——全部放脚增加面积;
　　　n——放脚层数;
　　　d——基础墙厚;
　　　h——基础墙高;
　　　l——基础长。

【**例 12-2**】 某工程砌筑的等高式标准砖放脚基础如图 12-20(a),当基础墙高 $h=1.4\text{m}$,基础长 $l=25.65\text{m}$ 时,计算砖基础工程量。

【解】 已知：$d=0.365$，$h=1.4\text{m}$，$l=25.65\text{m}$，$n=3$

$$V_{砖基}=(0.365\times1.40+0.007875\times3\times4)\times25.65$$
$$=0.6055\times25.65=15.53\text{m}^3$$

2. 不等高式放脚砖基础(见图12-20(b))

计算公式：

$$V_{基}=\{dh+0.007875[n(n+1)-\Sigma\text{半层放脚层数值}]\}\times l$$

式中 半层放脚层数值——指半层放脚(0.063m 高)所在放脚层的值。如图12-20(b)中为1+3=4。

其余字母含义同上公式。

3. 基础放脚 T 型接头重复部分(见图12-19)

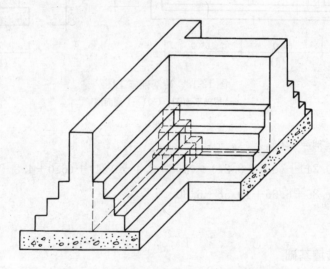

图12-19 基础放脚 T 型接头重复部分示意图

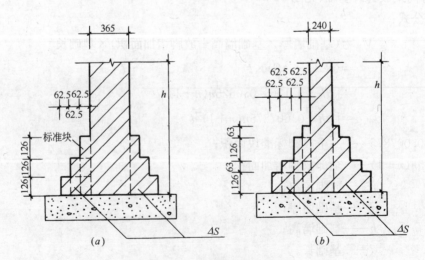

图12-20 大放脚砖基础示意图
(a)等高式大放脚砖基础；(b)不等高式大放脚砖基础

【例 12-3】 某工程大放脚砖基础的尺寸见图 12-20(b)，当 $h=1.56$m，基础长 $l=18.5$m 时，计算砖基础工程量。

【解】 已知：$d=0.24$m，$h=1.56$m，$l=18.5$m，$n=4$

$$V_{砖基}=\{0.24\times1.56+0.007875\times[4\times5-(1+3)]\}\times18.5$$
$$=(0.3744+0.007875\times16)\times18.5$$
$$=0.5004\times18.5$$
$$=9.26\text{m}^3$$

标准砖大放脚基础，放脚面积 ΔS 见表 12-2。

砖墙基础大放脚面积增加表　　　　　　　　　表 12-2

放脚层数(n)	增加断面积 ΔS(m²)		放脚层数(n)	增加断面积 ΔS(m²)	
	等高	不等高（奇数层为半层）		等高	不等高（奇数层为半层）
一	0.01575	0.0079	十	0.8663	0.6694
二	0.04725	0.0394	十一	1.0395	0.7560
三	0.0945	0.0630	十二	1.2285	0.9450
四	0.1575	0.1260	十三	1.4333	1.0474
五	0.2363	0.1654	十四	1.6538	1.2679
六	0.3308	0.2599	十五	1.8900	1.3860
七	0.4410	0.3150	十六	2.1420	1.6380
八	0.5670	0.4410	十七	2.4098	1.7719
九	0.7088	0.5119	十八	2.6933	2.0554

注：1. 等高式 $\Delta S=0.007875n(n+1)$
　　2. 不等高式 $\Delta S=0.007875[n(n+1)-\Sigma$半层层数值$]$

四、毛条石、条石基础

毛条石基础断面见图 12-21；毛石基础断面见图 12-22。

五、有放脚砖柱基础

有放脚砖柱基础工程量计算分为二部分，一是将柱的体积算至基础底；二是将柱四周放脚体积算出（见图 12-23、图 12-24）。

计算公式：

$$V_{柱基}=abh+\Delta V$$
$$=abh+n(n+1)[0.007875(a+b)+0.000328125(2n+1)]$$

式中　a——柱断面长；
　　　b——柱断面宽；
　　　h——柱基高；
　　　n——放脚层数；
　　ΔV——砖柱四周放脚体积。

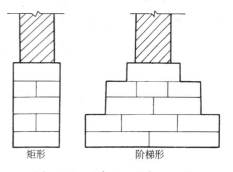

图 12-21　毛条石基础断面形状

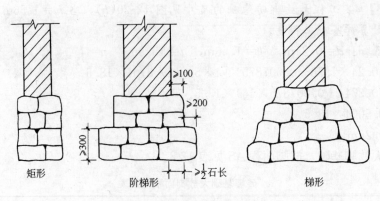

图 12-22 毛石基础断面形状

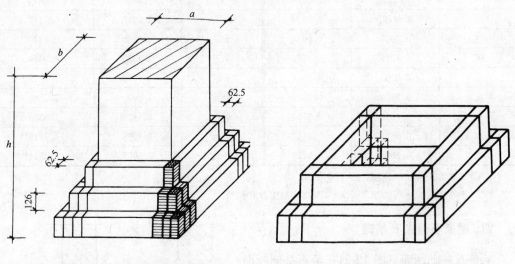

图 12-23 砖柱四周放脚示意图　　图 12-24 砖柱基四周放脚体积 ΔV 示意图

【例 12-4】 某工程有 5 个等高式放脚砖柱基础，根据下列条件计算砖基础工程量：

柱断面　0.365m×0.365m

柱基高　1.85m

放脚层数　5 层

【解】 已知 $a=0.365$m，$b=0.365$m，$h=1.85$m，$n=5$

$$
\begin{aligned}
V_{柱基} &= 5\ 根柱基 \times \{0.365 \times 0.365 \times 1.85 + 5 \times 6 \times [0.007875 \times (0.365+0.365) \\
&\quad + 0.000328125 \times (2 \times 5 + 1)]\} \\
&= 5 \times (0.246 + 0.281) \\
&= 5 \times 0.527 \\
&= 2.64 \text{m}^3
\end{aligned}
$$

砖柱基四周放脚体积见表 12-3。

砖柱基四周放脚体积表(m³) 表 12-3

a×b / 放脚层数	0.24×0.24	0.24×0.365	0.365×0.365 0.24×0.49	0.365×0.49 0.24×0.615	0.49×0.49 0.365×0.615	0.49×0.615 0.365×0.74	0.365×0.865 0.615×0.615	0.615×0.74 0.49×0.865	0.74×0.74 0.615×0.865
一	0.010	0.011	0.013	0.015	0.017	0.019	0.021	0.024	0.025
二	0.033	0.038	0.045	0.050	0.056	0.062	0.068	0.074	0.080
三	0.073	0.085	0.097	0.108	0.120	0.132	0.144	0.156	0.167
四	0.135	0.154	0.174	0.194	0.213	0.233	0.253	0.272	0.292
五	0.221	0.251	0.281	0.310	0.340	0.369	0.400	0.428	0.458
六	0.337	0.379	0.421	0.462	0.503	0.545	0.586	0.627	0.669
七	0.487	0.543	0.597	0.653	0.708	0.763	0.818	0.873	0.928
八	0.674	0.745	0.816	0.887	0.957	1.028	1.095	1.170	1.241
九	0.910	0.990	1.078	1.167	1.256	1.344	1.433	1.521	1.61
十	1.173	1.282	1.390	1.498	1.607	1.715	1.823	1.931	2.04

第三节 砖 墙

一、墙的长度

外墙长度按外墙中心线长度计算,内墙长度按内墙净长线计算。

墙长计算方法如下:

1. 墙长在转角处的计算

墙体在 90°转角时,用中轴线尺寸计算墙长,就能算准墙体的体积。例如,图 12-25 的Ⓐ图中,按箭头方向的尺寸算至两轴线的交点时,墙厚方向的水平断面积重复计算的矩形部分正好等于没有计算到的矩形面积。因而,凡是 90°转角的墙,算到中轴线交叉点时,就算够了墙长。

2. T 形接头的墙长计算

当墙体处于 T 形接头时,T 形上部水平墙拉通算完长度后,垂直部分的墙只能从墙内边算净长。例如,图 12-25 中的Ⓑ图,当③轴上的墙算完长度后,Ⓑ轴墙只能从③轴墙内边起计算Ⓑ轴的墙长,故内墙应按净长计算。

3. 十字形接头的墙长计算

当墙体处于十字形接头状时,计算方法基本同 T 形接头,见图 12-25 中Ⓒ图的示意。因此,十字形接头处分断的二道墙也应算净长。

【例 12-5】 根据图 12-25,计算内、外墙长(墙厚均为 240)。

【解】 (1) 240 厚外墙长

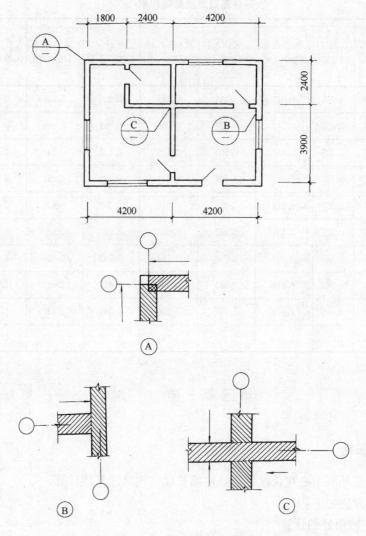

图 12-25 墙长计算示意图

$$l_{中}=[(4.2+4.2)+(3.9+2.4)]\times 2=29.40m$$

(2) 240 厚内墙长

$$l_{中}=(3.9+2.4-0.24)+(4.2-0.24)+(2.4-0.12)+(2.4-0.12)$$
$$=14.58m$$

二、墙身高度的规定

1. 外墙墙身高度

斜(坡)屋面无檐口顶棚者算至屋面板底；有屋架，且室内外均有顶棚者(图12-27)，算至屋架下弦底面另加 200mm；无顶棚者算至屋架下弦底面另加 300mm(图 12-26)，出檐宽度超过 600mm 时，应按实砌高度计算；平屋面算至钢筋混凝土板底(图 12-28)。

2. 内墙墙身高度

内墙位于屋架下弦者(图 12-29)，其高度算至屋架底；无屋架者(图 12-30)算至顶棚

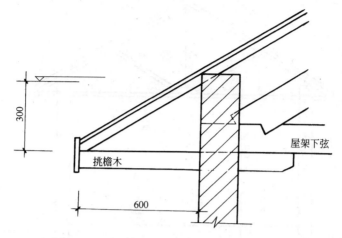

图 12-26 有屋架，无顶棚时，外墙高度示意图

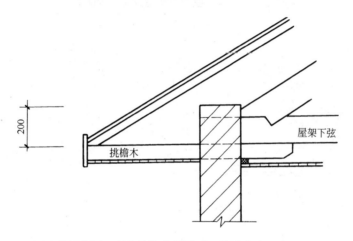

图 12-27 室内外均有顶棚时，外墙高度示意图

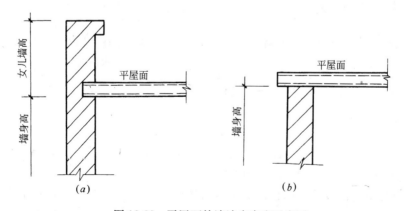

图 12-28 平屋面外墙墙身高度示意图

底另加 100mm；有钢筋混凝土楼板隔层者(图 12-31)算至板底；有框架梁时(图 12-32)算至梁底面。

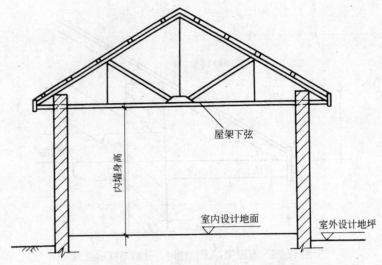

图 12-29 屋架下弦的内墙墙身高度示意图

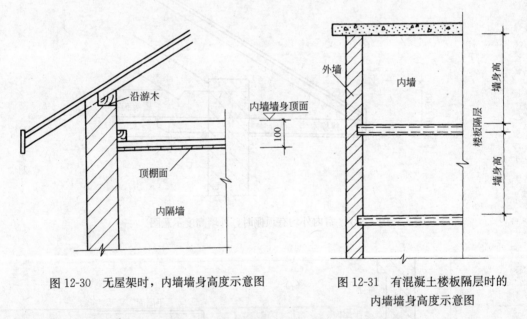

图 12-30 无屋架时,内墙墙身高度示意图　　图 12-31 有混凝土楼板隔层时的内墙墙身高度示意图

3. 内、外山墙墙身高度,按其平均高计算(图 12-33、图 12-34)。

三、其他规定

1. 框架间砌体,分别内外墙以框架间的净空面积(见图 12-32)乘以墙厚计算。框架外表镶贴砖部分亦并入框架间砌体工程量内计算。

2. 空花墙按空花部分外形体积以立方米计算,空花部分不予扣除,其中实体部分另行计算(见图 12-35)。

3. 空斗墙按外形尺寸以立方米计算,墙角、内外墙交接处,门窗洞口立边、窗台砖及屋檐处的实砌部分已包括在定额内,不另行计算,但窗间墙、窗台下、楼板下、梁头下等实砌部分,应另行计算,套零星砌体定额项目(图 12-36)。

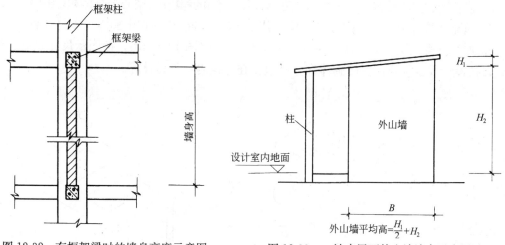

图 12-32 有框架梁时的墙身高度示意图

图 12-33 一坡水屋面外山墙墙高示意图

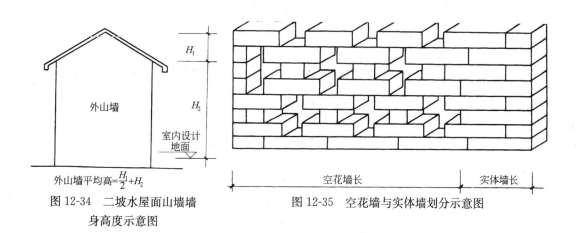

图 12-34 二坡水屋面山墙墙身高度示意图

图 12-35 空花墙与实体墙划分示意图

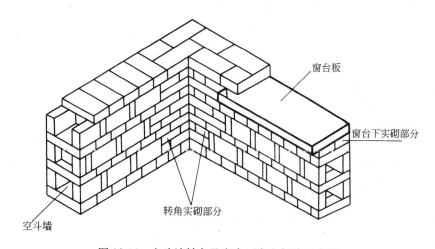

图 12-36 空斗墙转角及窗台下实砌部分示意图

4. 多孔砖、空心砖按图示厚度以立方米计算，不扣除其孔、空心部分体积(图12-37)。

5. 填充墙按外形尺寸以立方米计算，其中实砌部分已包括在定额内，不另计算。

6. 加气混凝土墙、硅酸盐砌块墙、小型空心砌块(图12-38)墙，按图示尺寸以立方米计算，按设计规定需要镶嵌砖砌体部分已包括在定额内，不另计算。

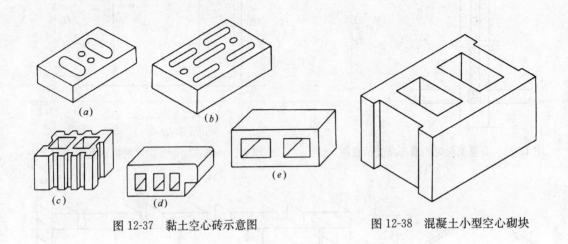

图12-37 黏土空心砖示意图　　　　图12-38 混凝土小型空心砌块

第四节 其他砌体

1. 砖砌锅台、炉灶，不分大小，均按图示外形尺寸以立方米计算，不扣除各种空洞的体积。

说明：

(1) 锅台一般指大食堂、餐厅里用的锅灶；

(2) 炉灶一般指住宅里每户用的灶台。

2. 砖砌台阶(不包括梯带)(图12-39)按水平投影面积以平方米计算。

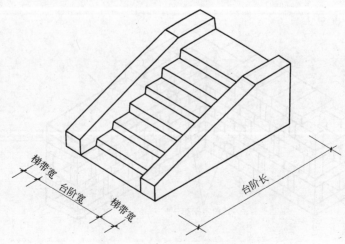

图12-39 砖砌台阶示意图

3. 厕所蹲位、水槽腿、灯箱、垃圾箱、台阶挡墙或梯带、花台、花池、地垄墙及支撑地楞木的砖墩，房上烟囱、屋面架空隔热层砖墩及毛石墙的门窗立边、窗台虎头砖等实砌体积，以立方米计算，套用零星砌体定额项目(图 12-40～图 12-45)。

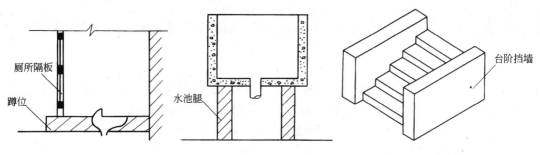

图 12-40 砖砌蹲位示意图　　图 12-41 砖砌水池(槽)腿示意图　　图 12-42 有挡墙台阶示意图

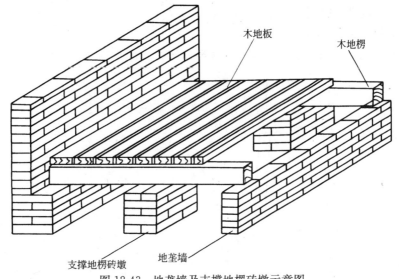

图 12-43 地垄墙及支撑地楞砖墩示意图

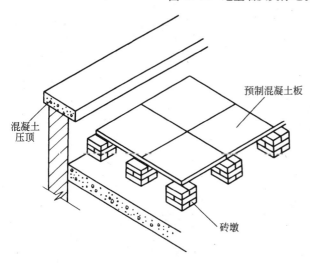

图 12-44 屋面架空隔热层砖墩示意图

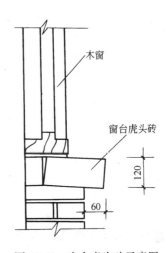

图 12-45 窗台虎头砖示意图
注：石墙的窗台虎头砖单独计算工程量。

4. 检查井及化粪池不分壁厚均以立方米计算，洞口上的砖平拱碹等并入砌体体积内计算。

5. 砖砌地沟不分墙基、墙身合并以立方米计算。石砌地沟按其中心线长度以延长米计算。

第五节 砖 烟 囱

1. 筒身：圆形、方形均按图示筒壁平均中心线周长乘以厚度，并扣除筒身各种孔洞、钢筋混凝土圈梁、过梁等体积以立方米计算。其筒壁周长不同时可按下式分段计算：

$$V=\Sigma(H\times C\times \pi D)$$

式中　V——筒身体积；

　　　H——每段筒身垂直高度；

　　　C——每段筒壁厚度；

　　　D——每段筒壁中心线的平均直径。

【例 12-6】 根据图 12-46 中的有关数据和上述公式计算砖砌烟囱和圈梁工程量。

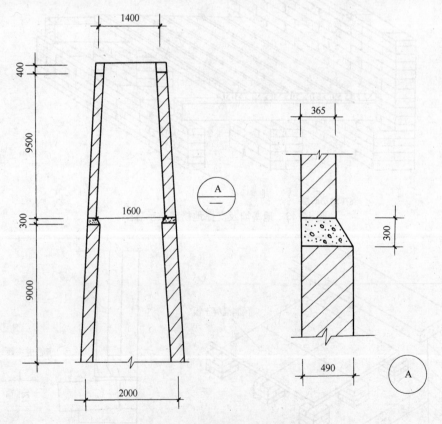

图 12-46 有圈梁砖烟囱示意图

【解】 (1) 砖砌烟囱工程量

① 上段

已知：$H=9.50\text{m}$，$C=0.365\text{m}$

求：$D=(1.40+1.60+0.365)\times\dfrac{1}{2}=1.68\text{m}$

∴ $V_{上}=9.50\times0.365\times3.1416\times1.68=18.30\text{m}^3$

② 下段

已知：$H=9.0\text{m}$，$C=0.490\text{m}$

求：$D=(2.0+1.60+0.365\times2-0.49)\times\dfrac{1}{2}=1.92\text{m}$

∴ $V_{下}=9.0\times0.49\times3.1416\times1.92=26.60\text{m}^3$

∴ $V=18.30+26.60=44.90\text{m}^3$

(2) 混凝土圈梁工程量

① 上部圈梁

$$V_{上}=1.40\times3.1416\times0.4\times0.365=0.64\text{m}^3$$

② 中部圈梁

圈梁中心直径$=1.60+0.365\times2-0.49=1.84\text{m}$

圈梁断面积$=(0.365+0.49)\times\dfrac{1}{2}\times0.30=0.128\text{m}^2$

$$V_{中}=1.84\times3.1416\times0.128=0.74\text{m}^3$$

∴ $V=0.74+0.64=1.38\text{m}^3$

2. 烟道、烟囱内衬按不同材料，扣除孔洞后，以图示实体积计算。

3. 烟囱内壁表面隔热层，按筒身内壁并扣除各种孔洞后的面积以平方米计算；填料按烟囱内衬与筒身之间的中心线平均周长乘以图示宽度和筒高，并扣除各种孔洞所占体积（但不扣除连接横砖及防沉带的体积）后以立方米计算。

4. 烟道砌砖：烟道与炉体的划分以第一道闸门为界，炉体内的烟道部分列入炉体工程量计算。

烟道拱顶（图12-47）按实体积计算，其计算方法有二种：

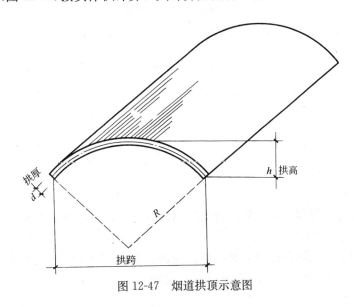

图12-47 烟道拱顶示意图

方法一：按矢跨比公式计算

计算公式：　　　$V=$ 中心线拱跨 × 弧长系数 × 拱厚 × 拱长

$$=b \times P \times d \times L$$

注：烟道拱顶弧长系数表见表 3-11。表中弧长系数 P 的计算公式为（当 $h=1$ 时）：

$$P=\frac{1}{90}\left(\frac{0.5}{b}+0.125b\right)\pi \arcsin \frac{b}{1+0.25b^2}$$

例：当矢跨比 $\frac{h}{l}=\frac{1}{7}$ 时，弧长系数 P 为，

$$P=\frac{1}{90}\left(\frac{0.5}{7}+0.125\times 7\right)\times 3.1416 \times \arcsin \frac{7}{1+0.25\times 7^2}$$

$$=1.054$$

【例 12-7】 已知矢高为 1，拱跨为 6，拱厚为 0.15m，拱长 7.8m，求拱顶体积。

【解】 查表 12-4，知弧长系数 P 为 1.07，

烟道拱顶弧长系数表　　　表 12-4

矢跨比 $\frac{h}{b}$	$\frac{1}{2}$	$\frac{1}{3}$	$\frac{1}{4}$	$\frac{1}{5}$	$\frac{1}{6}$	$\frac{1}{7}$	$\frac{1}{8}$	$\frac{1}{9}$	$\frac{1}{10}$
弧长系数 P	1.57	1.27	1.16	1.10	1.07	1.05	1.04	1.03	1.02

故：$V=6\times 1.07 \times 0.15 \times 7.8=7.51\text{m}^3$

方法二：按圆弧长公式计算

计算公式：$V=$ 圆弧长 × 拱厚 × 拱长

$$=l \times d \times L$$

式中：　　　　　　　　　　　　$l=\frac{\pi}{180}R\theta$

【例 12-8】 某烟道拱顶厚 0.18m，半径 4.8m，θ 角为 180°，拱长 10 米，求拱顶体积。

【解】 已知：$d=0.18\text{m}$，$R=4.8\text{m}$，$\theta=180°$，$L=10\text{m}$

$$\therefore V=\frac{3.1416}{180}\times 4.8 \times 180 \times 0.18 \times 10$$

$$=27.14\text{m}^3$$

第六节　砖　砌　水　塔

砖砌水塔如图 12-48 所示。

1. 水塔基础与塔身划分：以砖基础的扩大部分顶面为界，以上为塔身，以下为基础，分别套用相应基础砌体定额。

2. 塔身以图示实砌体积计算，并扣除门窗洞口和混凝土构件所占的体积，砖平拱碹及砖出檐等并入塔身体积内计算，套水塔砌筑定额。

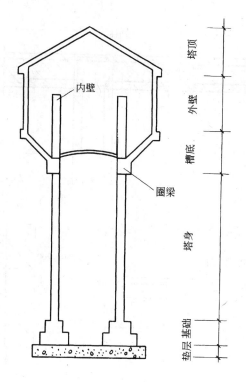

图 12-48 水塔构造及各部分划分示意图

3. 砖水箱内外壁，不分壁厚，均以图示实砌体积计算，套相应的内外砖墙定额。

第七节 砌体内钢筋加固

砌体内钢筋加固根据设计规定，以吨计算，套用钢筋混凝土章节相应项目（见图 12-49、图 12-50、图 12-51）。

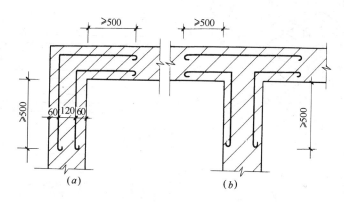

图 12-49 砌体内钢筋加固示意图（一）
(a)砖墙转角处；(b)砖墙 T 形接头处

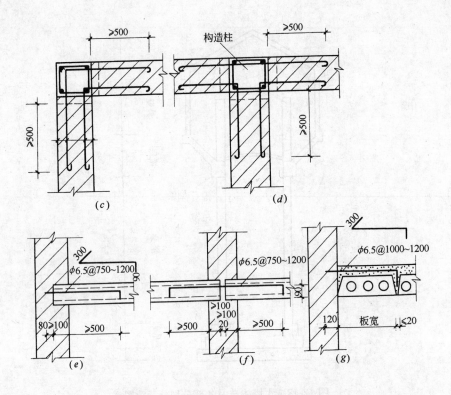

图 12-49 砌体内钢筋加固示意图(二)

(c)有构造柱的墙转角处；(d)有构造柱的T形墙接头处；
(e)板端与外墙连接；(f)板端内墙连接；(g)板与纵墙连接

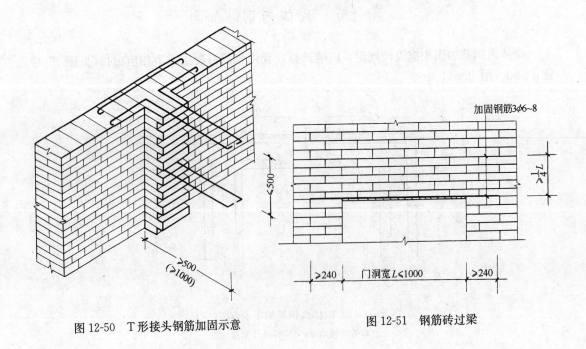

图 12-50 T形接头钢筋加固示意　　　图 12-51 钢筋砖过梁

思 考 题

1. 计算砖墙应扣除哪些体积?
2. 计算砖墙哪些体积可以不扣除?
3. 如何计算女儿墙工程量?
4. 如何计算空花墙工程量?
5. 砖基础与墙身如何划分?
6. 如何确定砖基础长?
7. 如何确定基础垫层长?它与砖基础同长吗?为什么?
8. 如何计算基础放脚部分的体积?
9. 如何确定内墙墙身高度?
10. 如何计算砖烟囱工程量?
11. 如何计算砌体内钢筋加固工程量?

第十三章 混凝土及钢筋混凝土工程

第一节 现浇混凝土及钢筋混凝土模板工程量

一、现浇混凝土及钢筋混凝土模板工程量,除另有规定者外,均应区别模板的不同材质,按混凝土与模板接触面积,以平方米计算。

说明:除了底面有垫层、构件(侧面有构件)及上表面不需支撑模板外,其余各个方向的面均应计算模板接触面积。

二、现浇钢筋混凝土柱、梁、板、墙的支模高度(即室外地坪至板底或板面至板底之间的高度)以 3.6m 以内为准,超过 3.6m 以上部分,另按超过部分计算增加支撑工程量(见图13-1)。

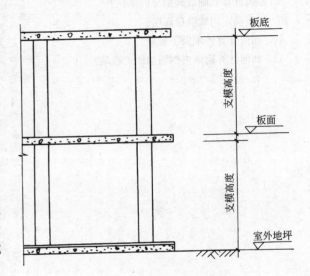

图 13-1 支模高度示意图

三、现浇钢筋混凝土墙、板上单孔面积在 0.3m² 以内的孔洞,不予扣除,洞侧壁模板亦不增加,单孔面积在 0.3m² 以外时,应予扣除,洞侧壁模板面积并入墙、板模板工程量内计算。

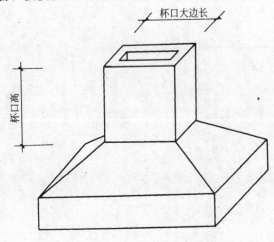

图 13-2 高杯基础示意图
(杯口高大于杯口大边长时)

四、现浇钢筋混凝土框架的模板、分别按梁、板、柱、墙有关规定计算,附墙柱,并入墙内工程量计算。

五、杯形基础杯口高度大于杯口大边长度的。套高杯基础模板定额项目(见图13-2)。

六、柱与梁、柱与墙、梁与梁等连接的重叠部分以及伸入墙内的梁头、板头部分,均不计算模板面积。

七、构造柱外露面均应按图示外露部分计算模板面积。构造柱与墙接触部分不计算模板面积(见图 13-3)。

八、现浇钢筋混凝土悬挑板(雨篷、阳

台)按图示外挑部分尺寸的水平投影面积计算。挑出墙外的牛腿梁及板边模板不另计算。

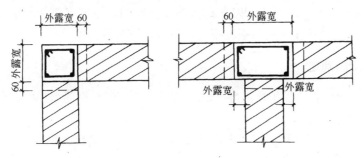

图13-3 构造柱外露宽需支模板示意图

说明："挑出墙外的牛腿梁及板边模板"在实际施工时需支模板，为了简化工程量计算，在编制该项定额时已经将该因素考虑在定额消耗内，所以工程量就不单独计算了。

九、现浇钢筋混凝土楼梯，以图示露明面尺寸的水平投影面积计算，不扣除小于500mm楼梯井所占面积。楼梯的踏步、踏步板、平台梁等侧面模板，不另计算。

十、混凝土台阶不包括梯带，按图示台阶尺寸的水平投影面积计算，台阶端头两侧不另计算模板面积。

十一、现浇混凝土小型池槽按构件外围体积计算，池槽内、外侧及底部的模板不应另计算。

第二节 预制钢筋混凝土构件模板工程量

一、预制钢筋混凝土模板工程量，除另有规定者外，均按混凝土实体体积以立方米计算。

二、小型池槽按外形体积以立方米计算。

三、预制桩尖按虚体积(不扣除桩尖虚体积部分)计算。

第三节 构筑物钢筋混凝土模板工程量

一、构筑物工程的模板工程量，除另有规定者外，区别现浇、预制和构件类别，分别按上面第一、二条的有关规定计算。

二、大型池槽等分别按基础、墙、板、梁、柱等有关规定计算并套相应定额项目。

三、液压滑升钢模板施工的烟囱、水塔塔身、贮仓等，均按混凝土体积，以立方米计算。

四、预制倒圆锥形水塔罐壳模板按混凝土体积，以立方米计算。

五、预制倒圆锥形水塔罐壳组装、提升、就位，按不同容积以座计算。

第四节 钢筋工程量

一、钢筋工程量有关规定

1. 钢筋工程，应区别现浇、预制构件、不同钢种和规格，分别按设计长度乘以单位重量，以吨计算。

2. 计算钢筋工程量时，设计已规定钢筋搭接长度的，按规定搭接长度计算；设计未规定搭接长度的，已包括在钢筋的损耗率内，不另计算搭接长度。

二、钢筋长度的确定

钢筋长＝构件长－保护层厚度×2＋弯钩长×2＋弯起钢筋增加值(Δl)×2

1. 钢筋的混凝土保护层

受力钢筋的混凝土保护层，应符合设计要求；当设计无具体要求时，不应小于受力钢筋直径，并应符合表13-1的要求。

纵向受力钢筋的混凝土保护层的最小厚度(mm)　　　　表13-1

环境类别		板、墙、壳			梁			柱		
		≤C20	C25～C45	≥C50	≤C20	C25～C45	≥C50	≤C20	C25～C45	≥C50
一		20	15	15	30	25	25	30	30	30
二	a	—	20	20	—	30	30	—	30	30
	b	—	25	20	—	35	30	—	35	30
三		—	30	25	—	40	35	—	40	35

注：1. 基础中纵向受力钢筋的混凝土保护层厚度不应小于40mm；当无垫层时不应小于70mm。
　　2. 处于一类环境且由工厂生产的预制构件，当混凝土强度等级不低于C20时，其保护层厚度可按本规范表13-1中规定减少5mm，但预应力钢筋的保护层厚度不应小于15mm；处于二类环境且由工厂生产的预制构件，当表面采取有效保护措施时，保护层厚度可按表13-1中一类环境数值取用。
　　预制钢筋混凝土受弯构件钢筋端头的保护层厚度不应小于10mm，预制肋形板主肋钢筋的保护层厚度应按梁的数值取用。
　　3. 板、墙、壳中分布钢筋的保护层厚度不应小于表13-1中相应数值减10mm，且不应小于10mm；梁、柱中箍筋和构造钢筋的保护层厚度不应小于15mm。
　　4. 当梁、柱中纵向受力钢筋的混凝土保护层厚度大于40mm时，应对保护层采取有效的防裂构造措施。
　　5. 有防火要求的建筑物，其保护层厚度尚应符合国家现行有关防火规范的规定。
　　对于四、五类环境中的建筑物，其混凝土保护层厚度尚应符合国家现行有关标准的要求。

2. 钢筋的弯钩长度

Ⅰ级钢筋末端需要做180°、135°、90°弯钩时，其圆弧弯曲直径D不应小于钢筋直径d的2.5倍，平直部分长度不宜小于钢筋直径d的3倍(见图13-4)；HRB335级、HRB400级钢筋的弯弧内直径不应小于钢筋直径的4倍，弯钩的弯后平直部分应符合设计要求。

由图13-4可见：

180°弯钩每个长＝6.25d

135°弯钩每个长＝4.9d

90°弯钩每个长＝3.5d

注：d以毫米为单位的钢筋直径。

3. 弯起钢筋的增加长度

弯起钢筋的弯起角度，一般有30°、45°、60°三种，其弯起增加值是指斜长与水平投影长度之间的差值，见图13-5。

弯起钢筋斜长及增加长度计算方法见表13-2。

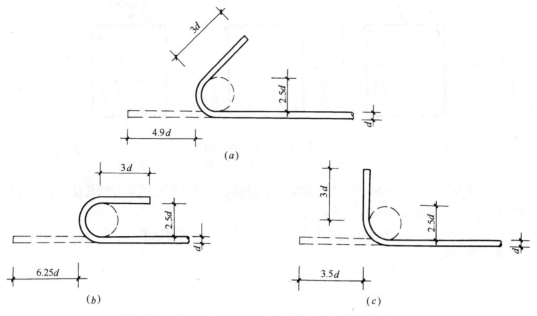

图 13-4 钢筋弯钩示意图
(a)135°斜弯钩；(b)180°半圆弯钩；(c)90°直弯钩

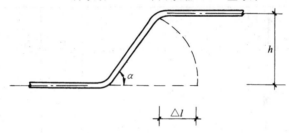

图 13-5 弯起钢筋增加长度示意图

弯起钢筋斜长及增加长度计算表　　　　　表 13-2

形状	30°	45°	60°
计算方法 斜边长 S	$2h$	$1.414h$	$1.155h$
增加长度 $S-L=\Delta l$	$0.268h$	$0.414h$	$0.577h$

4. 箍筋长度

箍筋的末端应作弯钩，弯钩形式应符合设计要求。当设计无具体要求时，用Ⅰ级钢筋或冷拔低碳钢丝制作的箍筋，其弯钩的弯曲直径应大于受力钢筋直径，且不小于箍筋直径的2.5倍；弯钩平直部分的长度，对一般结构，不宜小于箍筋直径的5倍；对有抗震要求的结构，不应小于箍筋直径的10倍。(见图13-6)

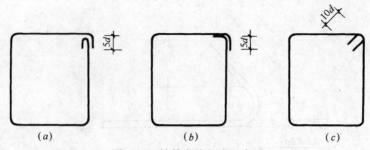

图 13-6 箍筋弯钩长度示意图
(a)90°/180°一般结构；(b)90°/90°一般结构；(c)135°/135°抗震结构

箍筋长度，可按构件断面外边周长减 8 个混凝土保护层厚度再加弯钩长计算，也可按构件断面外边周长加上增减值计算，公式为：

$$箍筋长度＝构件断面外边周长＋箍筋增减值$$

箍筋增减值见表 13-3。

单位：mm　　　　　　　　　　箍筋长度调整表　　　　　　　　　　表 13-3

形　状		直 径 d						备　注
		4	6	6.5	8	10	12	
				Δl				
抗震结构		−88	−33	−20	22	78	133	$\Delta l=200-27.8d$
一般结构		−133	−100	−90	−66	−33	0	$\Delta l=200-16.75d$
		−140	−110	−103	−80	−50	−20	$\Delta l=200-15d$

注：本表根据《混凝土结构工程施工及验收规范》(GB 50204—2002)第 5.3.2 条编制。保护层按 25mm 考虑。

5. 钢筋的绑扎接头

按《混凝土结构工程施工质量验收规范》GB 50204—2002 规定：

当纵向受拉钢筋的绑扎搭接接头面积百分率不大于 25％时，其最小搭接长度应符合表 13-4 规定(纵向受拉钢筋的绑扎搭接接头面积百分率，梁、板、墙类构件，不宜大于 25％；柱类构件不宜大于 50％)，在任何情况下，受拉钢筋的搭接长度不应小于 300mm。

纵向受压钢筋搭接时，其最小搭接长度按表 13-4 及"注释"规定确定后，乘以系数 0.7 取用，在任何情况下，受压钢筋的搭接长度不应小于 200mm。

当设计要求的钢筋长度大于条圆钢筋的实际长度时，就要按要求搭接。为了简化计算过程，可以采用接头系数的方法计算有搭接要求的钢筋长度，计算公式如下：

纵向受拉钢筋最小搭接长度表　　　　　　　　表 13-4

钢 筋 类 型		混凝土强度等级			
		C15	C20～C25	C30～C35	≥C40
光 圆 钢 筋	HPB235 级	45d	35d	30d	25d
带 肋 钢 筋	HRB335 级	55d	45d	35d	30d
	HRB400 级　RRB400 级	—	55d	40d	35d

注：1. 当纵向受拉钢筋的绑扎搭接接头面积百分率大于25%时，但不大于50%，其最小搭接长度应按表13-4中的数值乘以系数1.2取用；当接头面积百分率大于50%时，应按表3-12中的数值乘以系数1.35取用。

2. 当符合下列条件时，纵向受拉钢筋的最小搭接长度应根据表13-4及"注释"中第一条确定后，按下列规定进行修正：

(1) 当带肋钢筋的直径大于25mm时，其最小搭接长度应按相应数值乘以系数1.1取用；

(2) 当环氧树脂涂层的带肋钢筋，其最小搭接长度应按相应数值乘以系数1.25取用；

(3) 当在混凝土凝固过程中受力钢筋易受扰动时（如滑模施工时），其最小搭接长度应按相应数值乘以系数1.1取用；

(4) 对末端采用机械锚固措施的带肋钢筋，其最小搭接长度可按相应数值乘以系数0.7取用；

(5) 当带肋钢筋的保护层厚度大于搭接钢筋直径的3倍且配有箍筋时，其最小搭接长度可按相应数值乘以系数0.8取用；

(6) 对有抗震设防要求的结构构件，其受力钢筋的最小搭接长度，对一、二级抗震等级应按相应数值乘以系数1.15采用；对三级抗震等级应按相应数值乘以系数1.05采用。

$$钢筋接头系数 = \frac{钢筋单根长}{钢筋单根长 - 接头长}$$

例如，某地区规定直径 $\phi 25$ 以内的条圆每 8m 长算一个接头，直径 25 以上的条圆每 6m 长算一个接头，有关条件符合图 13-7 所示要求，其钢筋接头系数见表 13-5。

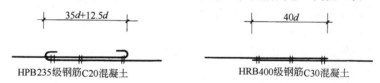

HPB235级钢筋C20混凝土　　　　　HRB400级钢筋C30混凝土

图 13-7　绑扎钢筋搭接长度示意图

钢筋接头系数表　　　　　　　　表 13-5

钢筋直径(mm)	绑扎接头		钢筋直径(mm)	绑扎接头		钢筋直径(mm)	绑扎接头	
	有弯钩	无弯钩		有弯钩	无弯钩		有弯钩	无弯钩
10	1.063	1.053	18	1.120	1.099	25	1.174	1.143
12	1.077	1.064	20	1.135	1.111	26	1.259	1.242
14	1.091	1.075	22	1.150	1.124	28	1.285	1.266
16	1.105	1.087	24	1.166	1.136	30	1.311	1.290

注：1. 根据上述条件，直径25mm以内有弯钩钢筋的搭接长度系数：

$$K_d = \frac{8}{8 - 47.5d} (d 以 m 为单位)$$

直径25mm以上有弯钩钢筋的搭接长度系数：

$$K_d = \frac{6}{6 - 47.5d}$$

2. 直径25mm以内无弯钩钢筋的搭接长度系数：

$$K_d = \frac{8}{8 - 40d}$$

直径25mm以上无弯钩钢筋的搭接长度系数：

$$K_d = \frac{6}{6 - 45d}$$

3. 上述是受拉钢筋绑扎的搭接长度，受压钢筋绑扎的搭接长度是受拉钢筋搭接长度的0.7倍。

4. 有弯钩钢筋接头系数按 HPB235 级钢筋 C20 混凝土计算；无弯钩钢筋接头系数按 HRB400 级钢筋 C30 混凝土计算。

6. 钢筋焊接接头

当采用电渣压力焊，其接头按个计算，采用其他焊接型式，不计算搭接长度。

7. 钢筋机械连接接头

机械连接的接头常用有套筒挤压接头和锥螺纹接头，其接头按个计算。

三、钢筋接头系数的应用

φ10以内的盘圆钢筋可以按设计要求的长度下料，但φ10以上的条圆钢筋超过一定的长度后就需要接头，绑扎的接头形式见图13-7，接头增加长度见表13-5的规定。

【例13-1】 某工程圈梁钢筋按施工图计算的长度为：

$$\Phi 16 \quad 184m$$

$$\phi 12 \quad 184m$$

按表13-5的规定计算含搭接长度的钢筋总长度。

【解】 Φ16属无弯钩钢筋，$l=184\times1.087=200m$

φ12属有弯钩钢筋，$l=184\times1.077=198.17m$

四、钢筋的锚固

钢筋的锚固长，是指不同构件交接处，彼此的钢筋应相互锚入的长度。如图13-8所示。

设计图上对钢筋的锚固长度有明确规定，应按图计算。如表示不明确的，按《混凝土结构设计规范》GB 50010—2002规定执行。规范规定：

1. 受拉钢筋锚固长度

受拉钢筋的锚固长度应按下列公式计算：

普通钢筋　　$l_a=\alpha(f_y/f_t)d$

预应力钢筋　$l_a=\alpha(f_{py}/f_t)d$

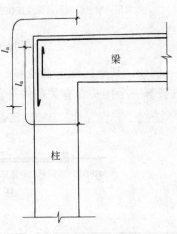

图13-8 锚固筋示意图

式中　f_y、f_{py}——普通钢筋、预应力钢筋的抗拉强度设计值，按表13-6采用；

　　　f_t——混凝土轴心抗拉强度设计值，按表13-7采用；当混凝土强度等级高于C40时，按C40取值；

　　　d——钢筋的公称直径；

　　　α——钢筋的外形系数（光面钢筋α取0.16，带肋钢筋α取0.14）。

普通钢筋强度设计值（N/mm²）　　　　表13-6

种　类		符　号	f_y
热轧钢筋	HPB235(Q235)	φ	210
	HRB335(20MnSi)	Φ	300
	HRB400(20MnSiV、20MnSiNb、20MnTi)	Φ	360
	RRB400(K20MnSi)	Φ^R	360

注：HPB235系指光面钢筋，HRB335级、HRB400级钢筋及RRB400级余热处理钢筋系指带肋钢筋。

混凝土强度设计值（N/mm²）　　　　　表 13-7

强度种类	混凝土强度等级												
	C15	C20	C25	C30	C35	C40	C45	C50	C55	C60	C65	C70	C75	C80
f_t	0.91	1.10	1.27	1.43	1.57	1.71	1.80	1.89	1.96	2.04	2.09	2.14	2.18	2.22

注：当符合下列条件时，计算的锚固长度应进行修正：
1. 当 HRB335、HRB400、RRB400 级钢筋的直径大于 25mm 时，其锚固长度应乘以修正系数 1.1；
2. 当 HRB335、HRB400、RRB400 级的环氧树脂涂层钢筋，其锚固长度应乘以修正系数 1.25；
3. 当 HRB335、HRB400、RRB400 级钢筋在锚固区的混凝土保护层厚度大于钢筋直径的 3 倍且配有箍筋时，其锚固长度可乘以修正系数 0.8。
4. 经上述修正后的锚固长度不应小于按公式计算锚固长度的 0.7 倍，且不应小于 250mm；
5. 纵向受压钢筋的锚固长度不应小于受拉钢筋锚固长度的 0.7 倍。

纵向受拉钢筋的抗震锚固长度 l_{aE} 应按下列公式计算：

一、二级抗震等级　　　　　　$l_{aE}=1.15l_a$

三级抗震等级　　　　　　　　$l_{aE}=1.05l_a$

四级抗震等级　　　　　　　　$l_{aE}=l_a$

2. 圈梁、构造柱钢筋锚固长度

对于钢筋混凝土圈梁、构造柱等，图纸上一般不表示其锚固长度，应按《建筑抗震结构详图》GJBT—465，97G329(三)(四)有关规定执行，如图 13-9 所示。

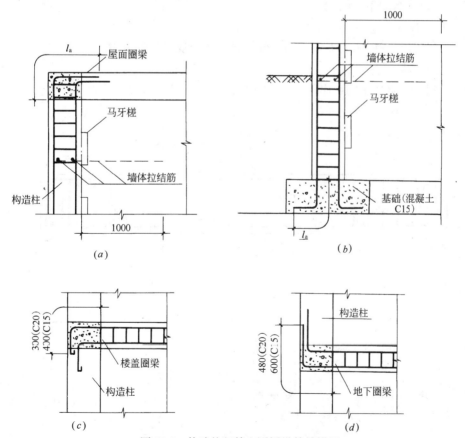

图 13-9　构造柱竖筋和圈梁纵筋的锚固
(a)柱内纵筋在柱顶的锚固；(b)柱内纵筋在基础内的锚固；
(c)屋盖、楼盖处圈梁纵筋在构造柱内的锚固；(d)地下圈梁纵筋在构造柱内的锚固

关于图 13-9 中 l_a 的规定   表 13-8

竖 向 钢 筋	$\phi12$		$\phi14$	
混凝土强度等级	C15	C20	C15	C20
l_a	600	480	700	560

五、钢筋其他计算问题

在计算钢筋用量时，除了要准确计算出图纸所表示的钢筋外，还要注意设计图纸未画出以及未明确表示的钢筋，如楼板上负弯矩筋的分布筋、满堂基础底板的双层钢筋在施工时支撑所用的马凳及混凝土墙施工时所用的拉筋等。这些钢筋在设计图纸上，有时只有文字说明，或有时没有文字说明，但这些钢筋在构造上及施工上是必要的，则应按施工验收规范、抗震构造规范等要求补齐，并入钢筋用量中。

六、钢筋重量计算

1. 钢筋理论重量

$$钢筋理论重量 = 钢筋长度 \times 每米重量$$

式中   每米重量 $= 0.006165 d^2$；

   d——以毫米为单位的钢筋直径。

2. 钢筋工程量

$$钢筋工程量 = 钢筋分规格长 \times 分规格每米重量$$

3. 钢筋工程量计算实例

【例 13-2】 根据图 13-10 计算 8 根现浇 C20 钢筋混凝土矩形梁的钢筋工程量，混凝土保护层厚度为 25mm。

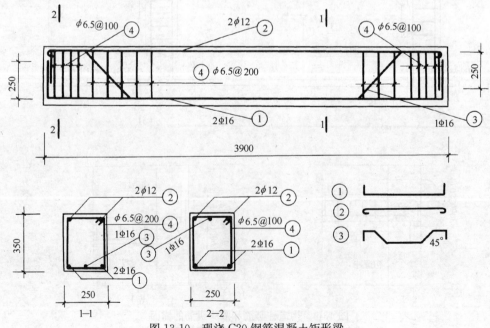

图 13-10 现浇 C20 钢筋混凝土矩形梁

【解】 (1) 计算一根矩形梁钢筋长度

① 号筋(⊥16 2根)
$$l = (3.90 - 0.025 \times 2 + 0.25 \times 2) \times 2 根$$
$$= 4.35 \times 2 = 8.70 m$$

② 号筋(ϕ12 2根)
$$l = (3.90 - 0.025 \times 2 + 0.012 \times 6.25 \times 2) \times 2 根$$
$$= 4.0 \times 2 = 8.0 m$$

③ 号筋(⊥16 1根)

弯起增加值计算,见表13-2(下同)
$$l = 3.90 - 0.025 \times 2 + 0.25 \times 2 + (0.35 - 0.025 \times 2 - 0.016) \times 0.414^* \times 2$$
$$= 4.35 + 0.284 \times 0.414^* \times 2 = 4.35 + 0.24 = 4.59 m$$

④ 号筋(ϕ6.5)
$$箍筋根数 = (3.90 - 0.025 \times 2) \div 0.20 + 1 根 + 4 根(两端加密筋)$$
$$= 24 根$$

调整值见表13-3(下同)
$$箍筋长 = (0.35 + 0.25) \times 2 - 0.02 = 1.18 m$$
$$l = 箍筋长 \times 根数 = 1.18 \times 24 = 28.32 m$$

(2) 计算8根矩形梁的钢筋重

⊥16: $(8.7 + 4.59) \times 8 根梁 \times 1.58 kg/m = 167.99 kg$ ⎫
ϕ12: $8.0 \times 8 \times 0.888 kg/m = 56.83 kg$ ⎬ 284kg
ϕ6.5: $28.32 \times 8 \times 0.26 kg/m = 58.91 kg$ ⎭

注:⊥16 钢筋每米重 $= 0.006165 \times 16^2 = 1.58 kg/m$

ϕ12 钢筋每米重 $= 0.006165 \times 12^2 = 0.888 kg/m$

ϕ6.5 钢筋每米重 $= 0.006165 \times 6.5^2 = 0.26 kg/m$

七、预应力钢筋

先张法预应力钢筋,按构件外形尺寸计算长度,后张法预应力钢筋按设计图纸规定的预应力钢筋预留孔道长度,并区别不同的锚具类型,分别按下列规定计算:

1. 低合金钢筋两端采用螺杆锚具时,预应力的钢筋按预留孔道长度减 0.35m 计算,螺杆另行计算。

2. 低合金钢筋一端采用镦头插片,另一端螺杆锚具时,预应力锚筋长度按预留孔长度计算,螺杆另行计算。

3. 低合金钢筋一端采用镦头插片,另一端采用帮条锚具时,预应力钢筋增加 0.15m 计算,两端均采用帮条锚具时,预应力钢筋共增加 0.3m 计算。

4. 低合金钢筋采用后张混凝土自锚时,预应力钢筋长度增加 0.35m 计算。

5. 低合金钢筋或钢绞线采用 JM、XM、QM 型锚具,孔道长度在 20m 以内时,预应力钢筋长度增加 1m 计算;孔道长度 20m 以上时,预应力钢筋长度增加 1.8m 计算。

6. 碳素钢丝采用锥形锚具,孔道长在 20m 以内时,预应力钢丝长度增加 1m;孔道长度在 20m 以上时，预应力钢丝长度增加 1.8m。

7. 碳素钢丝两端采用镦粗头时，预应力钢丝长度增加 0.35m 计算。

第五节 铁件工程量

钢筋混凝土构件预埋铁件工程量，按设计图示尺寸以吨计算。

【例 13-3】 根据图 13-11，计算 5 根预制柱的预埋铁件工程量。

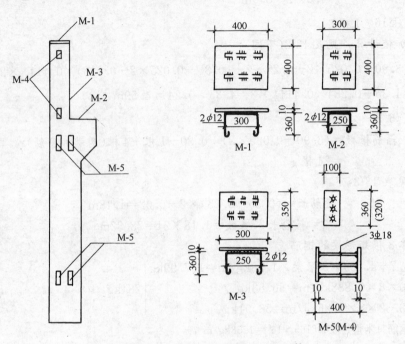

图 13-11 钢筋混凝土预制柱预埋件

【解】（1）每根柱预埋铁件工程量

M-1：钢板：$0.4 \times 0.4 \times 78.5 \text{kg/m}^2 = 12.56 \text{kg}$

$\phi 12$：$2 \times (0.30 + 0.36 \times 2 + 12.5 \times 0.012) \times 0.888 \text{kg/m} = 2.08 \text{kg}$

M-2：钢板：$0.3 \times 0.4 \times 78.5 \text{kg/m}^2 = 9.42 \text{kg}$

$\phi 12$：$2 \times (0.25 + 0.36 \times 2 + 12.5 \times 0.012) \times 0.888 \text{kg/m} = 1.99 \text{kg}$

M-3：钢板：$0.3 \times 0.35 \times 78.5 \text{kg/m}^2 = 8.24 \text{kg}$

$\phi 12$：$2 \times (0.25 + 0.36 \times 2 + 12.5 \times 0.012) \times 0.888 \text{kg/m} = 1.99 \text{kg}$

M-4：钢板：$2 \times 0.1 \times 0.32 \times 2 \times 78.5 \text{kg/m}^2 = 10.05 \text{kg}$

$\Phi 18$：$2 \times 3 \times 0.38 \times 2.00 \text{kg/m} = 4.56 \text{kg}$

M-5：钢板：$4 \times 0.1 \times 0.36 \times 2 \times 78.5 \text{kg/m}^2 = 22.61 \text{kg}$

$\Phi 18$：$4 \times 3 \times 0.38 \times 2.00 \text{kg/m} = 9.12 \text{kg}$

小计：82.62kg

（2）5 根柱预埋铁件工程量

$82.62 \times 5 \text{ 根} = 413.1 \text{kg} = 0.413 \text{t}$

第六节　现浇混凝土工程量

一、计算规定

混凝土工程量除另有规定者外，均按图示尺寸实体体积以立方米计算。不扣除构件内钢筋、预埋铁件及墙、板中 0.3m² 内的孔洞所占体积。

二、基础（图 13-12～图 13-16）

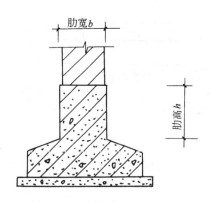

图 13-12　有肋带形基础示意图
$h/b>4$ 时，肋按墙计算

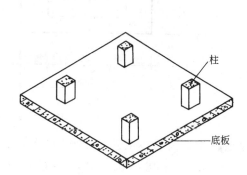

图 13-13　板式(筏形)满堂基础示意图

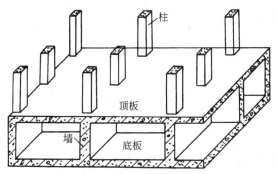

图 13-14　箱式满堂基础示意图

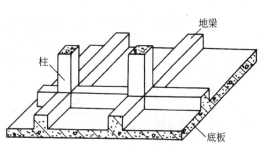

图 13-15　梁板式满堂基础

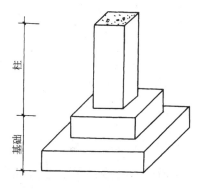

图 13-16　钢筋混凝土独立基础

1. 有肋带形混凝土基础(图 13-12)，其肋高与肋宽之比在 4∶1 以内的按有肋带形基础计算。超过 4∶1 时，其基础底板按板式基础计算，以上部分按墙计算。

2. 箱式满堂基础应分别按无梁式满堂基础、柱、墙、梁、板有关规定计算，套相应定额项目(图13-14)。

3. 设备基础除块体外，其他类型设备基础分别按基础、梁、柱、板、墙等有关规定计算，套相应的定额项目。

4. 独立基础

钢筋混凝土独立基础与柱在基础上表面分界,见图13-16。

【例13-4】 根据图13-17计算3个钢筋混凝土独立柱基工程量。

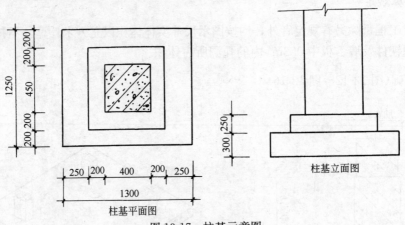

图13-17 柱基示意图

【解】 $V = [1.30 \times 1.25 \times 0.30 + (0.2+0.4+0.2) \times (0.2+0.45+0.2) \times 0.25] \times 3$ 个
$= (0.488+0.170) \times 3 = 1.97 (m^3)$

5. 杯形基础

现浇钢筋混凝土杯形基础(见图13-18)的工程量分四个部分计算:a. 底部立方体,b. 中部棱台体,c. 上部立方体,d. 最后扣除杯口空心棱台体。

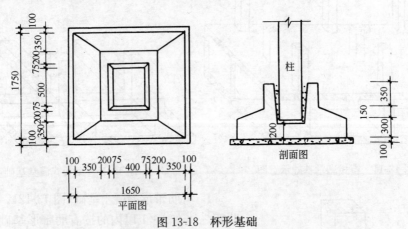

图13-18 杯形基础

【例13-5】 根据图13-18计算现浇钢筋混凝土杯形基础工程量。

【解】 $V = $ 下部立方体 + 中部棱台体 + 上部立方体 - 杯口空心棱台体

$= 1.65 \times 1.75 \times 0.30 + \dfrac{1}{3} \times 0.15 \times [1.65 \times 1.75 + 0.95 \times 1.05$
$+ \sqrt{(1.65 \times 1.75) \times (0.95 \times 1.05)}] + 0.95 \times 1.05 \times 0.35 - \dfrac{1}{3}$
$\times (0.8-0.2) \times [0.4 \times 0.5 + 0.55 \times 0.65 + \sqrt{(0.4 \times 0.5) \times (0.55 \times 0.65)}]$
$= 0.866 + 0.279 + 0.349 - 0.165 = 1.33 (m^3)$

三、柱

柱按图示断面尺寸乘以柱高以立方米计算。柱高按下列规定确定：

1. 有梁板的柱高(图 13-19)，应自柱基上表面(或楼板上表面)至柱顶高度计算。
2. 无梁板的柱高(图 13-20)，应自柱基上表面(或楼板上表面)至柱帽下表面之间的高度计算。

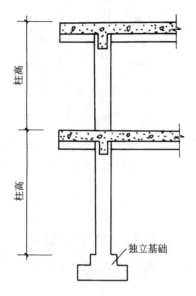

图 13-19 有梁板柱高示意图 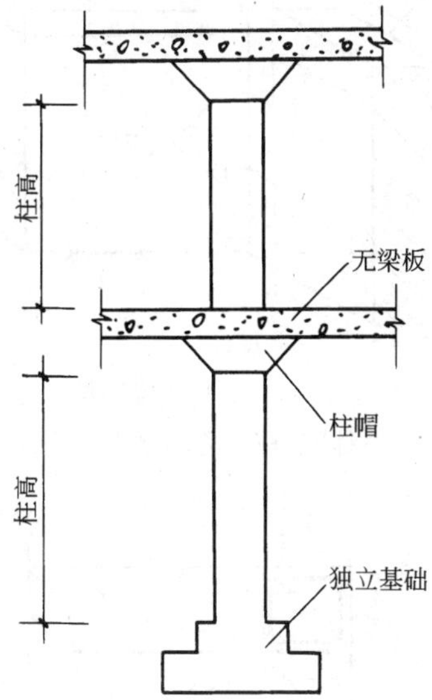　　图 13-20 无梁板柱高示意图

3. 框架柱的柱高(图 13-21)应自柱基上表面至柱顶高度计算。
4. 构造柱按全高计算，与砖墙嵌接部分的体积并入柱身体积内计算。
5. 依附柱上的牛腿，并入柱身体积计算。

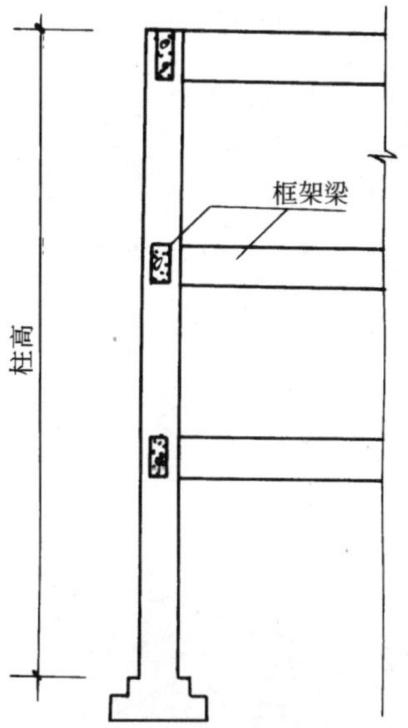

构造柱的形状、尺寸示意图见图 13-22～图 13-24。

构造柱体积计算公式：

当墙厚为 240 时：

$$V = 构造柱高 \times (0.24 \times 0.24 + 0.03 \times 0.24 \times 马牙槎边数)$$

【例 13-6】根据下列数据计算构造柱体积。

90°转角型：墙厚 240，柱高 12.0m

T 形接头：墙厚 240，柱高 15.0m

十字形接头：墙厚 365，柱高 18.0m

一字形：墙厚 240，柱高 9.5m

【解】(1) 90°转角

$$V = 12.0 \times (0.24 \times 0.24 + 0.03 \times 0.24 \times 2 \text{ 边})$$
$$= 0.864 (\text{m}^3)$$

图 13-21　框架柱柱高示意图

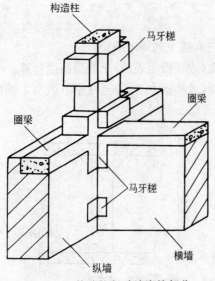

图 13-22 构造柱与砖墙嵌接部分
体积(马牙槎)示意图

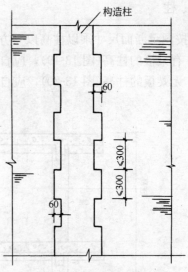

图 13-23 构造柱立面示意图

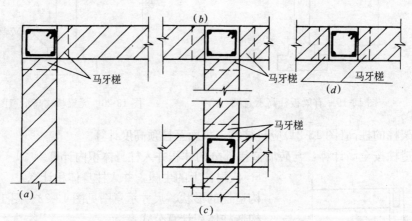

图 13-24 不同平面形状构造柱示意图
(a)90°转角；(b)T形接头；(c)十字形接头；(d)一字形

(2) T 形

$$V = 15.0 \times (0.24 \times 0.24 + 0.03 \times 0.24 \times 3 \text{边})$$
$$= 1.188 (\text{m}^3)$$

(3) 十字形

$$V = 18.0 \times (0.365 \times 0.365 + 0.03 \times 0.365 \times 4 \text{边})$$
$$= 3.186 (\text{m}^3)$$

(4) 一字形

$$V = 9.5 \times (0.24 \times 0.24 + 0.03 \times 0.24 \times 2 \text{边})$$
$$= 0.684 (\text{m}^3)$$

小计：$0.864 + 1.188 + 3.186 + 0.684 = 5.92 (\text{m}^3)$

四、梁（图 13-25～图 13-27）

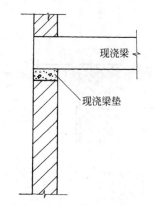

图 13-25　现浇梁垫并入现浇梁体积内计算示意图

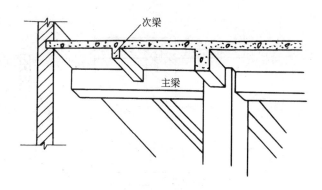

图 13-26　主梁、次梁示意图

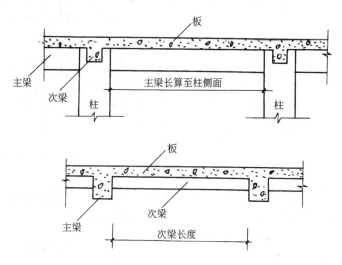

图 13-27　主梁、次梁计算长度示意图

梁按图示断面尺寸乘以梁长以立方米计算，梁长按下列规定确定：
1. 梁与柱连接时，梁长算至柱侧面；
2. 主梁与次梁连接时，次梁长算至主梁侧面；
3. 伸入墙内梁头、梁垫体积并入梁体积内计算。

五、板

现浇板按图示面积乘以板厚以立方米计算。
1. 有梁板包括主、次梁与板，按梁板体积之和计算。
2. 无梁板按板和柱帽体积之和计算。
3. 平板按板实体积计算。
4. 现浇挑檐、天沟与板（包括屋面板、楼板）连接时，以外墙为分界线，与圈梁（包括其他梁）连接时，以梁外边线为分界线。外墙边线以外或梁外边线以外为挑檐、天沟(图 13-28)。

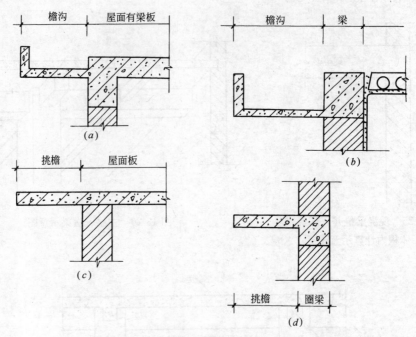

图 13-28 现浇挑檐天沟与板、梁划分
(a)屋面檐沟;(b)屋面檐沟;(c)屋面挑檐;(d)挑檐

5. 各类板伸入墙内的板头并入板体积内计算。

六、墙

现浇钢筋混凝土墙按图示中心线长度乘以墙高及厚度,以立方米计算。应扣除门窗洞口及 $0.3m^2$ 以外孔洞的体积,墙垛及突出部分并入墙体积内计算。

七、整体楼梯

现浇钢筋混凝土整体楼梯,包括休息平台、平台梁、斜梁及楼梯的连接梁,按水平投影面积计算,不扣除宽度小于500mm 的楼梯井,伸入墙内部分不另增加。

说明:平台梁、斜梁比楼梯板厚,好像少算了;不扣除宽度小于 500mm 楼梯井,好像多算了;伸入墙内部分不另增加等等。这些因素在编制定额时已经作了综合考虑。

【例 13-7】 某工程现浇钢筋混凝土楼梯(见图 13-29)包括休息平台至平台梁,试计算该楼梯工程量(建筑物 4 层,共 3 层楼梯)。

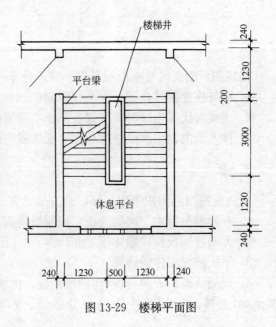

图 13-29 楼梯平面图

【解】 $S=(1.23+0.50+1.23)\times(1.23+3.00+0.20)\times 3$
$=2.96\times 4.43\times 3=13.113\times 3=39.34(m^2)$

八、阳台、雨篷（悬挑板），按伸出外墙的水平投影面积计算，伸出外墙的牛腿不另计算。带反挑檐的雨篷按展开面积并入雨篷内计算。各示意图见图 13-30、图 13-31。

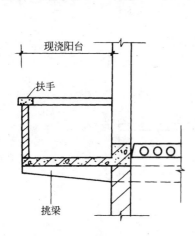

图 13-30 有现浇挑梁的现浇阳台

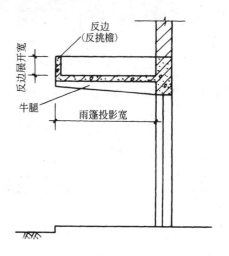

图 13-31 带反边雨篷示意图

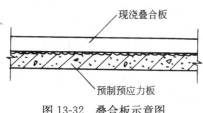

图 13-32 叠合板示意图

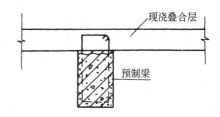

图 13-33 叠合梁示意图

九、栏杆按净长度以延长米计算。伸入墙内的长度已综合在定额内。栏板以立方米计算，伸入墙内的栏板，合并计算。

十、预制板补现浇板缝时，按平板计算，见图 13-32。

十一、预制钢筋混凝土框架柱现浇接头（包括梁接头）按设计规定断面和长度以立方米计算，见图 13-33。

第七节 预制混凝土工程量

一、预制混凝土工程量均按图示尺寸实体体积以立方米计算，不扣除构件内钢筋、铁件及小于 300mm×300mm 以内孔洞面积。

【例 13-8】 根据图 13-34 计算 20 块 YKB—3364 预应力空心板的工程量。

【解】 $V=$空心板净断面积×板长×块数

$=\left[0.12\times(0.57+0.59)\times\dfrac{1}{2}-0.7854\times(0.076)^2\times 6\right]\times 3.28\times 20$

$=(0.0696-0.0272)\times 3.28\times 20=0.0424\times 3.28\times 20=2.78(m^3)$

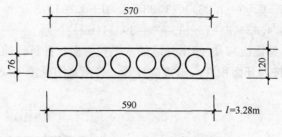

图 13-34　YKB—3364 预应力空心板

【例 13-9】 根据图 13-35 计算 18 块预制天沟板的工程量。

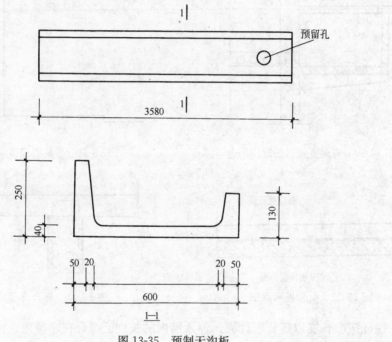

图 13-35　预制天沟板

【解】 $V=$ 断面积×长度×块数

$$=\left[(0.05+0.07)\times\frac{1}{2}\times(0.25-0.04)+0.60\times 0.04+(0.05+0.07)\right.$$

$$\left.\times\frac{1}{2}\times(0.13-0.04)\right]\times 3.58\times 18\text{ 块}$$

$$=0.150\times 18=2.70(\text{m}^3)$$

【例 13-10】 根据图 13-36 计算 6 根预制工字形柱的工程量。

【解】 $V=$（上柱体积＋牛腿部分体积＋下柱外形体积－工字形槽口体积）×根数

$$=\left\{(0.40\times 0.40\times 2.40)+\left[0.40\times(1.0+0.80)\times\frac{1}{2}\times 0.20+0.40\times 1.0\times 0.40\right]\right.$$

$$\left.+(10.8\times 0.80\times 0.40)-\frac{1}{2}\times(8.5\times 0.50+8.45\times 0.45)\times 0.15\times 2\text{ 边}\right\}\times 6\text{ 根}$$

$$=(0.384+0.232+3.456-1.208)\times 6$$

$$=2.864\times 6=17.18(\text{m}^3)$$

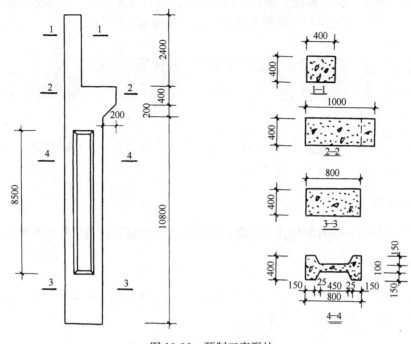

图 13-36 预制工字形柱

二、预制桩按桩全长(包括桩尖)乘以桩断面(空心桩应扣除孔洞体积)以立方米计算。

三、混凝土与钢杆件组合的构件,混凝土部分按构件实体积以立方米计算,钢构件部分按吨计算,分别套相应的定额项目。

第八节 固定用支架等

固定预埋螺栓、铁件的支架、固定双层钢筋的铁马凳、垫铁件,按审定的施工组织设计规定计算,套用相应定额项目。

第九节 构筑物钢筋混凝土工程量

一、一般规定

构筑物混凝土除另有规定者外,均按图示尺寸扣除门窗洞口及 $0.3m^2$ 以外孔洞所占体积以实体体积计算。

二、水塔

1. 筒身与槽底以槽底连接的圈梁底为界,以上为槽底,以下为筒身。
2. 筒式塔身及依附于筒身的过梁、雨篷、挑檐等,并入筒身体积内计算;柱式塔身,柱、梁合并计算。
3. 塔顶包括顶板和圈梁,槽底包括底板挑出的斜壁板和圈梁等合并计算。

三、贮水池不分平底、锥底、坡底，均按池底计算；壁基梁、池壁不分圆形壁和矩形壁，均按池壁计算；其他项目均按现浇混凝土部分相应项目计算。

第十节 钢筋混凝土构件接头灌缝

一、一般规定

钢筋混凝土构件接头灌缝，包括构件坐浆、灌缝、堵板孔、塞板梁缝等，均按预制钢筋混凝土构件实体积以立方米计算。

二、柱的灌缝

柱与柱基的灌缝，按首层柱体积计算，首层以上柱灌缝，按各层柱体积计算。

三、空心板堵孔

空心板堵孔的人工、材料，已包括在定额内。如不堵孔时，每 $10m^3$ 空心板体积应扣除 $0.23m^3$ 预制混凝土块和 2.2 个工日。

思 考 题

1. 如何计算现浇杯形基础模板工程量？
2. 如何计算构造柱模板工程量？
3. 如何计算预制构件模板工程量？
4. 钢筋的混凝土保护层厚度如何确定？
5. 有弯钩钢筋的弯钩增加长度如何计算？
6. 如何计算弯起钢筋的增加长度？
7. 怎样计算箍筋弯钩的增加长度？
8. 如何确定纵向受拉钢筋的搭接长度？
9. 如何确定钢筋的锚固长度？
10. 钢筋理论重量是怎样确定的？
11. 怎样计算预埋铁件工程量？
12. 怎样计算混凝土带形基础工程量？
13. 怎样计算混凝土满堂基础工程量？
14. 怎样计算混凝土独立基础工程量？
15. 怎样计算混凝土杯形基础工程量？
16. 怎样计算框架柱、框架梁工程量？
17. 怎样计算构造柱工程量？
18. 怎样计算有梁板工程量？
19. 怎样计算现浇雨篷工程量？
20. 怎样计算预应力空心板工程量？
21. 怎样计算预制天沟工程量？
22. 怎样计算预制工字形柱工程量？

第十四章 门窗及木结构工程

第一节 一般规定

各类门、窗制作、安装工程量均按门、窗洞口面积计算。

一、门、窗盖口条、贴脸、披水条，按图示尺寸以延长米计算，执行木装修项目(图14-1)。

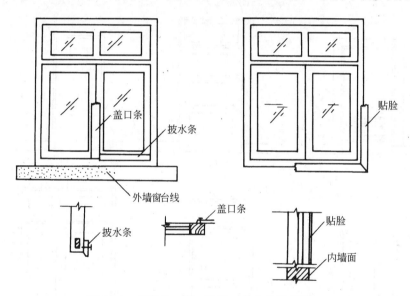

图 14-1 门窗盖口条，贴脸、披水条示意图

二、普通窗上部带有半圆窗(图14-2)的工程量，应分别按半圆窗和普通窗计算。其分界线以普通窗和半圆窗之间的横框上裁口线为分界线。

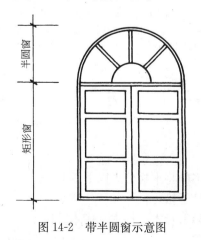

图 14-2 带半圆窗示意图

三、门窗扇包镀锌铁皮，按门、窗洞口面积以平方米计算（图14-3）；门窗框包镀锌铁皮，钉橡皮条、钉毛毡按图示门窗洞口尺寸以延长米计算。

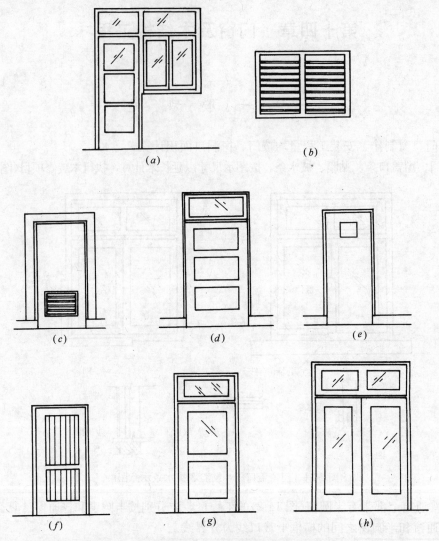

图14-3 各种门窗示意图
(a)门带窗；(b)固定百叶窗；(c)半截百叶门；(d)带亮子镶板门；
(e)带观察窗胶合板门；(f)拼板门；(g)半玻门；(h)全玻门

第二节 套用定额的规定

一、木材木种分类

全国统一建筑工程基础定额将木材分为以下四类：

一类：红松、水桐木、樟子松。

二类：白松（方杉、冷杉）、杉木、杨木、柳木、椴木。

三类：青松、黄花松、秋子木、马尾松、东北榆木、柏木、苦楝木、梓木、黄菠萝、椿木、楠木、柚木、樟木。

四类：栎木(柞木)、檀木、色木、槐木、荔木、麻栗木(麻栎、青杠)、桦木、荷木、水曲柳、华北榆木。

二、板、枋材规格分类（表14-1）

板、枋材规格分类表　　　　　　　　　表14-1

项　目	按宽厚尺寸比例分类	按板材厚度、枋材宽与厚乘积分类				
板　材	宽≥3×厚	名　称	薄板	中板	厚度	特厚板
		厚度(mm)	<18	19～35	36～65	≥66
枋　材	宽<3×厚	名　称	小枋	中枋	大枋	特大枋
		宽×厚(cm²)	<54	55～100	101～225	≥226

三、门窗框扇断面的确定及换算

1. 框扇断面的确定

定额中所注明的木材断面或厚度均以毛料为准。如设计图纸注明的断面或厚度为净料时，应增加刨光损耗；板、枋材一面刨光增加3mm；两面刨光增加5mm；圆木每立方米材积增加0.05m³ 计算。

【例14-1】 根据图14-4中门框断面的净尺寸计算含刨光损耗的毛断面。

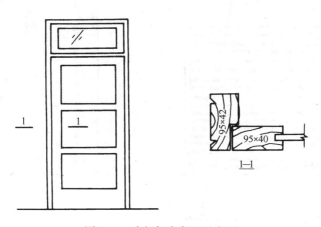

图14-4　木门框扇断面示意图

【解】　门框毛断面＝(9.5＋0.5)×(4.2＋0.3)＝45cm²
　　　　门扇毛断面＝(9.5＋0.5)×(4.0＋0.5)＝45cm²

2. 框扇断面的换算

当图纸设计的木门窗框扇断面与定额规定不同时，应按比例换算。框断面以边框断面为准(框裁口如为钉条者加贴条的断面)；扇断面以主挺断面为准。

框扇断面不同时的定额材积换算公式：

$$\text{换算后材积} = \frac{\text{设计断面(加刨光损耗)}}{\text{定额断面}} \times \text{定额材积}$$

【例 14-2】 某工程的单层镶板门框的设计断面为 60mm×115mm(净尺寸)，查定额框断面 60mm×100mm(毛料)，定额枋材耗用量 2.037m³/100m²，试计算按图纸设计的门框枋材耗用量。

【解】 换算后体积 = $\frac{\text{设计断面}}{\text{定额断面}} \times \text{定额材积}$

$= \frac{63 \times 120}{60 \times 100} \times 2.037$

$= 2.567 \text{m}^3/100\text{m}^2$

第三节 铝合金门窗

铝合金门窗制作、安装，铝合金、不锈钢门窗、彩板组角钢门窗、塑料门窗、钢门窗安装，均按设计门窗洞口面积计算。

第四节 卷 闸 门

卷闸门安装按洞口高度增加 600mm 乘以门实际宽度以平方米计算。电动装置安装以套计算，小门安装以个计算。

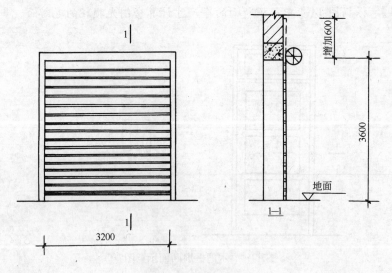

图 14-5 卷闸门示意图

【例 14-3】 根据图示尺寸计算卷闸门工程量。

【解】 $S = 3.20 \times (3.60 + 0.60)$

$= 3.20 \times 4.20$

$= 13.44 \text{m}^2$

第五节 包门框、安附框

不锈钢片包门框,按框外表面面积以平方米计算。

彩板组角钢门窗附框安装,按延长米计算。

第六节 木 屋 架

一、木屋架制作安装均按设计断面竣工木料以立方米计算,其后备长度及配制损耗均不另行计算。

二、方木屋架一面刨光时增加 3mm,两面刨光时增加 5mm,圆木屋架按屋架刨光时木材体积每立方米增加 $0.05m^3$ 计算。附属于屋架的夹板、垫木等已并入相应的屋架制作项目中,不另计算;与屋架连接的挑檐木(附木)、支撑等,其工程量并入屋架竣工木料体积内计算。

三、屋架的制作安装应区别不同跨度,其跨度应以屋架上下弦杆的中心线交点之间的长度为准。带气楼的屋架并入所依附屋架的体积内计算。

四、屋架的马尾、折角和正交部分半屋架(图 14-6),应并入相连接屋架的体积内计算。

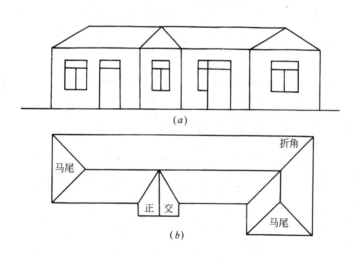

图 14-6 屋架的马尾、折角和正交示意图
(a)立面图;(b)平面图

五、钢木屋架区分圆、方木,按竣工木料以立方米计算。

六、圆木屋架连接的挑檐木、支撑等如为方木时,其方木部分应乘以系数 1.7 折合成圆木并入屋架竣工木料内。单独的方木挑檐,按矩形檩木计算。

七、屋架杆件长度系数表

木屋架各杆件长度可用屋架跨度乘以杆件长度系数计算。杆件长度系数见表14-2。

屋架杆件长度系数表

表 14-2

屋架形式	角度	杆件编号										
		1	2	3	4	5	6	7	8	9	10	11
	26°34′	1	0.559	0.250	0.280	0.125						
	30°	1	0.577	0.289	0.289	0.144						
	26°34′	1	0.559	0.250	0.236	0.167	0.186	0.083				
	30°	1	0.577	0.289	0.254	0.192	0.192	0.096				
	26°34′	1	0.559	0.250	0.225	0.188	0.177	0.125	0.140	0.063		
	30°	1	0.577	0.289	0.250	0.217	0.191	0.144	0.144	0.072		
	26°34′	1	0.559	0.250	0.224	0.200	0.180	0.150	0.141	0.100	0.112	0.050
	30°	1	0.577	0.289	0.252	0.231	0.200	0.173	0.153	0.116	0.115	0.057

八、圆木材积是根据尾径计算的，国家标准"GB 4814—84"规定了原木材积的计算方法和计算公式。在实际工作中，一般都采取查表的方式来确定圆木屋架的材积。

标准规定，检尺径自 4~12cm 的小径原木材积由公式

$$V=0.7854L(D+0.45L+0.2)^2 \div 10000$$

确定。

检尺径自 14cm 以上原木材积由公式

$$V=0.7854L[D+0.5L+0.005L^2+0.000125L(14-L)^2(D-10)]^2 \div 10000$$

确定。

式中 V——材积(m^3)；

L——检尺长(m)；

D——检尺径(cm)。

原木材积表（一）　　　　表 14-3

检尺径(cm)	检尺长(m)													
	2.0	2.2	2.4	2.5	2.6	2.8	3.0	3.2	3.4	3.6	3.8	4.0	4.2	4.4	4.6
	材积(m^3)													
8	0.013	0.015	0.016	0.017	0.018	0.020	0.021	0.023	0.025	0.027	0.029	0.031	0.034	0.036	0.038
10	0.019	0.022	0.024	0.025	0.026	0.029	0.031	0.034	0.037	0.040	0.042	0.045	0.048	0.051	0.054
12	0.027	0.030	0.033	0.035	0.037	0.040	0.043	0.047	0.050	0.054	0.058	0.062	0.065	0.069	0.074
14	0.036	0.040	0.045	0.047	0.049	0.054	0.058	0.063	0.068	0.073	0.078	0.083	0.089	0.094	0.100
16	0.047	0.052	0.058	0.060	0.063	0.069	0.075	0.081	0.087	0.093	0.100	0.106	0.113	0.120	0.126
18	0.059	0.065	0.072	0.076	0.079	0.086	0.093	0.101	0.108	0.116	0.124	0.132	0.140	0.148	0.156
20	0.072	0.080	0.088	0.092	0.097	0.105	0.114	0.123	0.132	0.141	0.151	0.160	0.170	0.180	0.190
22	0.086	0.096	0.106	0.111	0.116	0.126	0.137	0.147	0.158	0.169	0.180	0.191	0.203	0.214	0.226
24	0.102	0.114	0.125	0.131	0.137	0.149	0.161	0.174	0.186	0.199	0.212	0.225	0.239	0.252	0.266
26	0.120	0.133	0.146	0.153	0.160	0.174	0.188	0.203	0.217	0.232	0.247	0.262	0.277	0.293	0.308
28	0.138	0.154	0.169	0.177	0.185	0.201	0.217	0.234	0.250	0.267	0.284	0.302	0.319	0.337	0.354
30	0.158	0.176	0.193	0.202	0.211	0.230	0.248	0.267	0.286	0.305	0.324	0.344	0.364	0.383	0.404
32	0.180	0.199	0.219	0.230	0.240	0.260	0.281	0.302	0.324	0.345	0.367	0.389	0.411	0.433	0.456
34	0.202	0.224	0.247	0.258	0.270	0.293	0.316	0.340	0.364	0.388	0.412	0.437	0.461	0.486	0.511

原木材积表（二）　　　　表 14-4

检尺径(mm)	检尺长(m)													
	4.8	5.0	5.2	5.4	5.6	5.8	6.0	6.2	6.4	6.6	6.8	7.0	7.2	7.4	7.6
	材积(m^3)													
8	0.040	0.043	0.045	0.048	0.051	0.053	0.056	0.059	0.062	0.065	0.068	0.071	0.074	0.077	0.081
10	0.058	0.061	0.064	0.068	0.071	0.075	0.078	0.082	0.086	0.090	0.094	0.098	0.102	0.106	0.111
12	0.078	0.082	0.086	0.091	0.095	0.100	0.105	0.109	0.114	0.119	0.124	0.130	0.135	0.140	0.146
14	0.105	0.111	0.117	0.123	0.129	0.136	0.142	0.149	0.156	0.162	0.169	0.176	0.184	0.191	0.199
16	0.134	0.141	0.148	0.155	0.163	0.171	0.179	0.187	0.195	0.203	0.211	0.220	0.229	0.238	0.247

续表

检尺径(mm)	检尺长(m)													
	4.8	5.0	5.2	5.4	5.6	5.8	6.0	6.2	6.4	6.6	6.8	7.0	7.2	7.4	7.6
	材积(m^3)													
18	0.165	0.174	0.182	0.191	0.201	0.210	0.219	0.229	0.238	0.248	0.258	0.268	0.278	0.289	0.300
20	0.200	0.210	0.221	0.231	0.242	0.253	0.264	0.275	0.286	0.298	0.309	0.321	0.333	0.345	0.358
22	0.238	0.250	0.262	0.275	0.287	0.300	0.313	0.326	0.339	0.352	0.365	0.379	0.393	0.407	0.421
24	0.279	0.293	0.308	0.322	0.336	0.351	0.366	0.380	0.396	0.411	0.426	0.442	0.457	0.473	0.489
26	0.324	0.340	0.356	0.373	0.389	0.406	0.423	0.440	0.457	0.474	0.491	0.509	0.527	0.545	0.563
28	0.372	0.391	0.409	0.427	0.446	0.465	0.484	0.503	0.522	0.542	0.561	0.581	0.601	0.621	0.642
30	0.424	0.444	0.465	0.486	0.507	0.528	0.549	0.571	0.592	0.614	0.636	0.658	0.681	0.703	0.726
32	0.479	0.502	0.525	0.548	0.571	0.595	0.619	0.643	0.667	0.691	0.715	0.740	0.765	0.790	0.815
34	0.537	0.562	0.588	0.614	0.640	0.666	0.692	0.719	0.746	0.772	0.799	0.827	0.854	0.881	0.909

注：长度以20cm为增进单位，不足20cm时，满10cm进位，不足10cm舍去；径级以2cm为增进单位，不足2cm时，满1cm的进位，不足1cm舍去。

【例14-4】 根据图14-7中的尺寸计算跨度$L=12m$的圆木屋架工程量

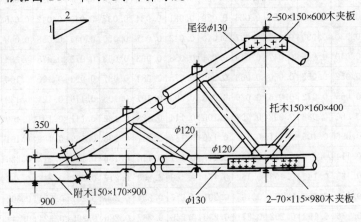

图14-7 圆木屋架

【解】 屋架圆木材积计算见表14-5。

屋架圆木材积计算表　　　　表14-5

名称	尾径(cm)	数量	长度(m)	单根材积(m^3)	材积(m^3)
上弦	φ13	2	12×0.559*=6.708	0.169	0.338
下弦	φ13	2	6+0.35=6.35	0.156	0.312
斜杠1	φ12	2	12×0.236*=2.832	0.040	0.080
斜杠2	φ12	2	12×0.186*=2.232	0.030	0.060
托木		1	0.15×0.16×0.40×1.70*		0.016
挑檐木		2	0.15×0.17×0.90×2×1.70*		0.078
小计					0.884

【例 14-5】 根据图 14-8 中尺寸，计算跨度 $L=9.0$m 的方木屋架工程量。

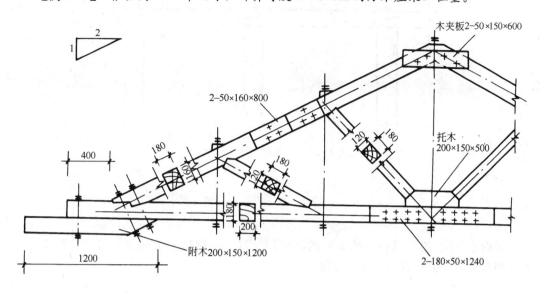

图 14-8　方木屋架

【解】

上弦：	$9.0\times0.559^*\times0.18\times0.16\times2$ 根 $=0.290$(m³)
下弦：	$(9.0+0.4\times2)\times0.18\times0.20=0.353$(m³)
斜杆 1：	$9.0\times0.236^*\times0.12\times0.18\times2$ 根 $=0.092$(m³)
斜杆 2：	$9.0\times0.186^*\times0.12\times0.18\times2$ 根 $=0.072$(m³)
托木：	$0.2\times0.15\times0.5=0.015$(m³)
挑檐木：	$1.20\times0.20\times0.15\times2$ 根 $=0.072$(m³)

小计：0.894m³

注：木夹板、钢拉杆等已包括在定额中。

第七节　檩　木

一、檩木按竣工木料以立方米计算。简支檩条长度按设计规定计算，如设计无规定者，按屋架或山墙中距增加 200mm 计算，如两端出山，檩条算至搏风板。

二、连续檩条的长度按设计长度计算，其接头长度按全部连续檩木总体积的 5% 计算。

檩条托木已计入相应的檩木制作安装项目中，不另计算。

三、简支檩条增加长度和连续檩条接头见图 14-9、图 14-10。

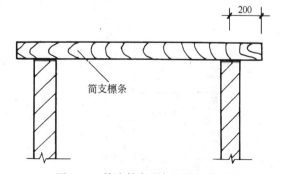

图 14-9　简支檩条增加长度示意图

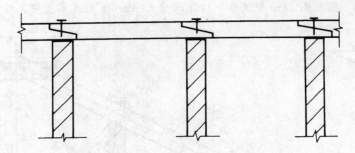

图 14-10　连续檩条接头示意图

第八节　屋面木基层

屋面木基层(图 14-11),按屋面的斜面积计算。天窗挑檐重叠部分按设计规定计算,屋面烟囱及斜沟部分所占面积不扣除。

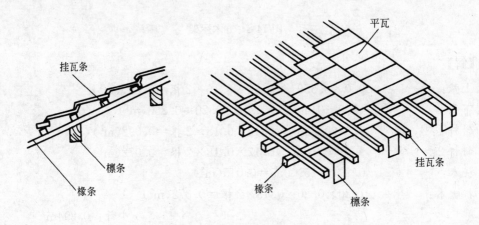

图 14-11　屋面木基层示意图

第九节　封 檐 板

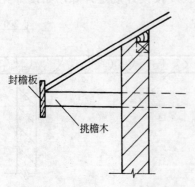

图 14-12　挑檐木、封檐板示意图

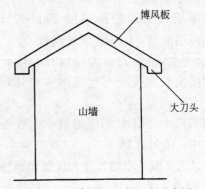

图 14-13　博风板、大刀头示意图

封檐板按图示檐口外围长度计算，博风板按斜长计算，每个大刀头增加长度 500mm。挑檐木、封檐板、博风板、大刀头示意见图 14-12、图 14-13。

第十节 木 楼 梯

木楼梯按水平投影面积计算，不扣除宽度小于 300mm 的楼梯井，其踢脚板、平台和伸入墙内部分，不另计算。

思 考 题

1. 常用的木门窗有哪些种类？
2. 木门窗框扇断面怎样换算？
3. 如何计算卷闸门工程量？
4. 如何计算木屋架工程量？
5. 如何计算檩木工程量？
6. 如何计算屋面木基层工程量？
7. 如何计算封檐板工程量？
8. 如何计算木楼梯工程量？

第十五章 楼地面工程

第一节 垫 层

地面垫层按室内主墙间净空面积乘以设计厚度以立方米计算。应扣除凸出地面的构筑物、设备基础、室内铁道、地沟等所占体积,不扣除柱、垛、间壁墙、附墙烟囱及面积在 $0.3m^2$ 以内孔洞所占体积。

说明:

1. 不扣除间壁墙是因为间壁墙是在地面完成后再做,所以不扣除;不扣除柱、垛及不增加门洞开口部分面积,是一种综合计算方法。

2. 凸出地面的构筑物、设备基础等,是先做好后再做室内地面垫层,所以要扣除所占体积。

第二节 整体面层、找平层

整体面层、找平层均按主墙间净空面积以平方米计算。应扣除凸出地面构筑物、设备基础、室内管道、地沟等所占面积,不扣除柱、垛、间壁墙、附墙烟囱及面积在 $0.3m^2$ 以内的孔洞所占面积,但门洞、空圈、暖气包槽、壁龛的开口部分亦不增加。

说明:

1. 整体面层包括,水泥砂浆、水磨石、水泥豆石等。

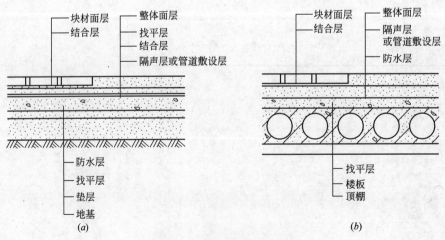

图 15-1 楼地面构造层示意
(a)地面各构造层;(b)楼面各构造层

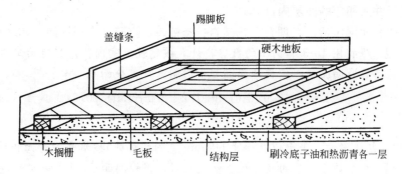

图 15-2 底层上实铺式木地面的构造示意

2. 找平层包括，水泥砂浆、细石混凝土等。

3. 不扣除柱、垛、间壁墙等所占面积，不增加门洞、空圈、暖气包槽、壁龛的开口部分，各种面积经过正负抵消后就能确定定额用量，这是编制定额时采用的综合计算方法。

【例 15-1】 根据图 15-3 计算该建筑物的室内地面面层工程量。

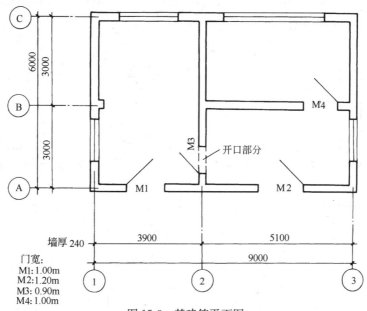

图 15-3 某建筑平面图

【解】 室内地面面积＝建筑面积－墙结构面积
$$=9.24\times6.24-[(9+6)\times2+6-0.24+5.1-0.24]\times0.24$$
$$=57.66-40.62\times0.24$$
$$=57.66-9.75=47.91(m^2)$$

第三节 块 料 面 层

块料面层，按图示尺寸实铺面积以平方米计算，门洞、空圈、暖气包槽和壁龛的开口部分的工程量并入相应的面层内计算。

说明：块料面层包括，大理石、花岗岩、彩釉砖、缸砖、陶瓷锦砖、木地板等。

【例15-2】 根据图15-3和例1的数据，计算该建筑物室内花岗岩地面工程量。

【解】 花岗岩地面面积＝室内地面面积＋门洞开口部分面积

$$=47.91+(1.0+1.2+0.9+1.0)\times 0.24$$
$$=47.91+0.98=48.89(m^2)$$

楼梯面层(包括踏步、平台以及小于500mm宽的楼梯井)按水平投影面积计算。

【例15-3】 根据图13-29的尺寸计算水泥豆石浆楼梯间面层(只算一层)工程量。

【解】 水泥豆石浆楼梯间面层＝$(1.23\times 2+0.50)\times(0.200+1.23\times 2+3.0)$

$$=2.96\times 5.66=16.75(m^2)$$

第四节 台 阶 面 层

台阶面层(包括踏步及最上一层踏步边沿300mm)按水平投影面积计算。

说明：台阶的整体面层和块料面层均按水平投影面积计算。这是因为定额已将台阶踢脚立面的工料已经综合到水平投影面积中了。

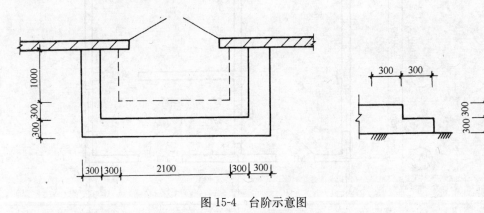

图15-4 台阶示意图

【例15-4】 根据图15-4，计算花岗岩台阶面层工程量

【解】 花岗岩台阶面层＝台阶中心线长×台阶宽

$$=[(0.30\times 2+2.1)+(0.30+1.0)\times 2]\times(0.30\times 2)$$
$$=5.30\times 0.6=3.18(m^2)$$

第五节 其 他

一、踢脚板(线)按延长米计算，洞口、空圈长度不予扣除，洞口、空圈、垛、附墙烟囱等侧壁长度亦不增加。

【例15-5】 根据图15-3计算各房间150mm高瓷砖踢脚线工程量。

【解】 瓷砖踢脚线

$L = \Sigma$ 房间净空周长
$= (6.0-0.24+3.9-0.24) \times 2 + (5.1-0.24+3.0-0.24) \times 2 + (5.1-0.24+3.0-0.24) \times 2$
$= 18.84 + 15.24 \times 2 = 49.32 \text{(m)}$

二、散水、防滑坡道按图示尺寸以平方米计算。

散水面积计算公式：

$$S_{散水} = (外墙外边周长 + 散水宽 \times 4) \times 散水宽 - 坡道、台阶所占面积$$

【例 15-6】 根据图 15-5，计算散水工程量。

【解】 $S_{散水} = [(12.0+0.24+6.0+0.24) \times 2 + 0.80 \times 4] \times 0.80 - 2.50 \times 0.80 - 0.60 \times 1.50 \times 2$
$= 40.16 \times 0.80 - 3.80 = 28.33 \text{(m}^2\text{)}$

【例 15-7】 根据图 15-5，计算防滑坡道工程量。

【解】 $S_{坡道} = 1.10 \times 2.50 = 2.75 \text{(m}^2\text{)}$

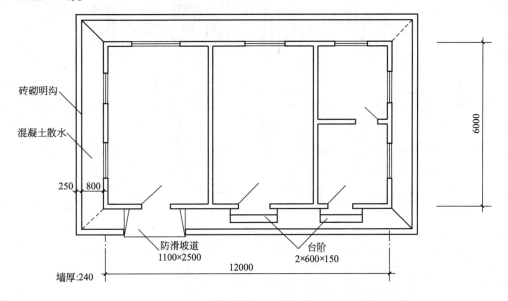

图 15-5 散水、防滑坡道、明沟、台阶示意图

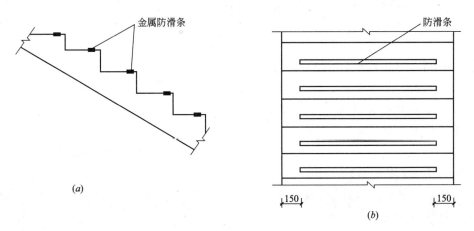

图 15-6 防滑条示意图
(a)侧立面；(b)平面

三、栏杆、扶手包括弯头长度按延长米计算(见图15-7、图15-8、图15-9)。

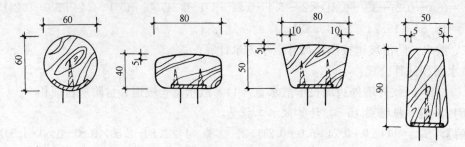

图15-7 硬木扶手

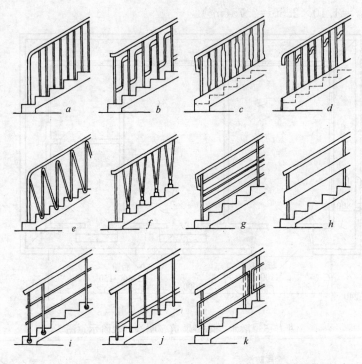

图15-8 栏杆示意

【例15-8】 某大楼有等高的8跑楼梯,采用不锈钢管扶手栏杆,每跑楼梯高为1.80m,每跑楼梯扶手水平长为3.80m,扶手转弯处为0.30m,最后一跑楼梯连接的安全栏杆水平长1.55m,求该扶手栏杆工程量。

【解】 不锈钢扶手栏杆长

$$=\sqrt{(1.80)^2+(3.80)^2}\times 8 跑+0.30(转弯)$$
$$\times 7+1.55(水平)$$
$$=4.205\times 8+2.10+1.55$$
$$=37.29(m)$$

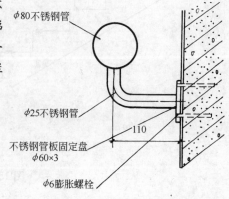

图15-9 不锈钢管靠墙扶手

四、防滑条按楼梯踏步两端距离减 300mm，以延长米计算。见图 15-6。

五、明沟按图示尺寸以延长米计算。

明沟长度计算公式：

$$明沟长＝外墙外边周长＋散水宽×8＋明沟宽×4－台阶、坡道长$$

【例 15-9】 根据图 15-5，计算砖砌明沟工程量。

【解】 明沟长＝(12.24＋6.24)×2＋0.80×8＋0.25×4－2.50

　　　　　＝41.86(m)

思 考 题

1. 怎样计算楼地面垫层工程量？
2. 怎样计算楼地面面层工程量？
3. 怎样计算块料面层工程量？
4. 怎样计算台阶面层工程量？
5. 怎样计算踢脚板工程量？
6. 怎样计算楼梯扶手工程量？
7. 怎样计算散水工程量？
8. 怎样计算明沟工程量？

第十六章 屋面防水及防腐、保温、隔热工程

第一节 坡 屋 面

一、有关规则

瓦屋面、金属压型板屋面，均按图示尺寸的水平投影面积乘以屋面坡度系数以平方米计算。不扣除房上烟囱、风帽底座、风道、屋面小气窗、斜沟等所占面积，屋面小气窗的出檐部分亦不增加。

二、屋面坡度系数

利用屋面坡度系数来计算坡屋面工程量是一种简便有效的计算方法。坡度系数的计算方法是：坡度系数 $=\dfrac{斜长}{水平长}=\sec\alpha$

屋面坡度系数表见表 16-1，示意见图 16-1。

屋面坡度系数表　　　　　　　　　　　表 16-1

坡 度			延尺系数 C ($A=1$)	隔延尺系数 D ($A=1$)
以高度 B 表示（当 $A=1$ 时）	以高跨比表示（$B/2A$）	以角度表示（α）		
1	1/2	45°	1.4142	1.7321
0.75		36°52′	1.2500	1.6008
0.70		35°	1.2207	1.5779
0.666	1/3	33°40′	1.2015	1.5620
0.65		33°01′	1.1926	1.5564
0.60		30°58′	1.1662	1.5362
0.577		30°	1.1547	1.5270
0.55		28°49′	1.1413	1.5170
0.50	1/4	26°34′	1.1180	1.5000
0.45		24°14′	1.0966	1.4839
0.40	1/5	21°48′	1.0770	1.4697
0.35		19°17′	1.0594	1.4569
0.30		16°42′	1.0440	1.4457
0.25		14°02′	1.0308	1.4362
0.20	1/10	11°19′	1.0198	1.4283
0.15		8°32′	1.0112	1.4221
0.125		7°8′	1.0078	1.4191
0.100	1/20	5°42′	1.0050	1.4177
0.083		4°45′	1.0035	1.4166
0.066	1/30	3°49′	1.0022	1.4157

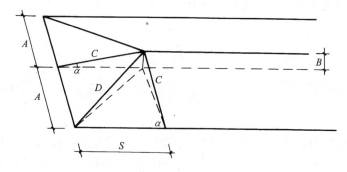

图 16-1 放坡系数各字母含义示意图

注：1. 两坡水排水屋面（当 α 角相等时，可以是任意坡水）面积为屋面水平投影面积乘以延尺系数 C
   2. 四坡水排水屋面斜脊长度 = $A \times D$（当 $S=A$ 时）
   3. 沿山墙泛水长度 = $A \times C$

【例 16-1】 根据图 16-2 图示尺寸，计算四坡水屋面工程量。

【解】 S = 水平面积 × 坡度系数 C
   = 8.0 × 24.0 × 1.118*（查表 16-1）
   = 214.66m²

【例 16-2】 据图 16-2 中有关数据，计算屋面斜脊的长度。

【解】 屋面斜脊长 = 跨长 × 0.5 × 隅延尺系数 D × 4 根
   = 8.0 × 0.5 × 1.50*（查表 16-1）× 4 = 24.0m

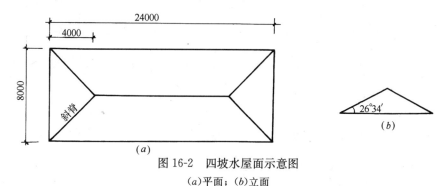

图 16-2 四坡水屋面示意图
(a)平面；(b)立面

【例 16-3】 根据图 16-3 的图示尺寸，计算六坡水（正六边形）屋面的斜面面积。

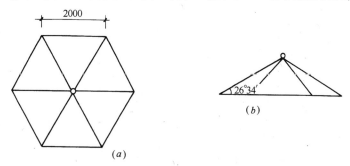

图 16-3 六坡水屋面示意图
(a)平面；(b)立面

【解】 屋面斜面面积＝水平面积×延尺系数 C

$$= \frac{3}{2} \times \sqrt{3} \times (2.0)^2 \times 1.118*$$

$$= 10.39 \times 1.118 = 11.62 (m^2)$$

第二节 卷 材 屋 面

一、卷材屋面按图示尺寸的水平投影面积乘以规定的坡度系数以平方米计算。但不扣除房上烟囱、风帽底座、风道、屋面小气窗和斜沟所占的面积。屋面女儿墙、伸缩缝和天窗弯起部分(图 16-4、图 16-5)，按图示尺寸并入屋面工程量计算，如图纸无规定时，伸缩缝、女儿墙的弯起部分可按 250mm 计算，天窗弯起部分可按 500mm 计算。

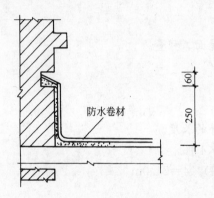 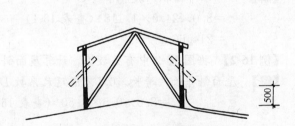

图 16-4 屋面女儿墙防水卷材弯起示意图　　图 16-5 卷材屋面天窗弯起部分示意图

二、屋面找坡一般采用轻质混凝土和保温隔热材料。找坡层的平均厚度需根据图示尺寸计算加权平均厚度，以立方米计算。

屋面找坡平均厚计算公式：

$$找坡平均厚 = 坡宽(L) \times 坡度系数(i) \times \frac{1}{2} + 最薄处厚$$

【例 16-4】 根据图 16-6 所示尺寸和条件计算屋面找坡层工程量。

【解】 (1) 计算加权平均厚

A 区 $\begin{cases} 面积：15 \times 4 = 60 m^2 \\ 平均厚：4.0 \times 2\% \times \frac{1}{2} + 0.03 = 0.07 m \end{cases}$

B 区 $\begin{cases} 面积：12 \times 5 = 60 m^2 \\ 平均厚：5.0 \times 2\% \times \frac{1}{2} + 0.03 = 0.08 m \end{cases}$

C 区 $\begin{cases} 面积：8 \times (5+2) = 56 m^2 \\ 平均厚：7 \times 2\% \times \frac{1}{2} + 0.03 = 0.10 m \end{cases}$

D 区 $\begin{cases} 面积：6 \times (5+2-4) = 18 m^2 \\ 平均厚：3 \times 2\% \times \frac{1}{2} + 0.03 = 0.06 m \end{cases}$

$$E \ 区 \begin{cases} 面积：11\times(4+4)=88m^2 \\ 平均厚：8\times 2\% \times \dfrac{1}{2}+0.03=0.11m \end{cases}$$

$$加权平均厚=\dfrac{60\times 0.07+60\times 0.08+56\times 0.10+18\times 0.06+88\times 0.11}{60+60+56+18+88}$$

$$=\dfrac{25.36}{282}$$

$$=0.0899$$

$$\approx 0.09m$$

(2) 屋面找坡层体积

$$V=屋面面积\times 平均厚$$
$$=282\times 0.09$$
$$=25.38m^3$$

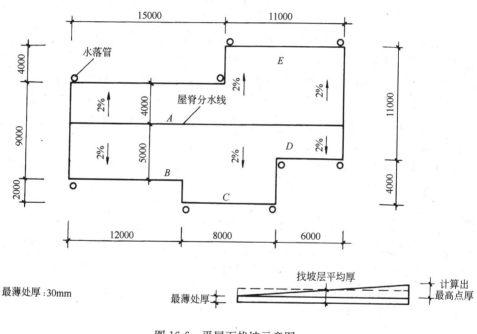

图 16-6 平屋面找坡示意图

三、卷材屋面的附加层、接缝、收头、找平层的嵌缝、冷底子油已计入定额内，不另计算。

四、涂膜屋面的工程量计算同卷材屋面。涂膜屋面的油膏嵌缝、玻璃布盖缝、屋面分格缝，以延长米计算。

第三节 屋 面 排 水

一、铁皮排水按图示尺寸以展开面积计算，如图纸没有注明尺寸时，可按表 16-2 规定计算。咬口和搭接用量等已计入定额项目内，不另计算。

铁皮排水单体零件折算表　　　　表 16-2

名　称	单位	水落管(m)	檐沟(m)	水斗(个)	漏斗(个)	下水口(个)		
铁皮排水	水落管、檐沟、水斗、漏斗、下水口	m²	0.32	0.30	0.40	0.16	0.45		
	天沟、斜沟、天窗窗台泛水、天窗侧面泛水、烟囱泛水、滴水檐头泛水、滴水	m²	天沟(m)	斜沟、天窗窗台泛水(m)	天窗侧面泛水(m)	烟囱泛水(m)	通气管泛水(m)	滴水檐头泛水(m)	滴水(m)
			1.30	0.50	0.70	0.80	0.22	0.24	0.11

二、铸铁、玻璃钢水落管区别不同直径按图示尺寸以延长米计算，雨水口、水斗、弯头、短管以个计算。

第四节　防　水　工　程

一、建筑物地面防水、防潮层，按主墙间净空面积计算，扣除凸出地面的构筑物、设备基础等所占的面积，不扣除柱、垛、间壁墙、烟囱及 0.3m² 以内孔洞所占面积。与墙面连接处高度在 500mm 以内者按展开面积计算，并入平面工程量内；超过 500mm 时，按立面防水层计算。

二、建筑物墙基防水、防潮层，外墙长度按中心线，内墙长度按净长乘以宽度以平方米计算。

【例 16-5】 根据图 15-3 有关数据，计算墙基水泥砂浆防潮层工程量(墙厚均为 240)。

【解】 $S = ($外墙中线长 $+$ 内墙净长$) \times$ 墙厚
　　　　$= [(6.0 + 9.0) \times 2 + 6.0 - 0.24 + 5.1 - 0.24] \times 0.24$
　　　　$= 40.62 \times 0.24 = 9.75 m^2$

三、构筑物及建筑物地下室防水层，按实铺面积计算，但不扣除 0.3m² 以内的孔洞面积。平面与立面交接处的防水层，其上卷高度超过 500mm 时，按立面防水层计算。

四、防水卷材的附加层、接缝、收头、冷底子油等人工材料均已计入定额内，不另计算。

五、变形缝按延长米计算。

第五节　防腐、保温、隔热工程

一、防腐工程

1. 防腐工程项目，应区分不同防腐材料种类及其厚度，按设计实铺面积以平方米计算。应扣除凸出地面的构筑物、设备基础等所占的面积，砖垛等突出墙面部分按展开面积计算后并入墙面防腐工程量之内。

2. 踢脚板按实铺长度乘以高度以平方米计算，应扣除门洞所占面积并相应增加侧壁展开面积。

3. 平面砌筑双层耐酸块料时，按单层面积乘以 2 计算。

4. 防腐卷材接缝、附加层、收头等人工材料，已计入定额内，不再另行计算。

二、保温隔热工程

1. 保温隔热层应区别不同保温隔热材料，除另有规定者外，均按设计实铺厚度以立方米计算。

2. 保温隔热层的厚度按隔热材料（不包括胶结材料）净厚度计算。

3. 地面隔热层按围护结构墙体间净面积乘以设计厚度以立方米计算，不扣除柱、垛所占的体积。

4. 墙体隔热层：外墙按隔热层中心线，内墙按隔热层净长乘以图示尺寸的高度及厚度以立方米计算。应扣除冷藏门洞口和管道穿墙洞口所占体积。

5. 柱包隔热层，按图示柱的隔热层中心线的展开长度乘以图示尺寸高度及厚度以立方米计算。

三、其他

1. 池槽隔热层按图示池槽保温隔热层的长、宽及其厚度以立方米计算。其中池壁按墙面计算，池底按地面计算。

2. 门洞口侧壁周围的隔热部分，按图示隔热层尺寸以立方米计算，并入墙面的保温隔热工程量内。

3. 柱帽保温隔热层按图示保温隔热层体积并入天棚保温隔热层工程量内。

思 考 题

1. 屋面坡度系数是如何确定的？
2. 怎样利用坡度系数 C 计算屋面工程量？
3. 怎样计算卷材屋面工程量？
4. 怎样确定屋面找坡层的平均厚度？
5. 怎样计算变形缝工程量？
6. 怎样计算保温隔热层工程量？

第十七章 装 饰 工 程

第一节 内 墙 抹 灰

一、内墙抹灰面积，应扣除门窗洞口和空圈所占的面积，不扣除踢脚板、挂镜线(图17-1)、0.3m² 以内的孔洞和墙与构件交接处的面积，洞口侧壁和顶面亦不增加。墙垛和附墙烟囱侧壁面积与内墙抹灰工程量合并计算。

二、内墙面抹灰的长度，以主墙间的图示净长尺寸计算，其高度确定如下：

1. 无墙裙的，其高度按室内地面或楼面至顶棚底面之间距离计算。

2. 有墙裙的，其高度按墙裙顶至顶棚底面之间距离计算。

3. 钉板条顶棚的内墙面抹灰，其高度按室内地面或楼面至顶棚底面另加 100mm 计算。

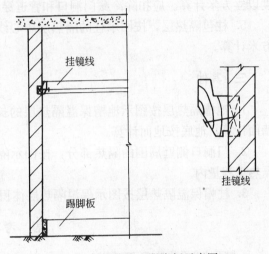

图 17-1 挂镜线、踢脚板示意图

说明：

(1) 墙与构件交接处的面积(图 17-2)，主要指各种现浇或预制梁头伸入墙内所占的面积。

(2) 由于一般墙面先抹灰后做吊顶，所以钉板条顶棚的墙面需抹灰时应抹至顶棚底再加 100mm。

(3) 墙裙单独抹灰时，工程量应单独计算，内墙抹灰也要扣除墙裙工程量。

计算公式：

内墙面抹灰面积＝(主墙间净长＋墙垛和附墙烟囱侧壁宽)
×(室内净高－墙裙高)－门窗洞口及
大于 0.3m² 孔洞面积

式中 室内净高＝
$\begin{cases} 有吊顶：楼面或地面至顶棚底加 100mm \\ 无吊顶：楼面或地面至顶棚底净高 \end{cases}$

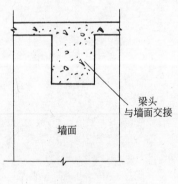

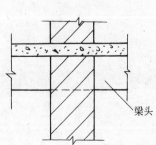

图 17-2 墙与构件交接处面积示意图

三、内墙裙抹灰面积按内墙净长乘以高度计算。应扣除门窗洞口和空圈所占的面积，门窗洞口和空洞的侧壁面积不另增加，墙垛、附墙烟囱侧壁面积并入墙裙抹灰面积内计算。

第二节 外墙抹灰

一、外墙抹灰面积，按外墙面的垂直投影面积以平方米计算。应扣除门窗洞口、外墙裙和大于 $0.3m^2$ 孔洞所占面积，洞口侧壁面积不另增加。附墙垛、梁、柱侧面抹灰面积并入外墙面抹灰工程量内计算。栏板、栏杆、窗台线、门窗套、扶手、压顶、挑檐、遮阳板、突出墙外的腰线等，另按相应规定计算。

二、外墙裙抹灰面积按其长度乘高度计算，扣除门窗洞口和大于 $0.3m^2$ 孔洞所占的面积，门窗洞口及孔洞的侧壁不增加。

三、窗台线、门窗套、挑檐、腰线、遮阳板等展开宽度在300mm以内者，按装饰线以延长米计算，如果展开宽度超过300mm以上时，按图示尺寸以展开面积计算，套零星抹灰定额项目。

四、栏板、栏杆（包括立柱、扶手或压顶等）抹灰，按立面垂直投影面积乘以系数2.2以平方米计算。

五、阳台底面抹灰按水平投影面积以平方米计算，并入相应顶棚抹灰面积内。阳台如跌悬臂者，其工程量乘系数1.30。

六、雨篷底面或顶面抹灰分别按水平投影面积以平方米计算，并入相应顶棚抹灰面积内。雨篷顶面带反沿或反梁者，其工程量乘系数1.20，底面带悬臂梁者，其工程量乘以系数1.20。雨篷外边线按相应装饰或零星项目执行。

七、墙面勾缝按垂直投影面积计算，应扣除墙裙和墙面抹灰的面积，不扣除门窗洞口、门窗套、腰线等零星抹灰所占的面积，附墙柱和门窗洞口侧面的勾缝面积亦不增加。独立柱、房上烟囱勾缝，按图示尺寸以平方米计算。

第三节 外墙装饰抹灰

一、外墙各种装饰抹灰均按图示尺寸以实抹面积计算。应扣除门窗洞口空圈的面积，其侧壁面积不另增加。

二、挑檐、天沟、腰线、栏杆、栏板、门窗套、窗台线、压顶等，均按图示尺寸展开面积以平方米计算，并入相应的外墙面积内。

第四节 墙面块料面层

一、墙面贴块料面层均按图示尺寸以实贴面积计算（见图17-3、图17-4）。

二、墙裙以高度1500mm以内为准，超过1500mm时按墙面计算，高度低于300mm以内时，按踢脚板计算。

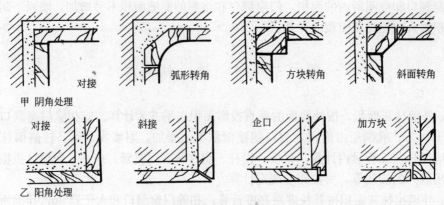

图 17-3 阴阳角的构造处理

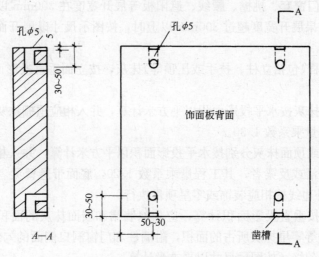

图 17-4 石材饰面板钻孔及凿槽示意图

第五节 隔墙、隔断、幕墙

一、木隔墙、墙裙、护壁板，均按图示尺寸长度乘以高度按实铺面积以平方米计算。

二、玻璃隔墙按上横挡顶面至下横挡底面之间高度乘以宽度（两边立挺外边线之间）以平方米计算。

三、浴厕木隔断，按下横挡底面至上横挡顶面高度乘以图示长度以平方米计算，门扇面积并入隔断面积内计算。

四、铝合金、轻钢隔墙、幕墙，按四周框外围面积计算。

第六节 独 立 柱

一、一般抹灰、装饰抹灰、镶贴块料按结构断面周长乘以柱的高度，以平方米计算。

二、柱面装饰按柱外围饰面尺寸乘以柱的高，以平方米计算（见图17-5）。

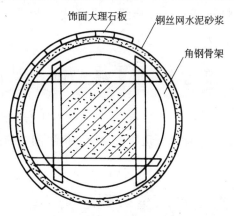

图17-5 镶贴石材饰面板的圆柱构造

第七节 零星抹灰

各种"零星项目"均按图示尺寸以展开面积计算。

第八节 顶棚抹灰

一、顶棚抹灰面积，按主墙间的净面积计算，不扣除间壁墙、垛、柱、附墙烟囱、检查口和管道所占的面积。带梁顶棚，梁两侧抹灰面积，并入顶棚抹灰工程量内计算。

二、密肋梁和井字梁顶棚抹灰面积，按展开面积计算。

三、顶棚抹灰如带有装饰线时，区别三道线以内或五道线以内按延长米计算，线角的道数以一个突出的棱角为一道线（见图17-6）。

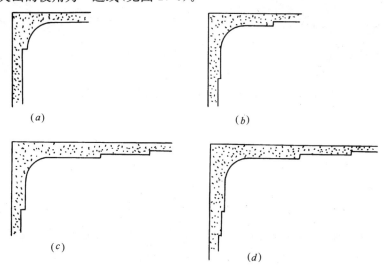

图17-6 顶棚装饰线示意图
(a)一道线；(b)二道线；(c)三道线；(d)四道线

四、檐口顶棚的抹灰面积,并入相同的顶棚抹灰工程量内计算。

五、顶棚中的折线、灯槽线、圆弧形线、拱形线等艺术形式的抹灰,按展开面积计算。

第九节 顶棚龙骨

各种吊顶顶棚龙骨(见图17-7、图17-8、图17-9)按主墙间净空面积计算,不扣除间壁墙、检查口、附墙烟囱、柱、垛和管道所占面积。但顶棚中的折线、迭落等圆弧形、高低吊灯槽等面积也不展开计算。

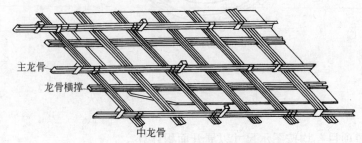

图 17-7　U 型轻钢天棚龙骨构造示意图

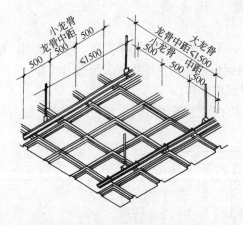 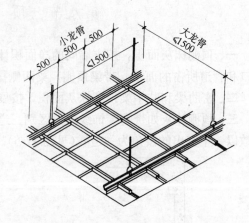

图 17-8　嵌入式铝合金方板天棚　　　图 17-9　浮搁式铝合金方板天棚

第十节 顶棚面装饰

一、顶棚装饰面积,按主墙间实铺面积以平方米计算,不扣除间壁墙、检查口、附墙烟囱、附墙垛和管道所占面积,应扣除独立柱及与顶棚相连的窗帘盒所占的面积。

二、顶棚中的折线、迭落等圆弧形、拱形、高低灯槽及其他艺术形式顶棚面层均按展开面积计算。

第十一节 喷涂、油漆、裱糊

一、楼地面、顶棚面、墙、柱、梁面的喷(刷)涂料、抹灰面、油漆及裱糊工程,均按楼地面、顶棚面、墙、柱、梁面装饰工程相应的工程量计算规则规定计算。

二、木材面、金属面、抹灰面油漆、涂料的工程量分别按表17-1至表17-9规定计算,并乘以表列系数。

单层木门工程量系数表　　　　　　　　　　　　　　　　　表17-1

项目名称	系数	工程量计算方法
单层木门	1.00	按单面洞口面积
双层(一板一纱)木门	1.36	
双层(单裁口)木门	2.00	
单层全玻门	0.83	
木百叶门	1.25	
厂库大门	1.20	

单层木窗工程量系数表　　　　　　　　　　　　　　　　　表17-2

项目名称	系数	工程量计算方法
单层玻璃窗	1.00	按单面洞口面积
双层(一玻一纱)窗	1.36	
双层(单裁口)窗	2.00	
三层(二玻一纱)窗	2.60	
单层组合窗	0.83	
双层组合窗	1.13	
木百叶窗	1.50	

木扶手(不带托板)工程量系数表　　　　　　　　　　　　表17-3

项目名称	系数	工程量计算方法
木扶手(不带托板)	1.00	按延长米
木扶手(带托板)	2.60	
窗帘盒	2.04	
封檐板、顺水板	1.74	
挂衣板、黑板框	0.52	
生活园地框、挂镜线、窗帘棍	0.35	

其他木材面工程量系数表　　　　　　　　　　　　　　　表17-4

项目名称	系数	工程量计算方法
木板、纤维板、胶合板	1.00	长×宽
顶棚、檐口	1.07	
清水板条顶棚、檐口	1.07	
木方格吊顶	1.20	
吸声板、墙面、顶棚面	0.87	

续表

项　目　名　称	系　　数	工程量计算方法
鱼鳞板墙	2.48	长×宽
木护墙、墙裙	0.91	
窗台板、筒子板、盖板	0.82	
暖气罩	1.28	
屋面板(带檩条)	1.11	斜长×宽
木间壁、木隔断	1.90	单面外围面积
玻璃间壁露明墙筋	1.65	
木栅栏、木栏杆(带扶手)	1.82	
木屋架	1.79	跨度(长)×中高×$\frac{1}{2}$
衣柜、壁柜	0.91	投影面积(不展开)
零星木装修	0.87	展开面积

木地板工程量系数表　　　　　　　　　　　　　　　　　　　　　　表 17-5

项　目　名　称	系　　数	工程量计算方法
木地板、木踢脚线	1.00	长×宽
木楼梯(不包括底面)	2.30	水平投影面积

单层钢门窗工程量系数表　　　　　　　　　　　　　　　　　　　　表 17-6

项　目　名　称	系　　数	工程量计算方法
单层钢门窗	1.00	洞口面积
双层(一玻一纱)钢门窗	1.48	
钢百叶门窗	2.74	
半截百叶钢门	2.22	
满钢门或包铁皮门	1.63	
钢折叠门	2.30	
射线防护门	2.96	框(扇)外围面积
厂库房平开、推拉门	1.70	
铁丝网大门	0.81	
间壁	1.85	长×宽
平板屋面	0.74	斜长×宽
瓦垄板屋面	0.89	斜长×宽
排水、伸缩缝盖板	0.78	展开面积
吸气罩	1.63	水平投影面积

其他金属面工程量系数表　　　　　　　　　　　　　　　　　　　　表 17-7

项　目　名　称	系　　数	工程量计算方法
钢屋架、天窗架、挡风架、屋架梁、支撑、檩条	1.00	按重量(吨)
墙架(空腹式)	0.50	
墙架(格板式)	0.82	

续表

项 目 名 称	系 数	工程量计算方法
钢柱、吊车梁花式梁柱、空花构件	0.63	按重量（吨）
操作台、走台、制动梁、钢梁车挡	0.71	
钢栅栏门、栏杆、窗栅	1.71	
钢爬梯	1.18	
轻型屋架	1.42	
踏步式钢扶梯	1.05	
零星铁件	1.32	

平板屋面涂刷磷化、锌黄底漆工程量系数表　　　表17-8

项 目 名 称	系 数	工程量计算方法
平板屋面	1.00	斜长×宽
瓦垄板屋面	1.20	
排水、伸缩缝盖板	1.05	展开面积
吸气罩	2.20	水平投影面积
包镀锌铁皮门	2.20	洞口面积

抹灰面油漆、涂料工程量系数表　　　表17-9

项 目 名 称	系 数	工程量计算方法
槽形底板、混凝土折板	1.30	长×宽
有梁板底	1.10	
密肋、井字梁底板	1.50	
混凝土平板式楼梯底	1.30	水平投影面积

思 考 题

1. 内墙面抹灰按规定应扣除哪些面积？
2. 如何确定内墙抹灰的长度和高度？
3. 外墙抹灰按规定应扣除哪些面积？
4. 怎样计算窗台线抹灰工程量？
5. 怎样计算外墙装饰抹灰工程量？
6. 怎样计算幕墙工程量？
7. 怎样计算独立柱装饰抹灰工程量？
8. 怎样计算顶棚龙骨和顶棚面层工程量？
9. 怎样计算油漆工程量？

第十八章 金属结构制作、构件运输与安装及其他

第一节 金属结构制作

一、一般规则

金属结构制作按图示钢材尺寸以吨计算,不扣除孔眼、切边的重量,焊条、铆钉、螺栓等重量,已包括在定额内不另计算。在计算不规则或多边形钢板重量时均按其几何图形的外接矩形面积计算。

二、实腹柱、吊车梁

实腹柱、吊车梁、H型钢按图示尺寸计算,其中腹板及翼板宽度按每边增加25mm计算。

三、制动梁、墙架、钢柱

1. 制动梁的制作工程量包括制动梁、制动桁架、制动板重量。
2. 墙架的制作工程量包括墙架柱、墙架梁及连接柱杆重量。
3. 钢柱制作工程量包括依附于柱上的牛腿及悬臂梁重量(见图18-1)。

四、轨道

轨道制作工程量,只计算轨道本身重量,不包括轨道垫板、压板、斜垫、夹板及连接角钢等重量。

五、铁栏杆

铁栏杆制作,仅适用于工业厂房中平台、操作台的钢栏杆。民用建筑中铁栏杆等按定额其他章节有关项目计算。

六、钢漏斗

钢漏斗制作工程量,矩形按图示分片,圆形按图示展开尺寸,并依钢板宽度分段计算,

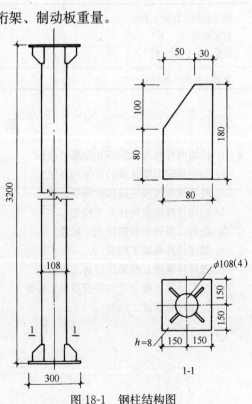

图18-1 钢柱结构图

每段均以其上口长度(圆形以分段展开上口长度)与钢板宽度,按矩形计算,依附漏斗的型钢并入漏斗重量内计算。

【例 18-1】 根据图 18-2 图示尺寸,计算上柱间支撑的制作工程量。

【解】 角钢每米重量＝0.00795×厚×(长边＋短边－厚)
　　　　　　　　＝0.00795×6×(75＋50－6)
　　　　　　　　＝5.68kg/m

钢板每 m² 重量＝7.85×厚
　　　　　　　＝7.85×8＝62.8kg/m²

角钢重＝5.90×2 根×5.68kg/m＝67.02kg

钢板重＝(0.205×0.21×4 块)×62.8
　　　＝0.1722×62.80
　　　＝10.81kg

上柱间支撑工程量＝67.02＋10.81＝77.83kg

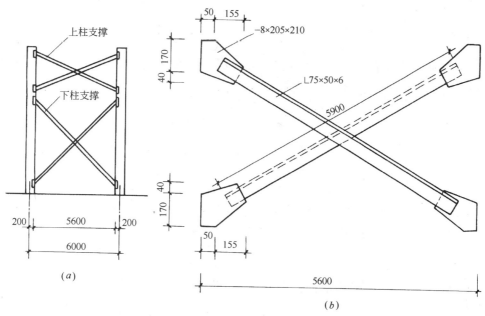

图 18-2 柱间支撑
(a)柱间支撑示意图;(b)上柱间支撑详图

第二节 建筑工程垂直运输

一、建筑物

建筑物垂直运输机械台班用量,区分不同建筑物的结构类型及檐口高度按建筑面积以平方米计算。

檐高是指设计室外地坪至檐口的高度(图 18-3),突出主体建筑屋顶的电梯间、水箱间等不计入檐口高度之内。

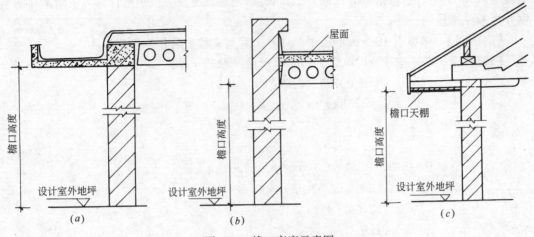

图 18-3 檐口高度示意图

(a)有檐沟的檐口高度;(b)有女儿墙的檐口高度;(c)坡屋面的檐口高度

二、构筑物

构筑物垂直运输机械台班以座计算。超过规定高度时,再按每增高 1m 定额项目计算,其高度不足 1m 时,亦按 1m 计算。

第三节 构件运输及安装工程

一、一般规定

1. 预制混凝土构件运输及安装,均按构件图示尺寸,以实体积计算。
2. 钢构件按构件设计图示尺寸以吨计算;所需螺栓、电焊条等重量不另计算。
3. 木门窗以外框面积以平方米计算。

二、构件制作、运输、安装损耗率

预制混凝土构件制作、运输、安装损耗率,按表 18-1 规定计算后并入构件工程量内。其中预制混凝土屋架、桁架、托架及长度在 9m 以上的梁、板、柱不计算损耗率。

预制钢筋混凝土构件制作、运输、安装损耗率表　　　表 18-1

名　称	制作废品率	运输堆放损耗率	安装(打桩)损耗率
各类预制构件	0.2%	0.8%	0.5%
预制钢筋混凝土柱	0.1%	0.4%	1.5%

根据上述第二条和表 18-1 的规定,预制构件含各种损耗的工程量计算方法如下:

预制构件制作工程量=图示尺寸实体积×(1+1.5%)

预制构件运输工程量=图示尺寸实体积×(1+1.3%)

预制构件安装工程量=图示尺寸实体积×(1+0.5%)

【例 18-2】 根据施工图计算出的预应力空心板体积为 2.78m³,计算空心板的制、运、安工程量。

【解】 空心板制作工程量=2.78×(1+1.5%)=2.82m³
　　　　空心板运输工程量=2.78×(1+1.3%)=2.82m³
　　　　空心板安装工程量=2.78×(1+0.5%)=2.79m³

三、构件运输

1. 预制混凝土构件运输的最大运输距离取 50 公里以内;钢构件和木门窗的最大运输距离按 20km 以内;超过时另行补充。

2. 加气混凝土板(块)、硅酸盐块运输,每立方米折合钢筋混凝土构件体积 0.4m³,按一类构件运输计算(预制构件分类见表 18-2)。

预制混凝土构件分类　　　　　　　　　　　　　　　　表 18-2

类　别	项　目
1	4m 以内空心板、实心板
2	6m 以内的桩、屋面板、工业楼板、进深梁、基础梁、吊车梁、楼梯休息板、楼梯段、阳台板
3	6m 以上至 14m 的梁、板、柱、桩,各类屋架、桁梁、托架(14m 以上另行处理)
4	天窗架、挡风架、侧板、端壁板、天窗上下档、门框及单件体积在 0.1m³ 以内小构件
5	装配式内、外墙板、大楼板、厕所板
6	隔墙板(高层用)

金属结构构件分类　　　　　　　　　　　　　　　　表 18-3

类　别	项　目
1	钢柱、屋架、托架梁、防风桁架
2	吊车梁、制动梁、型钢檩条、钢支撑、上下挡、钢拉杆、栏杆、盖板、垃圾出灰门、倒灰门、笆子、爬梯、零星构件、平台、操作台、走道休息台、扶梯、钢吊车梯台、烟囱紧固箍
3	墙架、挡风架、天窗架、组合檩条、轻型屋架、滚动支架、悬挂支架、管道支架

四、预制混凝土构件安装

1. 焊接形成的预制钢筋混凝土框架结构,其柱安装按框架柱计算,梁安装按框架梁计算;节点浇注成形的框架,按连体框架梁、柱计算。
2. 预制钢筋混凝土工字形柱、矩形柱、空腹柱、双肢柱、空心柱、管道支架等安装,均按柱安装计算。
3. 组合屋架安装,以混凝土部分实体体积计算,钢杆件部分不另计算。
4. 预制钢筋混凝土多层柱安装,首层柱按柱安装计算,二层及二层以上柱按柱接柱计算。

五、钢构件安装

1. 钢构件安装按图示构件钢材重量以吨计算。
2. 依附于钢柱上的牛腿及悬臂梁等,并入柱身主材重量计算。

3. 金属结构中所用钢板,设计为多边形者,按矩形计算,矩形的边长以设计尺寸中互相垂直的最大尺寸为准。

第四节 建筑物超高增加人工、机械费

一、有关规定

1. 本规定适用于建筑物檐口高 20m(层数 6 层)以上的工程(图 18-4)。

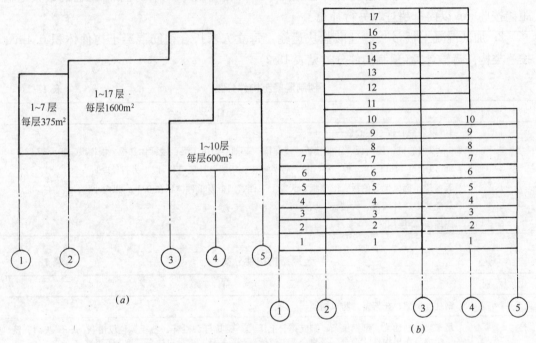

图 18-4 高层建筑示意图
(a)平面示意;(b)立面示意

2. 檐高是指设计室外地坪至檐口的高度,突出主体建筑屋顶的电梯间、水箱间等不计入檐高之内。

3. 同一建筑物高度不同时,按不同高度的建筑面积,分别按相应项目计算。

二、降效系数

1. 各项降效系数中包括的内容指建筑物基础以上的全部工程项目,但不包括垂直运输、各类构件的水平运输及各项脚手架。
2. 人工降效按规定内容中的全部人工费乘以定额系数计算。
3. 吊装机械降效按吊装项目中的全部机械费乘以定额系数计算。
4. 其他机械降效按除吊装机械外的全部机械费乘以定额系数计算。

三、加压水泵台班

建筑物施工用水加压增加的水泵台班,按建筑面积计算。

四、建筑物超高人工、机械降效率定额摘录(表18-4)

表18-4

定额编号		14—1	14—2	14—3	14—4
项 目	降效率	檐高(层数)			
		30m (7—10)以内	40m (11—13)以内	50m (14—16)以内	60m (17—19)以内
人 工 降 效	%	3.33	6.00	9.00	13.33
吊装机械降效	%	7.67	15.00	22.20	34.00
其他机械降效	%	3.33	6.00	9.00	13.33

工作内容:
1. 工人上下班降低工效、上楼工作前休息及自然休息增加的时间。
2. 垂直运输影响的时间。
3. 由于人工降效引起的机械降效。

五、建筑物超高加压水泵台班定额摘录(表18-5)

工作内容:包括由于水压不足所发生的加压用水泵台班。
计量单位:100m²

表18-5

定额编号		14—11	14—12	14—13	14—14
项 目	单 位	檐高(层数)			
		30m (7—10)以内	40m (11—13)以内	50m (14—16)以内	60m (17—19)以内
基 价	元	87.87	134.12	259.88	301.17
加压用水泵	台班	1.14	1.74	2.14	2.48
加压用水泵停滞	台班	1.14	1.74	2.14	2.48

【例18-3】 某现浇钢筋混凝土框架结构的宾馆建筑面积及层数示意见图18-4,根据下列数据和表18-4、表18-5定额计算建筑物超高人工、机械降效费和建筑物超高加压水泵台班费。

1~7层

①~②轴线 { 人工费:202500元
吊装机械费:67800元
其他机械费:168500元 }

1~17层

②~④轴线 { 人工费:2176000元
吊装机械费:707200元
其他机械费:1360000元 }

1~10层

③~⑤轴线 { 人工费：450000 元
吊装机械费：120000 元
其他机械费：300000 元

【解】 (1) 人工降效费

①~②轴 ③~⑤轴 定额 14—1
(202500+450000)×3.33%=21728.25   ⎫
②~④轴 定额 14—4   ⎬ 311789.05 元
2176000×13.33%=290060.80   ⎭

(2) 吊装机械降效费

①~②轴 ③~⑤轴 定额 14—1
(67800+120000)×7.67%=14404.26   ⎫
②~④轴 定额 14—4   ⎬ 254852.26 元
707200×34%=240448.00   ⎭

(3) 其他机械降效费

①~②轴 ③~⑤轴 定额 14—1
(168500+300000)×3.33%=15601.05   ⎫
②~④轴 定额 14—4   ⎬ 196889.05 元
1360000×13.33%=181288.00   ⎭

(4) 建筑物超高加压水泵台班费

①~②轴 ③~⑤轴 定额 14—11
(375×7 层+600×10 层)×0.88 元/m²=7590 ⎫
②~④轴 定额 14—14   ⎬ 89462.00 元
1600×17 层×3.01 元/m²=81872.00   ⎭

思 考 题

1. 叙述金属构件制作工程量计算的一般规则。
2. 如何计算钢柱工程量？
3. 如何计算钢栏杆工程量？
4. 如何计算钢支撑工程量？
5. 怎样确定檐口高度？
6. 叙述各类预制构件的制作、运输、安装损耗率。
7. 如何计算预制构件制作、运输、安装工程量？
8. 如何计算建筑物超高增加费？

第十九章 工程量计算实例

第一节 食堂工程施工图

一、拟建食堂工程总平面图

拟建食堂工程总平面图见图 19-1。

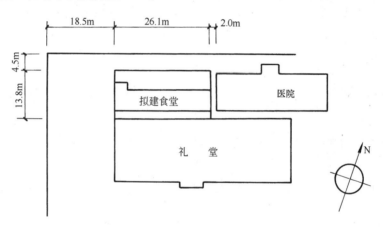

图 19-1 总平面图

二、建筑施工图

1. 设计说明

(1) 工程概况：本工程建筑面积 756m²，三层，底框砖混结构。

(2) 屋面：PVC 防水屋面，三层屋面设架空隔热层，二布三油塑料油膏防水层，现浇水泥珍珠岩找坡层 60 厚(最薄处)，1：3 水泥砂浆找平层 25 厚。

(3) 地面：普通水磨石地面，C10 混凝土垫层 80 厚。

(4) 楼面：卫生间 200×200 防滑地砖楼面，其余水泥豆石楼面。

(5) 楼梯：现浇板式楼梯，1：2 水泥砂浆面 20 厚，梯井边做 1：2 水泥砂浆挡水线。

(6) 内装修：卫生间及底层操作间 1800 高白色瓷砖墙裙，其余混合砂浆墙面；顶棚混合砂浆抹面，抹灰面刷仿瓷涂料二遍。

(7) 外装修：详见立面图标注说明。

(8) 油漆：木门窗浅黄色调合漆二遍；钢门窗内外分色，内面为浅黄色调合漆二遍，外面为棕色调合漆二遍，基层按有关规定处理；铝合金窗为银白色，蓝玻璃。

(9) 未尽事宜，协商解决。

2. 门窗统计表

门窗统计表见表19-1。

门窗统计表　　　　　　　　　　表19-1

代号	名称	洞口尺寸		数量	备注
M1	全板夹板门	900	2700	4	
M2	全板夹板门	900	2000	12	
M3	百页夹板门	700	2000	4	
MC1	钢门带窗	2700	2800	1	
MC2	钢门带窗	3300	2800	1	
C1	铝合金推拉窗	1800	1800	10	
C2	钢平开窗	2400	1800	1	
C3	钢平开窗	3000	1800	2	
C4	铝合金推拉窗	2400	1800	6	
C5	铝合金推拉窗	900	900	4	
C6	铝合金圆形固定窗	ϕ1200		2	

3. 建筑施工图

建筑施工图见建施1～建施9。

三、结构施工图

1. 设计说明

（1）基础部分：基坑、槽开挖至设计标高，应及时通知设计、质监、建设单位派人员共同验收合格后才能进行下道工序的施工；基础按详图施工。

（2）混凝土部分：本工程中ϕ为Ⅰ级钢，Φ为Ⅱ级钢；本工程使用的水泥、钢筋必须具有出厂合格证，并经复检合格后，才能使用；凡采用标准图集的构件，必须按所选图集要求施工；XKJ-1、2、3用C25混凝土，其余构件用C20混凝土。

（3）砌体部分：本工程砌体尺寸以建施图为准，附壁柱为370×490；砖砌体用MU15标准砖、M5混合砂浆砌筑；XGZ从垫层表面做起。

（4）其他：预留孔洞详见水电施工图；未尽事宜，协商解决。

2. 预制构件统计表

预制构件统计表见表19-2。

预制构件统计表　　　　　　　　　　表19-2

构件代号	二层	三层	屋面	合计	构件代号	二层	三层	屋面	合计
Y-KB365-3	9	9		18	Y-KBW426-2			47	47
Y-KB366-3	30	24		54	Y-KBW275-2			8	8
Y-KB425-3	9	9		18	Y-KBW276-2			23	23
Y-KB426-3	30	24		54	WJB36A1			1	1
Y-KB276-3	3	2		5	XGL4101		6	6	12
Y-KB275-3	3	3		6	XGL4103	4			4
Y-KBW365-2			22	22	XGL4181	2			2
Y-KBW366-2			41	41	XGL4181		4	4	8
Y-KBW425-2			24	24	XGL4241		3	3	6

3. 结构施工图

结构施工图见结施1～结施16。

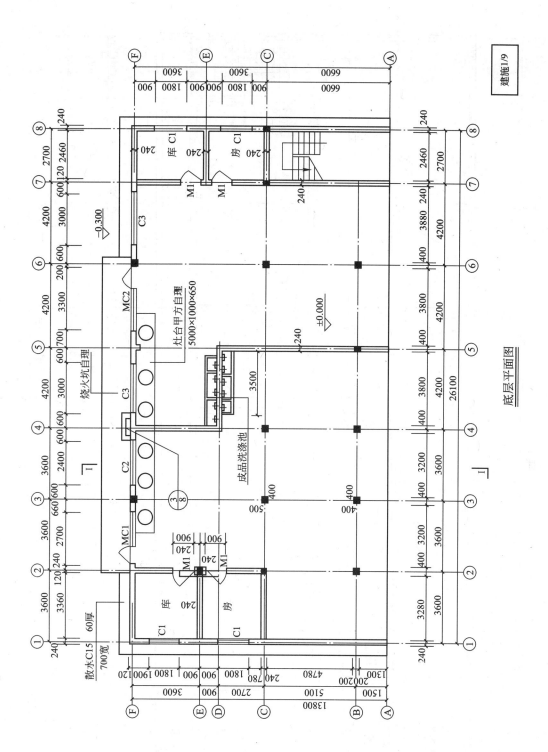

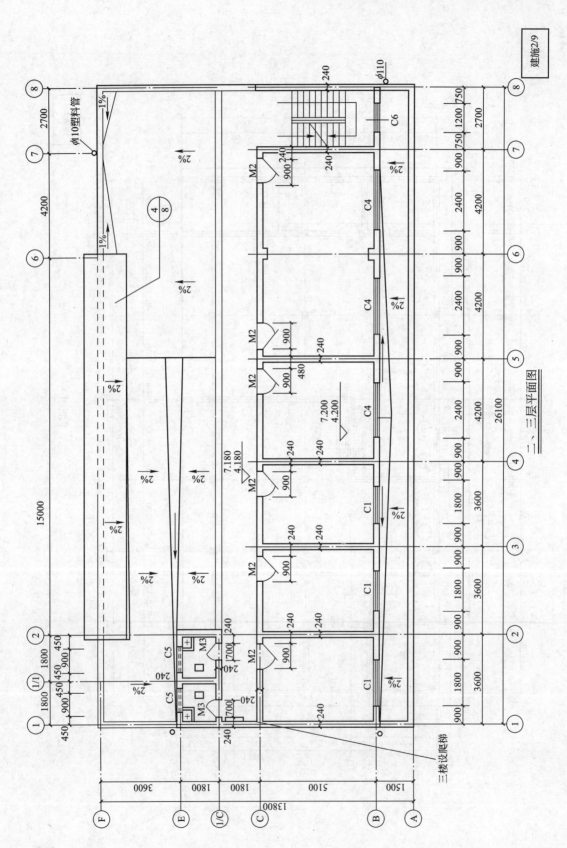

二、三层平面图

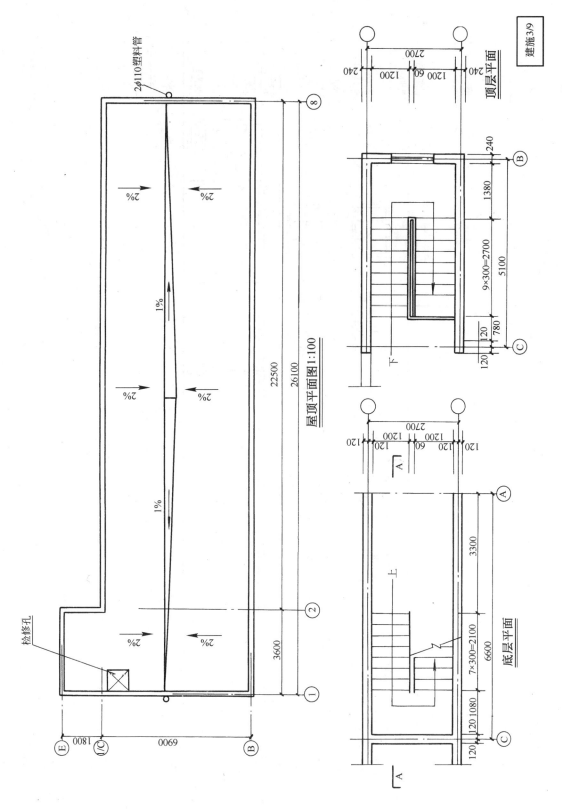

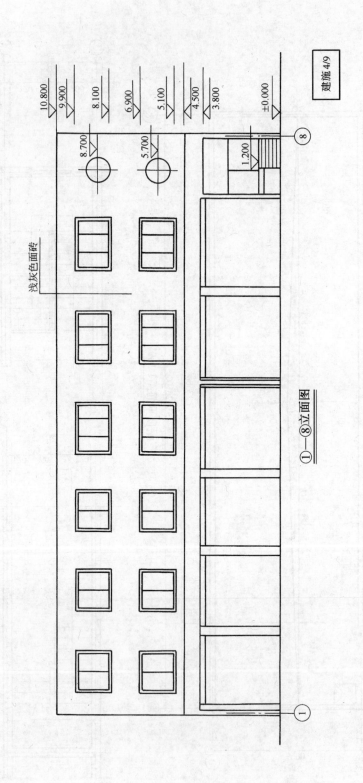

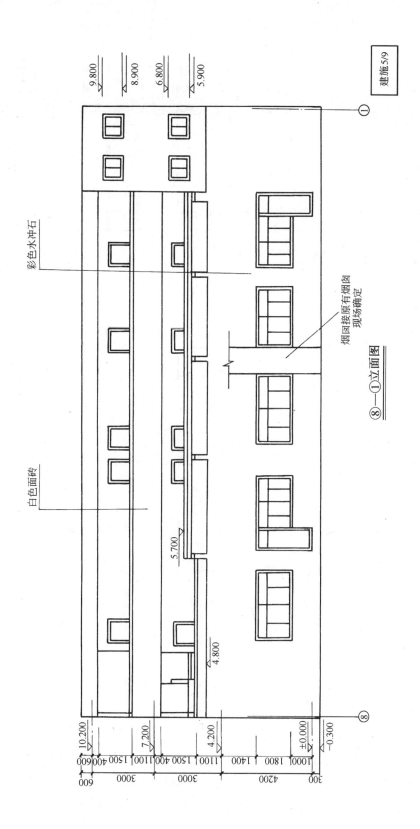

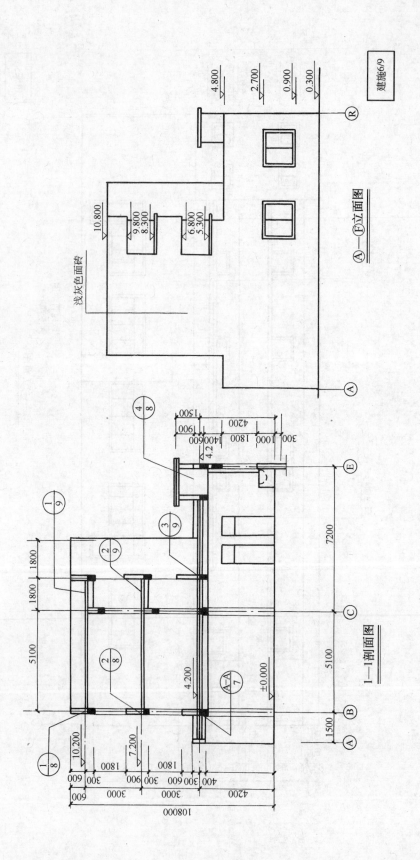

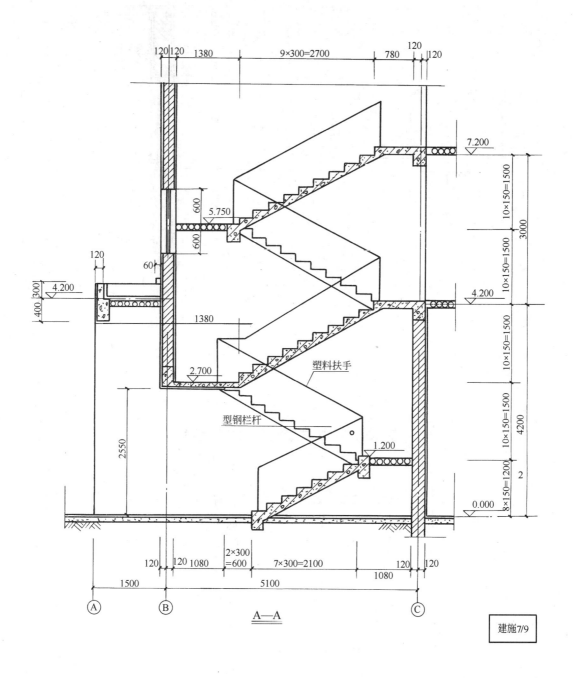

A—A

建施7/9

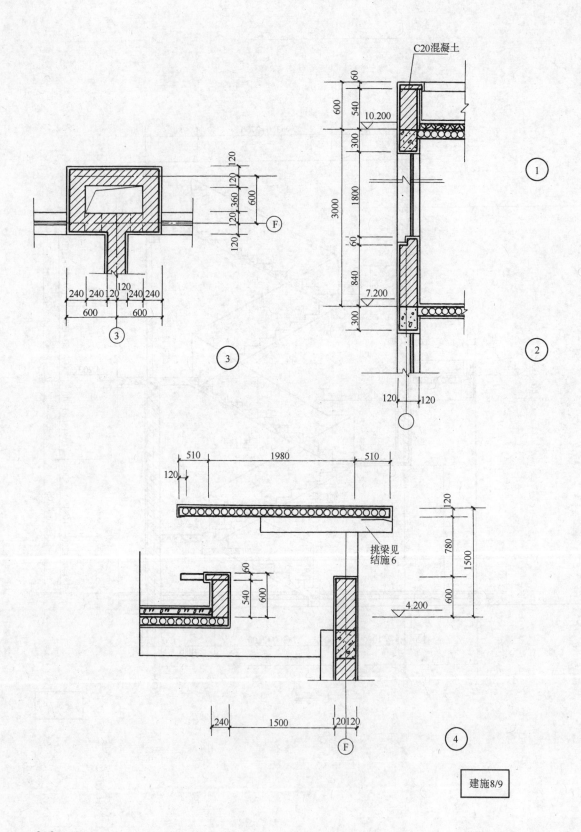

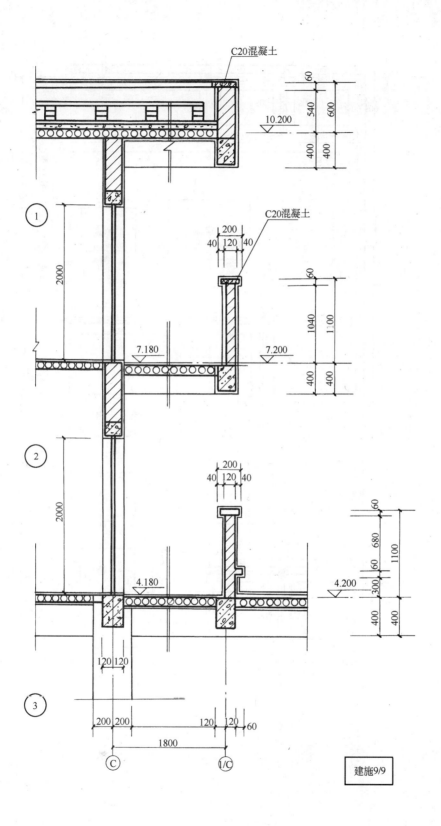

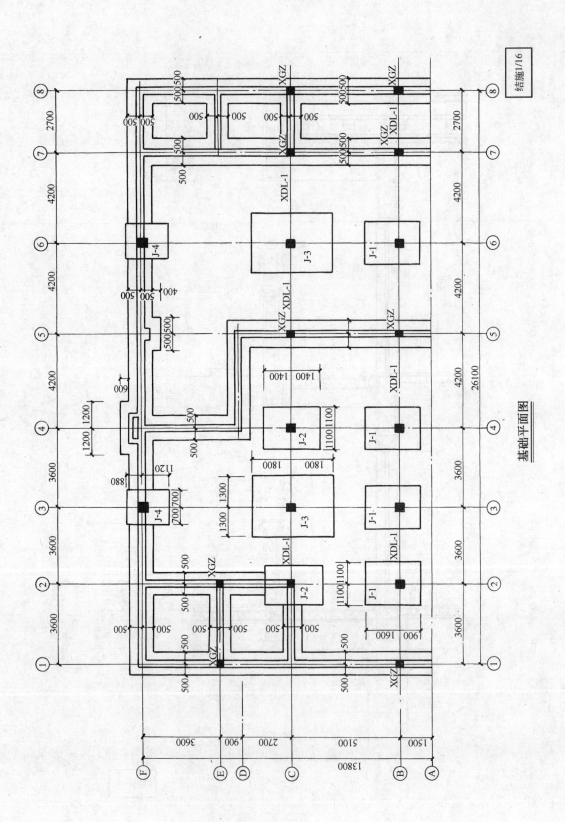

基础平面图

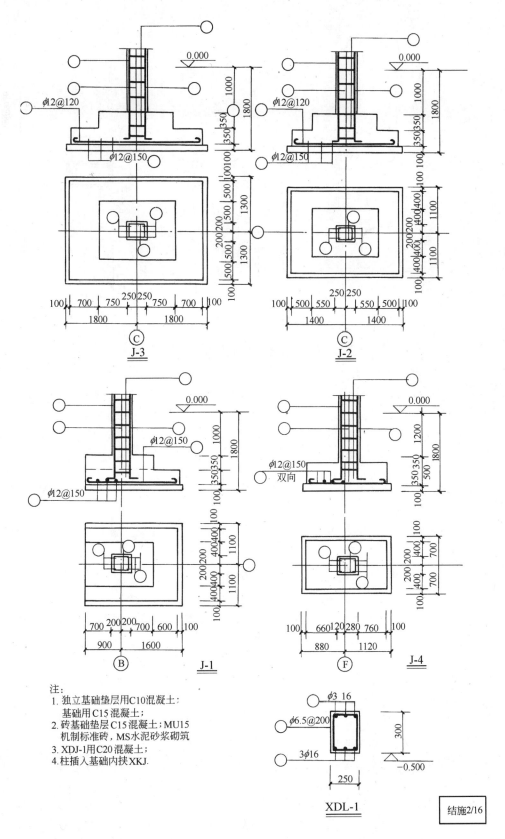

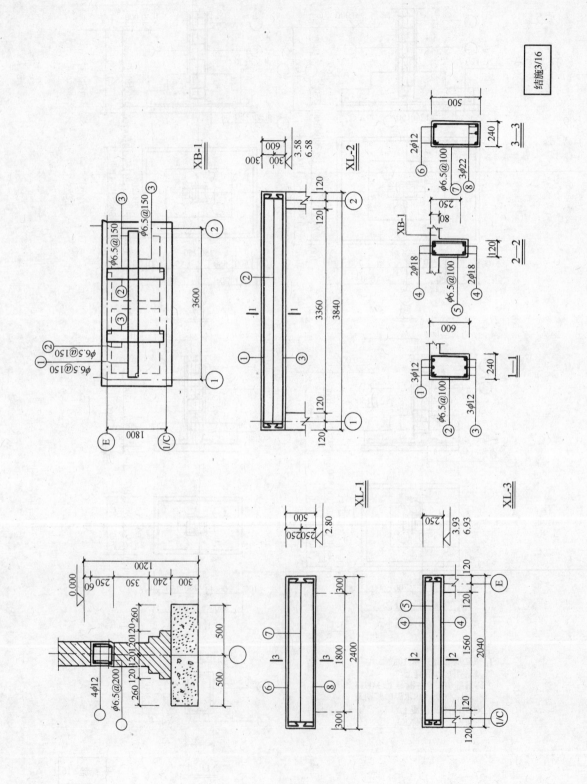

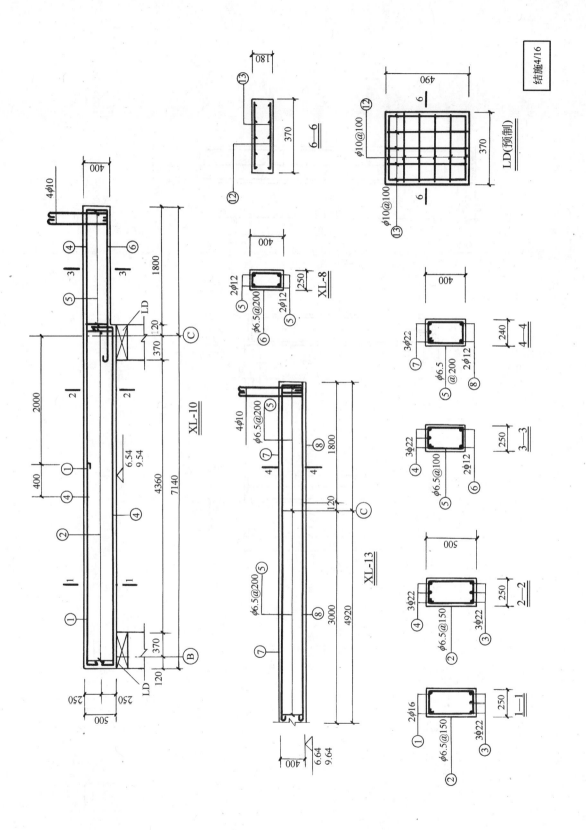

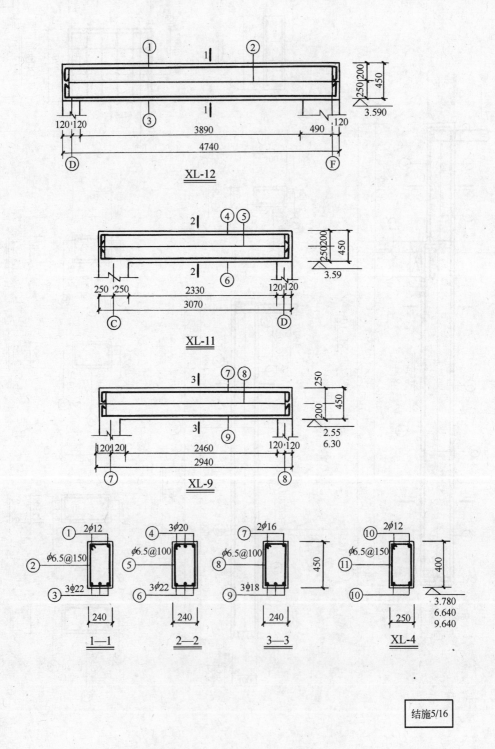

结施5/16

214

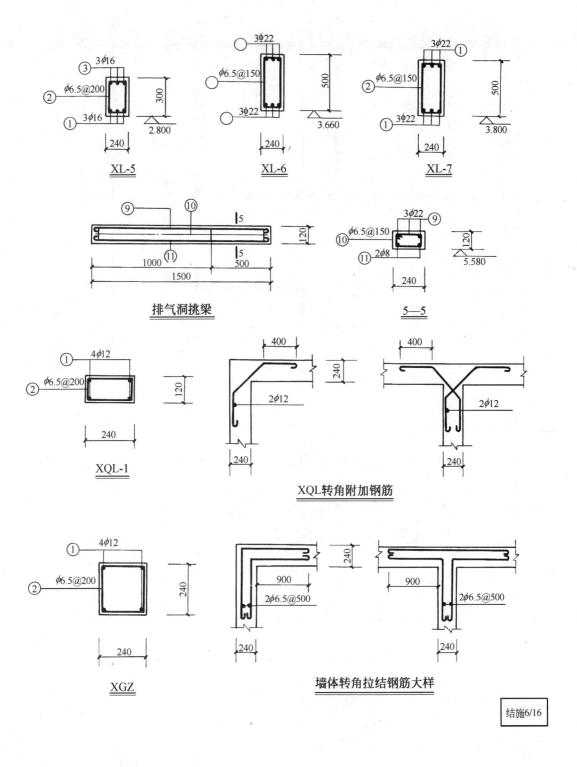

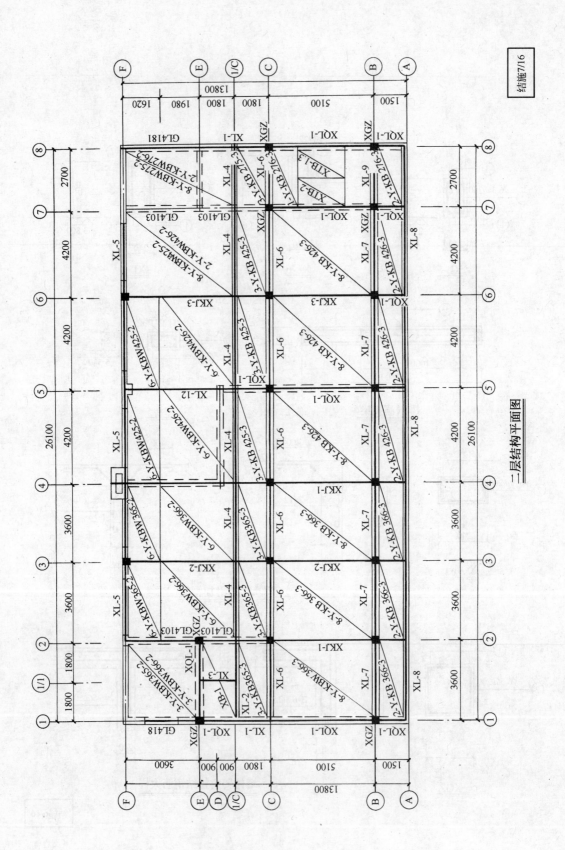

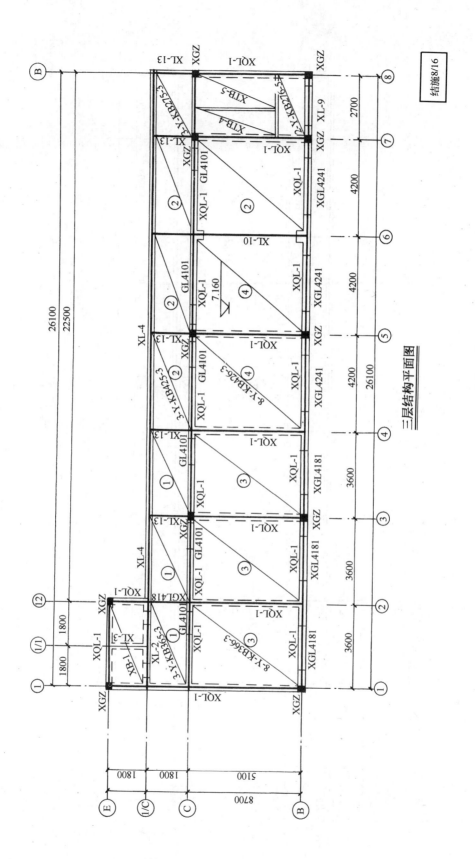

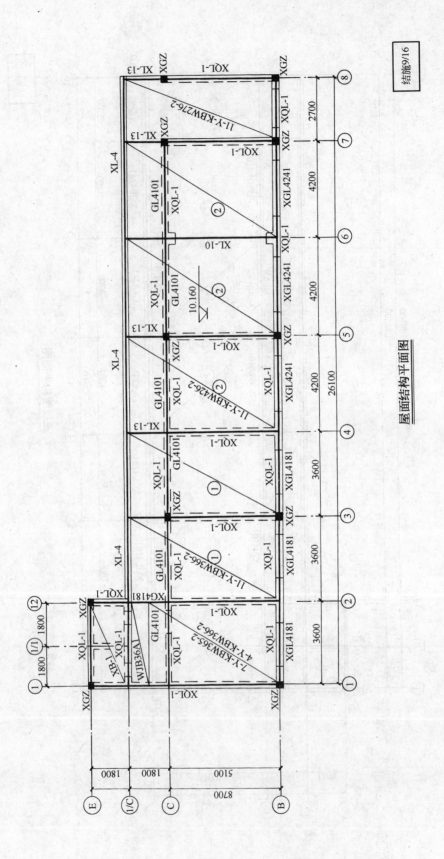

屋面结构平面图

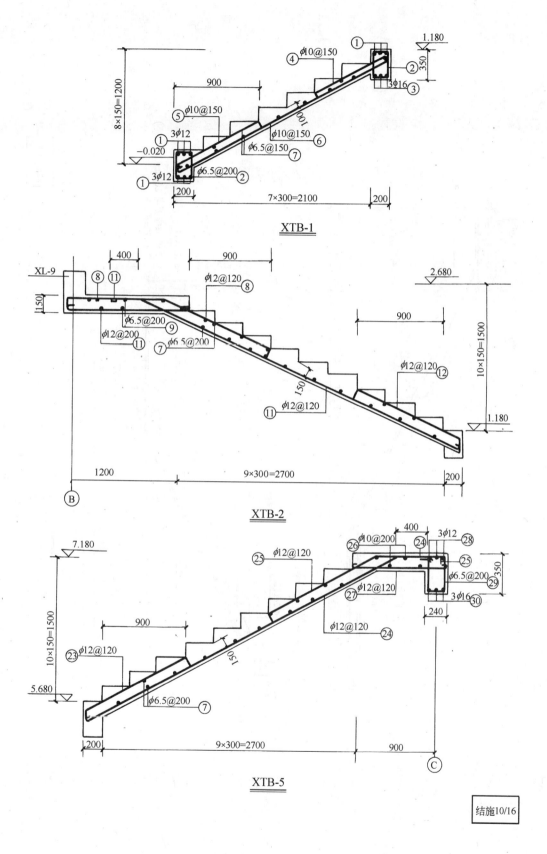

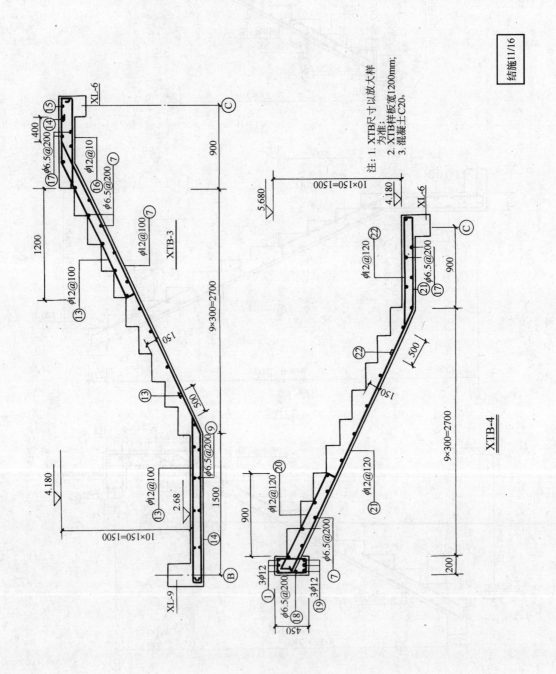

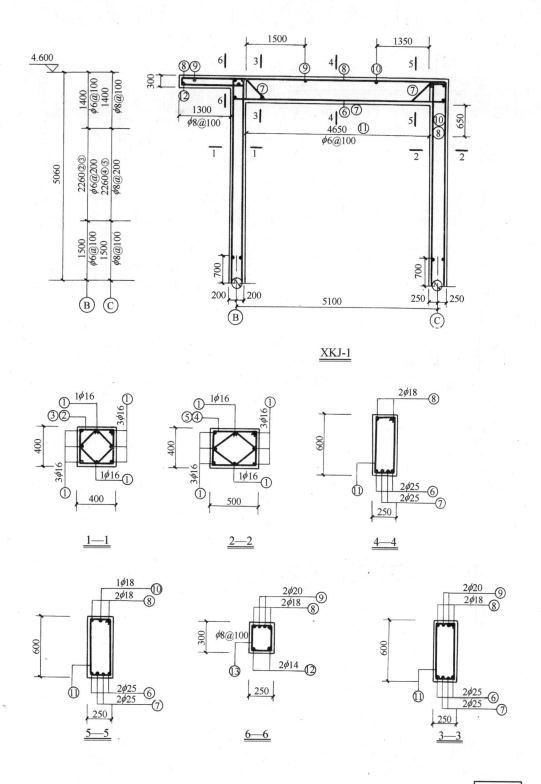

結施12/16

221

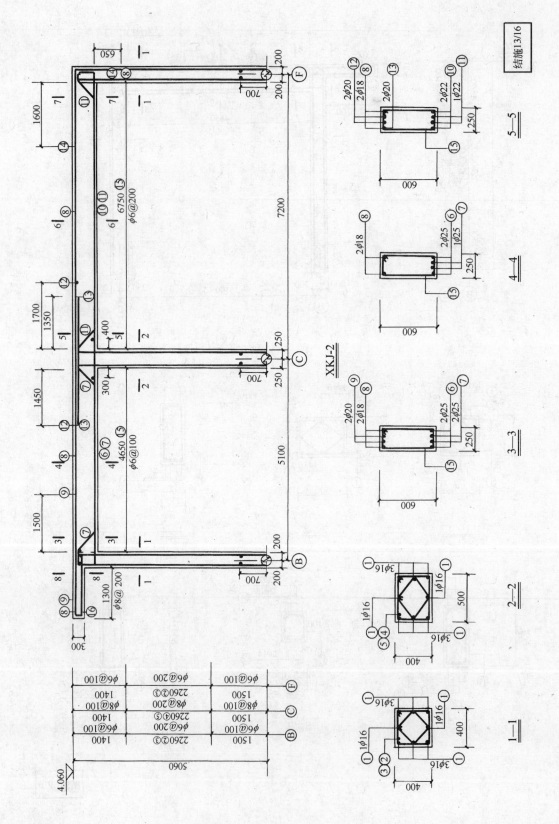

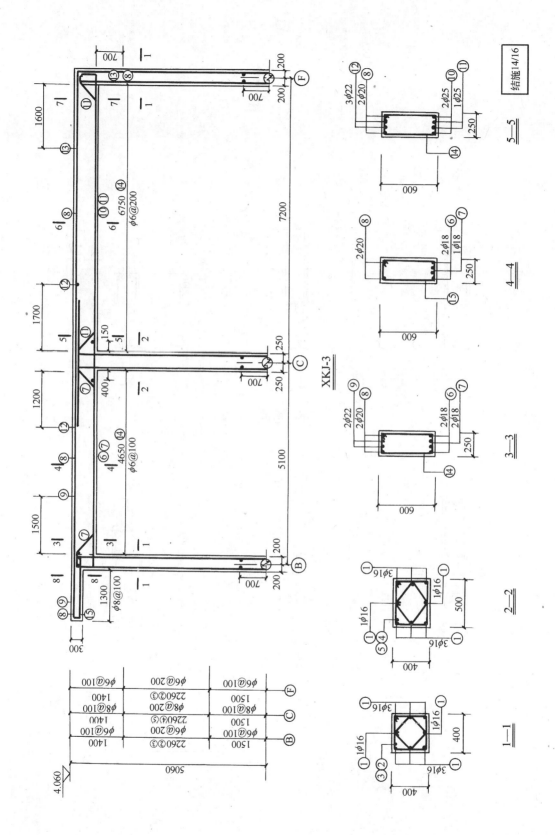

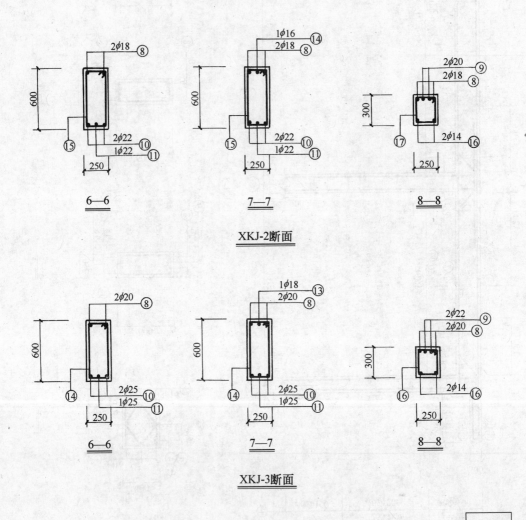

XKJ-1柱钢筋表

编号	钢筋简图	规格	长度	根数	重量
①	5130 (350, 100)	φ16	5230	16	132
②	350	φ6	1640	40	15
③		φ6	1230	40	11
④	450	φ8	1840	40	29
⑤		φ8	1390	40	22

XKJ-1梁钢筋表

编号	钢筋简图	规格	长度	根数	重量
⑥	5410 (570)	φ25	6450	2	50
⑦	700 3560 700 500 (470, 250)	φ25	5970	2	46
⑧	6790 (250)	φ18	8260	2	33
⑨	3170	φ20	3420	2	17
⑩	1820 (1220)	φ18	3040	1	6
⑪	550 (1220)	φ6	1740	46	18
⑫	1660 (200)	φ14	1660	2	4
⑬	250 (200)	φ8	1060	14	6

XKJ-2柱钢筋表

编号	钢筋简图	规格	长度	根数	重量
①	5130 (350, 100)	φ16	5230	24	198
②	350	φ6	1640	80	29
③		φ6	1230	80	22
④	450	φ8	1840	40	29
⑤		φ8	1390	40	22

XKJ-2梁钢筋表

编号	钢筋简图	规格	长度	根数	重量
⑥	5880 (570)	φ25	6450	2	50
⑦	700 3560 700 500 (500, 250)	φ25	5970	1	23
⑧	13940 (250)	φ18	15410	2	62
⑨	3170	φ20	3420	2	17
⑩	7880 (470)	φ22	8350	2	50
⑪	440 5660 700 100 (440, 1220)	φ22	7950	1	24
⑫	3650	φ20	3650	2	18
⑬	3300	φ20	3330	2	16
⑭	1970 (1220)	φ16	3190	1	5
⑮	550 (200)	φ6	1740	113	44
⑯	1660	φ14	1660	2	4
⑰	250 (200)	φ8	1060	14	6

XKJ-3柱钢筋表

编号	钢筋简图	规格	长度	根数	重量
①	5130 (350, 100)	φ16	5230	24	198
②	350	φ6	1640	80	29
③		φ6	1230	80	22
④	450	φ8	1840	40	29
⑤		φ8	1390	40	22

XKJ-3梁钢筋表

编号	钢筋简图	规格	长度	根数	重量
⑥	5630 (320)	φ18	5950	2	24
⑦	360 3560 700 360 (250)	φ18	5690	1	11
⑧	13940 (250)	φ20	15460	2	76
⑨	2870 (570)	φ22	3120	2	19
⑩	7980	φ25	8550	2	66
⑪	700 5660 700 500 (1270)	φ25	8070	1	31
⑫	3400	φ22	3400	3	30
⑬	1970 (1270)	φ18	3240	1	6
⑭	550 (200)	φ6	1740	113	44
⑮	1660	φ14	1660	2	4
⑯	250 (200)	φ8	1060	14	6

第二节 基数计算

基数计算表

单位工程名称：××食堂　　　　　　　　　　　　　　　　　　　　　　　　　　　　　表19-3

序号	基数名称	代号	图号	墙体种类、部位	墙高/m	墙厚/m	单位	数量	计　算　式
1	外墙中线长	$L_{中底}$			4.26	0.24	m	53.70	墙高：$L_{中底}$，$L_{内底}$：4.20+0.06=4.26 ①、⑧轴 ⑪⑮轴 $L_{中底}$：13.8×2+26.10=53.70
		$L_{中楼}$			3.00	0.24	m	45.42	ⓑ~⑧ ①、⑧ ⓑ~ⓔ ①~② $L_{中楼}$：26.10+(5.10+1.80×2)+3.60 ②~ⓓ ⑧ ⓑ~ⓒ +1.80+(5.1+0.12) =26.10+8.70+3.60+1.80+5.22=45.42
2	内墙净长线	$L_{内底}$			4.26	0.24	m	49.95	$L_{内底}$：$(2.70+0.9+3.6-0.12-\dfrac{0.50}{2})$+(3.60-0.12-0.20) ⓒ、①~ⓕ　　　　　②　　　　　②~⑤ +(3.60-0.24)+(0.90+3.60-0.12)+4.20 ⓔ~ⓑ　④　　ⓓ~ⓕ　④~⑤ +(1.5+5.1+2.7)+(13.80-0.12)+(2.70-0.24)×2 ⑤~ⓓ (A)~ⓓ ①~②　⑦~⑧ =6.83+3.28+3.36+4.38+4.20+9.30+13.68+4.92=49.95
		$L_{内楼24}$			3.00	0.24	m	51.18	ⓒ~⑦ ①~② ②、③、④、⑤、ⓑ~ⓒ $L_{内楼24}$：(26.10-2.70-0.12)+(3.60-0.12)+(5.10-0.24)×4 ⑦~ⓒ +(5.10-0.12)=23.28+3.48+19.44+4.98=51.18
		$L_{内楼12}$			2.92	0.115	m	1.56	ⓑ、ⓒ~ⓔ 1.80-0.24=1.56
3	外墙外边周长	$L_{外}$					m	54.18	$L_{外}$：(13.80+0.12)×2+26.10+0.24=54.18
4	底层建筑面积	$S_{底}$					m²	366.65	$S_{底}$：(26.10+0.24)×(13.80+0.12)=366.65
5	全部建筑面积	S					m²	756.61	$S_{底}$=366.65m² $S_{楼}$：[26.34×(5.10+1.80+0.24)+(3.60+0.24)×1.80]×2层 =(188.07+6.91)×2=389.96 全部建筑面积：366.65+389.96=756.61

第三节 门窗明细表计算

门窗明细表

表 19-4

单位工程名称：××食堂

序号	脱窗(孔洞)名称	代号	所在图号	框扇断面/cm² 框	框扇断面/cm² 扇	洞口尺寸/mm 宽	洞口尺寸/mm 高	樘数	面积/m² 每樘	面积/m² 小计	$L_{中}$	$L_{内}$	所在部位
1	全板夹板门	M1				900	2700	4	2.43	9.72	$\frac{4}{9.72}$		
2	全板夹板门	M2				900	2000	12	1.80	21.60		$\frac{12}{21.60}$	
3	百页夹板门	M3				700	2000	4	1.40	5.60		$\frac{4}{5.60}$	
4	钢门带窗	MC1				2.70×2.80 2700	-1.8×1.0 2800	1	5.76	5.76	$\frac{1}{5.76}$		
5	钢门带窗	MC2				3.30×2.8 3300	-2.4×1.0 2800	1	6.84	6.84	$\frac{1}{6.84}$		
	门 小 计									49.52	22.32	27.20	
6	铝合金推拉窗	C1				1800	1800	10	3.24	32.4	$\frac{10}{32.4}$		
7	钢平开窗	C2				2400	1800	1	4.32	4.32	$\frac{1}{4.32}$		
8	钢平开窗	C3				3000	1800	2	5.40	10.80	$\frac{2}{10.80}$		
9	铝合金推拉窗	C4				2400	1800	6	4.32	25.92	$\frac{6}{25.92}$		
10	铝合金推拉窗	C5				900	900	4	0.81	3.24	$\frac{4}{3.24}$		
11	铝合金圆形固定窗	C6				φ1200		2	1.13	2.26	$\frac{2}{2.26}$		
	窗 小 计									78.94	78.94		
	合 计									128.46			

第四节 钢筋混凝土圈、过、挑梁明细表计算

钢筋混凝土圈、过、挑梁明细表

表19-5

单位工程名称：××食堂

序号	名称	代号	所在图号	构件尺寸及计算式/m	件数	体积/m³ 单位	体积/m³ 小计	所在部位
1	C20钢筋混凝土地圈梁			$L_{中底}$ ③⑥轴柱 构造柱 $(53.70+49.95-0.40\times2-0.24\times9)\times0.24\times0.25$ $L_{内底}$ $=(103.65-2.96)\times0.24\times0.25$ $=100.69\times0.24\times0.25=6.04$ 垛增加：$0.37\times0.49\times0.25=0.05$ ⎫6.09			6.09	
2	C20钢筋混凝土底层圈梁	QL1		①轴 Ⓐ轴梁头 ②轴 构造柱 $\left[(13.80-0.25-0.24\times2)+\left(7.20-\dfrac{0.50}{2}-0.24\right)\right.$ Ⓔ轴 ④⑤⑦⑧轴 构造柱 Ⓐ轴梁头 $+(3.60+2.70)+(13.80\times3-0.24\times6-0.25\times3$ ④轴头 Ⓔ轴 Ⓓ轴 $\left.+0.12)+(3.60-0.24+2.70-0.24)+4.20\right]$ $\times0.24\times0.12$ $=(13.07+6.71+6.30+39.33+5.82+4.20)\times0.0288$ $=75.43\times0.0288$ $=2.17$			2.17	

底层圈梁布置示意图

续表

序号	名称	代号	所在图号	构件尺寸及计算式/m	件数	体积/m³		所在部位			
						单位	小计				
2	C20钢筋混凝土二层圈梁	QL1		①、②轴 [(5.10+3.60)×2-1.80　构造柱　③、④、⑤轴 +(5.10-0.12×2)+(5.10-0.24)×3 ⑦轴　构造柱　⑧轴　构造柱 +(5.10-0.12×2)+(5.10-0.12×2)+(3.60-0.12×2) ⓒ轴　构造柱 +(3.60-0.24)+(3.60-0.24+19.8-0.12-0.24×2-0.12) Ⓑ轴　构造柱 +(3.60-0.12+19.8-0.24×2-0.12+2.7 构造柱 -0.12×2)]×0.24×0.12 =(15.12+14.58+4.86+4.86+3.36+22.44+25.02) ×0.24×0.12 =93.6×0.24×0.12 =2.70			2.70				

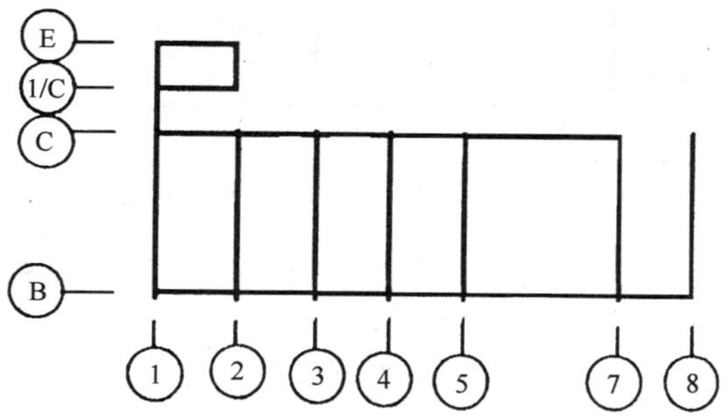

二层圈梁布置示意图

续表

序号	名称	代号	所在图号	构件尺寸及计算式/m	件数	体积/m³ 单位	体积/m³ 小计	所在部位	
2	C20钢筋混凝土三层圈梁	QL1		三层 ⓒ⑥轴 2.70+(3.60-0.24)×0.24×0.12 =2.70+0.10 =2.80m³ 三层圈梁布置示意图 扣除XL-13代圈梁体积：3.12×0.24×0.12×10(根) =0.90 圈梁小计：13.58m³-0.90m³=12.68m³			2.80		
3	现浇钢筋混凝土挑梁	XL-13		3.12×0.24×0.4×10(根)=3.00					
4	排气洞挑梁	墙内部分		5Ⓐ 1.0×0.24×0.12=0.14					
5	C20钢筋混凝土过梁		川 91G310	GL4181 0.099m³×10(根)=0.99m³ GL4103 0.043m³×4(根)=0.172m³ GL4101 0.043m³×12(根)=0.516m³ GL4241 0.167m³×6(根)=1.002m³ 小计：2.68m³			2.68		

第五节　工程量计算

工程量计算表

表 19-6

单位工程名称：××食堂

序号	定额编号	分项工程名称	单位	工程量	计　算　式
1	1-48	人工平整场地	m^2	483.01	$(26.10+0.24+2.0\times2)\times(13.80+0.12+2.0)$ $=30.34\times15.92=483.01$
2	1-8	人工挖地槽	m^3	132.09	槽宽/m：$0.50\times2+0.30\times2=1.60$ 槽长/m：$13.80\times2+[26.10-(1.40+0.60)\times2]+\left(2.70+0.90+3.60-\dfrac{1.60}{2}-\dfrac{3.40}{2}\right)$ ⑧⑪轴　②轴 　　　　　　　　　　　　　　　　　ⓔ轴 　$+(3.60-1.60)+\left(3.60-\dfrac{1.60}{2}-\dfrac{2.80}{2}\right)+\left(13.80-\dfrac{1.60}{2}+4.20\right)$ ④、ⓓ、⑤轴 　　　　　　　　　　　　ⓒ、ⓔ轴 　$+\left(13.80-\dfrac{1.60}{2}\right)+\left(2.70-1.60\right)\times2$ ⑦轴 　$=27.60+22.10+4.70+2.0+1.40+17.20+13.0+2.20$ 　$=90.20$ 槽深/m：$1.20-0.30=0.90$ V槽：$90.20\times1.60\times0.90=129.89$ 烟囱、垛增加：$[(2.4+0.6)\times0.6+(1.0+0.6)\times0.4]\times0.9=2.20$ } $132.09 m^3$
3		人工挖地坑	m^3	138.48	J-1 　$4@(2.50+2\times0.3)\times(2.20+2\times0.30)\times(1.80-0.30)$ 　$=4@3.10\times2.80\times1.50$ 　$=4@13.02=52.08$ J-2 　$2@(2.80+0.60)\times(2.20+0.60)\times1.50$ 　$=2@3.40\times2.80\times1.50$ 　$=2@14.28=28.56$

续表

序号	定额编号	分项工程名称	单位	工程量	计 算 式
3		人工挖地坑	m³	138.48	J-3 2@(3.80+0.60)×(2.60+0.60)×1.50 =2@4.40×3.20×1.50 =2@21.12=42.24 J-4 2@(2.0+0.60)×(1.40+0.60)×1.50 =2@2.60×2.0×1.50 =2@7.80=15.60 小计：138.48m³
4	8-16	C10混凝土基础垫层	m³	5.86	V：(4×2.50×2.20+2×2.80×2.20+2×2.60+2×2.0×1.40)×0.10 =58.64×0.10 =5.86
5	8-16换	C15混凝土砖基础垫层	m³	28.95	垫层长/m：$\overset{①⑧轴}{(13.80×2)}+\overset{Ⓔ轴}{(26.10-1.20×2)}+\overset{柱基}{(3.60-\frac{1.20}{2}-\frac{1.0}{2})}+\overset{②轴}{(2.70+0.9+3.60-\frac{1.0}{2})}$ $+(3.60-1.0)+(\overset{ⒸⒺ轴}{2.70}-1.0)+\overset{④Ⓓ⑤轴}{(13.80+4.20-\frac{1.0}{2})}+\overset{⑦轴}{(13.80}$ $-\frac{1.0}{2})+(\overset{Ⓔ轴}{2.70}-1.0)×2$ =27.60+23.70+5.90+2.60+2.50+17.50+13.30+3.40 =96.50 V=96.50m×1.0m×0.30m=28.95m³
6	5-396换	现浇C15钢筋混凝土独立基础	m³	24.55	J-1 4@(2.40×2.0+1.80×1.20)×0.35 =4@1.68+0.756 =4@2.436=9.74

232

续表

序号	定额编号	分项工程名称	单位	工程量	计 算 式
6	5-396换	现浇C15钢筋混凝土独立基础	m³	24.55	J-2 2@(2.60×2.0+1.60×1.20)×0.35 =2@1.82+0.672 =2@2.492=4.98 J-3 2@(3.40×2.40+2.0×1.40)×0.35 =2@2.856+0.98 =2@3.836=7.67 J-4 2@1.80×1.20×0.50 =2@1.08=2.16 小计：24.55m³
7	5-403换	砖基础内C20混凝土构造柱（从垫层上至-0.31处）	m³	0.40	一字形　　　T形 5×0.59×(0.24×0.30+4×0.59×(0.24×0.30+0.24×0.03) =5×0.04248+4×0.59×0.0792 =0.40
8	4-1	M5水泥砂浆砌砖基础	m³	21.02	$L_{中底}$　柱　　烟囱 V: (53.70-0.40×2+49.95+(0.60-0.12)×2+1.20-0.24) 　　　　　　　　　梁 ×(0.65×0.24+6×0.007875)+0.37×0.49×0.65-0.53 =104.77×0.2033+0.118-0.40 =21.30+0.118-0.40 =21.02
9	5-405换	现浇C20钢筋混凝土基础梁	m³	3.15	基础梁长/m：　　Ⓑ轴　两头　柱　　构造柱　Ⓒ轴　　②轴构造柱 (26.10-0.24-0.40×4-0.24)+(26.10-3.60-2.70-0.20-0.12 　　柱　　构造柱 -0.40×3-0.24)=24.02+18.04 =42.06 V=42.06m×0.25m×0.30m=3.15m³

233

续表

序号	定额编号	分项工程名称	单位	工程量	计 算 式
10	5-409换	现浇C20钢筋混凝土过梁	m³	2.68	川91G310标准图：XGL4181 0.099m³×10(根)＝0.99m³ XGL4103 0.043m³×4(根)＝0.172m³ XGL4101 0.043m³×12(根)＝0.516m³ } 2.68m³ XGL4241 0.167m³×6(根)＝1.002m³
11	5-417	现浇C20钢筋混凝土有梁板	m³	2.27	XB-1 2a(1.80+0.12−0.12)×(3.60+0.24)×0.08＝2a0.55＝1.10 XL-2 2a3.84×0.24×0.60＝2a0.553＝1.11 XL-3 $\lceil$−0.17 2a1.56×0.12×(0.25−0.08)＝2a0.032＝0.06 小计：2.27m³
12	5-406换	现浇C20钢筋混凝土梁	m³	21.56	XL-1 2a2.40×0.24×0.50＝2a0.288＝0.58 XL-4 梁头重复部分 [(26.10−3.60+0.24)×0.25×0.40−0.24×0.25×0.24]×3根 ＝(2.274−0.014)×3＝6.78 XL-5 柱 (3.60×2+4.20×3+0.24−0.40×2)×0.24×0.30＝1.39 XL-6 Ⓒ轴 构造柱 (26.10+0.24−0.24×3−0.40×4)×0.24×0.50 ＝24.02×0.24×0.50 ＝2.88

续表

序号	定额编号	分项工程名称	单位	工程量	计 算 式
12	5-406 换	现浇 C20 钢筋混凝土梁	m³	21.56	XL-7 Ⓑ轴　　　构造柱　　柱 (26.10−2.70−0.24×2−0.40×4)×0.24×0.50 =21.32×0.24×0.50 =2.56 XL-8 (26.10+0.24)×0.25×0.40=2.63 XL-9 2@2.94×0.24×0.45=2@0.318=0.64 XL-10 2@(4.36+0.37×2+0.12×2)×0.25×0.50+1.80×0.25×0.40 =2@0.668+0.18=1.70 XL-11 3.07×0.24×0.45=0.33 XL-12 4.74×0.24×0.45=0.51 XL-13(挑出墙部分) 扣与 XLⒸ4 接头 10@(1.80−0.25)×0.24×0.40 =10@0.149=1.49 排气洞挑梁(挑出墙部分) 5@0.50×0.24×0.12=0.07 小计：21.56m³
13	5-403 换	现浇 C20 钢筋混凝土构造柱	m³	7.88	−0.31~4.20 标高 一字形：5@0.24×0.30×4.51=1.62 T形：4@(0.24×0.30+0.24×0.03)×4.51=1.43 直角：5@0.24×0.30×5.88=2.12 4.20~10.08 标高 } 3.05m³

续表

序号	定额编号	分项工程名称	单位	工程量	计 算 式
13	5-403换	现浇 C20 钢筋混凝土构造柱	m³	7.88	T形：5@(0.24×0.30+0.24×0.03)×5.88=2.33 端头：1@(0.24×0.27)×5.88=0.38 小计：7.88m³
14	5-421	现浇 C20 钢筋混凝土整体楼梯	m²	24.36	XTB-1 (2.10+0.20)×1.20=2.76 XTB-2, 3 (5.10-0.24)×(2.7-0.24)=11.96 XTB-4, 5 (2.70+0.20+0.78+0.24)×(2.7-0.24)=9.64 小计：24.36m²
15	5-419	现浇 C20 钢筋混凝土平板	m³	0.52	XB-1 1@1.80×3.60×0.08=0.52
16	5-408换	现浇 C20 钢筋混凝土地圈梁	m³	6.09	$L_{中底}$ $L_{内底}$ ③⑥轴头 构造柱 (53.70+49.95-0.40×2-0.24×9)×0.24×0.25 =(103.65-2.96)×0.24×0.25 =100.69×0.24×0.25=6.04 } 6.09m³ 垛增加：0.37×0.49×0.25=0.05
17	5-408换	现浇 C20 钢筋混凝土圈梁	m³	9.91	底层：①轴 ④轴梁头 构造柱 ②轴 柱 构造柱 Ⓔ轴 $\left[(13.80-0.25-0.24\times2)+\left(7.20-\dfrac{5.0}{2}-0.24\right)+(3.60+2.70)\right.$ ④⑤⑦⑧轴 构造柱 ④轴梁头 ④轴头 Ⓔ轴 $+(13.80\times3-0.24\times6-0.25\times3+0.12)+(3.60-0.24+2.70-0.24)+4.20]$ ×0.24×0.12 =(13.07+6.71+6.30+39.33+5.82+4.20)×0.0288 =75.43×0.0288 =2.17m³

236

续表

序号	定额编号	分项工程名称	单位	工程量	计 算 式
17	5-408 换	现浇 C20 钢筋混凝土圈梁	m³	9.91	二层： [(5.10+3.60)×2－1.80－0.12柱×4＋(5.10－0.24)×3＋(5.10－0.12×2)①②轴　　　　　　缺口　构柱　　③④⑤轴　　　　⑦轴 ＋(5.10－0.12×2)＋(3.60－0.12×2)＋(3.60－0.24)＋(3.60－0.24＋19.80－0.12－0.24 ⑧轴　构造柱　　　⑧轴　构造柱　　　ⓒ轴　　　　　　　　构造柱 ×2－0.12)＋(3.60－0.12－0.24×2－0.12＋2.70－0.12×2)]×0.24×0.12 ⑧轴　　　　构造柱 ＝(15.12＋14.58＋4.86＋4.86＋3.36＋22.44＋25.02)×0.24×0.12 ＝93.6×0.24×0.12 ＝2.70 三层： 　　ⓒ轴 2.70＋(3.60－0.24)×0.24×0.12 ＝2.70＋0.10 ＝2.80 扣除 XL-13 代圈梁体积：3.12m×0.24m×0.12m×10(根)＝0.90m³(－) XL-13 在墙内部分按圈梁计算：3.12m×0.24m×0.40m×10(根)＝3.00m³ 排气洞挑梁在墙内部分算圈梁：1.0m×0.24m×0.12m×5(根)＝0.14m³ 圈梁小计：9.91m³
18	5-401	现浇 C25 钢筋混凝土框架柱	m³	8.97	KJ1　2@(0.40×0.40＋0.40×0.50)×5.06 　　　＝2@1.822＝3.64 KJ2 }　2@[0.40×0.40×5.06＋0.40×0.40×(5.06＋0.20)＋0.40×0.50×5.06] KJ3 　　　＝2@2.663 　　　＝5.33 小计：8.97m³

续表

序号	定额编号	分项工程名称	单位	工程量	计 算 式
19	5-406	现浇C25钢筋混凝土框架梁	m³	5.21	KJ1 2@4.65×0.60×0.25+1.30×0.25×0.30 =2@0.795=1.59 KJ2、3 2@(4.65+6.75)×0.60×0.25+1.30×0.25×0.30 =2@1.71+0.10 =3.62 小计：5.21m³
20	5-426	现浇C20混凝土走廊栏板扶手	m³	0.58	(26.10−3.60−0.12+1.80−0.12)×0.06×0.20×2道 =24.06×0.06×0.20×2 =0.58
21	5-432	现浇女儿墙压顶	m³	1.703	三楼屋面：(6.90+1.80+26.10)×2×0.0165=1.148 =69.60×0.0165=1.148 一楼屋面：(3.60−0.12+26.10−5×0.24+3.60+1.80−0.12) ×$\frac{0.05+0.06}{2}$×0.30 =33.66×0.0165=0.555 小计：1.703m³
22	5-453	C25钢筋混凝土预应力空心板制作	m³	48.96	(按标准图计算) 空心板型号　数量　混凝土体积($\frac{单位体积}{小计}$)　钢筋($\frac{单位重量}{小计}$) YKBW-3652　22　$\frac{0.126}{2.772}$　$\frac{6.66}{146.52}$ YKBW-3662　41　$\frac{0.153}{6.273}$　$\frac{7.83}{321.03}$ YKBW-4252　24　$\frac{0.147}{3.528}$　$\frac{12.72}{305.28}$ YKBW-4262　47　$\frac{0.178}{8.366}$　$\frac{14.83}{697.01}$ YKBW-2752　8　$\frac{0.094}{0.752}$　$\frac{2.88}{23.04}$

续表

序号	定额编号	分项工程名称	单位	工程量	计算式			
								钢筋（单位重量/小计）
							混凝土体积（单位体积/小计）	
					空心板型号	数量		
22	5-453	C25钢筋混凝土预应力空心板制作	m³	48.96	（按标准图计算）			
					YKBW-2762	23	$\frac{0.114}{2.622}$	$\frac{3.50}{80.50}$
					YKB-3653	18	$\frac{0.126}{2.268}$	$\frac{4.80}{86.40}$
					YKB-4253	18	$\frac{0.147}{2.646}$	$\frac{9.95}{179.10}$
					YKB-3663	54	$\frac{0.153}{8.262}$	$\frac{5.97}{322.38}$
					YKB-2753	6	$\frac{0.094}{0.564}$	$\frac{2.88}{17.280}$
					YKB-4263	54	$\frac{0.178}{9.612}$	$\frac{11.77}{635.58}$
					YKB-2763	5	$\frac{0.114}{0.570}$	$\frac{3.50}{17.50}$
					小计：		48.235	2831.62
					制作工程量：48.235×1.015*=48.96m³			
23	5-454换	预制C20钢筋混凝土槽形板	m³	0.21	WJB-36A₁ 0.209m³/块×1.015*=0.21m³			
24	6-8	空心板、槽板运输(25km)	m³	49.08	(48.24m³+0.21m³)×1.013*=49.08m³			
25	6-330	空心板安装	m³	48.48	48.24m³×1.005*=48.48m³			
26	6-305	槽形板安装	m³	0.21	0.21m³×1.005*=0.21m³			
27	5-467	C20混凝土屋面架空隔热板	m³	4.26	块数统计(块尺寸600×600) A区： 宽度上块数(3.60-0.24)÷0.50≈5(块) 长度上块数(6.90+1.80-0.24)÷0.60≈14(块) 块数小计：5×14=70(块)			

（图示：A区 B区）

续表

序号	定额编号	分项工程名称	单位	工程量	计算式
27	5-467	C20混凝土屋面架空隔热板 A区 ┆ B区 架空隔热板尺寸： 595×595×25 φ64钢筋4根双向	m³	4.28	B区： 宽度上块数(6.90−0.24)÷0.60≈11(块) 长度上块数(22.50÷0.60≈37(块) 块数小计：11×37=407(块) 屋面隔热板面积/m²：(70+407)×0.60×0.60=171.72 V：477×0.595×0.595×0.025=4.22(净) 制作工程量=4.22m³×1.015*=4.28m³
28	6-37	架空隔热板运输	m³	4.25	V=4.20m³×1.013*=4.25m³
29	6-371	架空隔热板安装	m³	4.22	V=4.20m³×1.005*=4.22m³
30	5-17	现浇独立基础模板（含垫层）	m²	48.02	J-1 4@(2.50+2.20)×2×0.10+[(2.50−0.1+2.20−0.20) ×2+(0.70+0.20)×2+(0.40+0.20)×2]×0.35 =4@5.07 =20.28 J-2 2@(2.80+2.20)×2×0.10+[(2.80−0.20+2.20−0.20) ×2+(0.55+0.25)×2+(0.40+0.20)×2]×0.35 =2@5.20 =10.40 J-3 2@(3.60+2.60)×2×0.10+[(3.60−0.20+2.60−0.20) ×2+(0.75+0.25)×2+(0.50+0.20)×2]×0.35 =2@6.49 =12.98 J-4 2@(2.0+1.40)×2×0.10+[(2.0−0.20+1.40−0.20)×0.50 =2@2.18 =4.36 小计：48.02m²

续表

序号	定额编号	分项工程名称	单位	工程量	计 算 式
31	5-58	现浇框梁柱模板	m³	83.55	KJ1 2@[(0.40+0.40)×2+(0.40+0.50)×2]×5.06−$\underbrace{(0.60×0.25×2+0.30×0.25)}_{\text{梁与柱连接面}}$ =2@17.20−0.375 =33.65 KJ2、3 2@(0.40+0.40)×2×5.06+(0.40+0.40)×2×(5.06+0.20)+(0.40+0.50)×2×5.06−$\underbrace{(0.60×0.25×4+0.30×0.25)}_{\text{扣梁与柱连接面}}$ =2@25.63−0.68 =49.90 小计：83.55m²
32	5-58	现浇构造柱模板	m²	74.35	砖基础内： 一字形：0.36×0.59×2(面)×5(根)=2.12 T形：(0.36×0.59+0.06×0.59)×4(根)=1.42 } 3.54m² 砖墙身内： 一字形：0.36×4.51×2(面)×5(根)=16.24 T形：(0.36×4.51+0.06×4.51)×4(根)=10.82 (0.36×5.88+0.06×5.88)×2(面)×5(根)=17.64 直角：(0.30×5.88+0.06×5.88)×2(面)×5(根)=21.17 端头：(0.30×5.88+0.24×5.88)×1(根)=4.94 小计：74.35m²
33	5-69	现浇基础梁模板	m²	35.75	42.06×(0.30×2+0.25)=35.75
34	5-77	现浇过梁模板	m²	34.02	XGL4181 10@2.30×0.18×2(面)+0.24×1.80=12.60 XGL4103 4@1.50×0.12×2(面)+0.24×1.0=2.40 XGL4101 12@1.50×0.12×2(面)+0.24×1.0=7.20 XGL4241 6@2.90×0.24×2(面)+0.24×2.40=11.82 小计：34.02m²

续表

序号	定额编号	分项工程名称	单位	工程量	计 算 式
35	5-82	现浇地圈梁模板	m²	50.66	100.69×0.25×2(面)=50.35 梁：(0.37×2+0.49)×0.25=0.31 } 50.66m²
36	5-82	现浇圈梁模板	m²	63.85	底层 二层 三层 (75.43+93.63+96.99)×0.12×2(面)=63.85
37	5-73	现浇矩形梁板	m²	278.50	底模 XL-1 2@2.40×0.50×2面+1.80×0.24=5.66 XL-4 3@22.84×(0.40×2+0.25)=71.95 XL-5 19.24×0.30×2+(2.70+2.40+3.0+3.30+3.0)×0.24=15.00 XL-6 24.02×(0.50×2面+0.24)=29.78 XL-7 21.32×(0.50×2+0.24)=26.44 XL-8 26.34×(0.40×2+0.25)=27.66 XL-9 2@2.94×(0.45×2+0.24)=6.70 侧模 XL-10 2@5.34×(0.50×2+0.25)+1.80×(0.40×2+0.25)=17.13 XL-11 3.07×(0.45×2+0.24)=3.50 XL-12 4.74×0.45×2+(4.74-0.90)×0.24=5.19 XL-13 10@(1.80-0.25)×(0.40×2+0.24)=16.12 排气洞挑梁 5@1.50×0.12×2+0.50×0.24=2.40 框架梁： KJ1 2@4.65×(0.60×2+0.25)+1.30×(0.30×2+0.25)=15.70 KJ2、3 2@11.40×(0.60×2+0.25)+1.30×(0.30×2+0.25)=35.27 小计：278.50m²
38	5-100	现浇有梁板模板	m²	22.07	XB-1 2@1.80×3.36=12.10 XL-2 2@3.84×0.60×2=9.22 } 22.07m² XL-3 2@1.56×0.12×2=0.75
39	5-108	现浇平板模板	m²	6.48	1.80×3.60=6.48
40	5-119	现浇整体楼梯模板	m²	24.36	同制作工程量 24.36m²

续表

序号	定额编号	分项工程名称	单位	工程量	计算式
41	5-33	现浇砖基础垫层模板	m²	57.90	96.50×0.30×2(面)=57.90
42	5-131	现浇走廊扶手模板	m	48.12	24.06×2=48.12
43	5-130	现浇女儿墙压顶模板	m²	17.55	(69.60+33.66)×(0.05+0.06+0.06)=17.55
44	5-174	预制槽形板模板	m³	0.21	0.21m³
45	5-169	预应力空心板模板	m³	48.96	48.96m³
46	5-185	预制架空隔热板模板	m³	4.26	见制作工程量
47	3-6	外墙双排脚手架	m²	763.63	①～⑧立面： ⑧～①立面： (26.10+0.24)×(10.80+0.30)×2(面)=584.75 Ⓐ～Ⓕ立面： Ⓕ～Ⓐ立面： (13.80+0.24)×(4.80+0.3D)+(13.80-1.50-3.60+0.24)×(10.80-4.80)×2(面) =71.60+107.28=178.88 小计：763.63m²
48	3-20	底层顶棚抹灰满堂脚手架	m²	325.83	$S=S_{底}-墙结构面积-梯间面积$ 366.65-(53.70+49.95)×0.24-(6.60-0.12)×2.46 =325.83
49	3-15	内墙脚手架	m²	303.31	$S=L_{内楼24}×墙角+L_{内楼口}×墙高$ 51.18×(3.0-0.12)×2(层)+1.56×2.92×2(层) =303.31
50	3-6	现浇钢筋混凝土框架脚手架	m²	269.26	KJ1 2@[0.40×4+3.60+(0.40+0.50)×2+3.60]×5.06 =2@53.64=107.28 KJ2、3 2@(0.40×4+3.60)×5.06+(0.40×4+3.60)×5.26 +[(0.40+0.50)×2-3.60]×5.06 =2@80.99=161.98 小计：269.26m²

续表

序号	定额编号	分项工程名称	单位	工程量	计 算 式
51	3-6	现浇钢筋混凝土框架梁脚手架	m²	162.62	KJ1 2@(4.65+1.30)×(4.06+0.30)=2@25.94=51.88 KJ2,3 2@(11.40+1.30)×(4.06+0.30)=2@55.37=110.74 小计：162.62m²
52	5-294	现浇构件圆钢筋制安 φ4	kg	41.75	按钢筋计算表汇总
53	5-294	现浇构件圆钢筋制安 φ6.5	kg	307.18	按钢筋计算表汇总
54	5-295	现浇构件圆钢筋制安 φ8	kg	58.17	按钢筋计算表汇总
55	5-296	现浇构件圆钢筋制安 φ10	kg	94.32	按钢筋计算表汇总
56	5-297	现浇构件圆钢筋制安 φ12	kg	3566.85	按钢筋计算表汇总
57	5-299	现浇构件圆钢筋制安 φ16	kg	714.86	按钢筋计算表汇总
58	5-300	现浇构件圆钢筋制安 φ18	kg	41.92	按钢筋计算表汇总
59	5-309	现浇构件螺纹钢筋制安 φ14	kg	79.36	按钢筋计算表汇总
60	5-310	现浇构件螺纹钢筋制安 φ16	kg	912.68	按钢筋计算表汇总
61	5-311	现浇构件螺纹钢筋制安 φ18	kg	220.96	按钢筋计算表汇总
62	5-312	现浇构件螺纹钢筋制安 φ20	kg	208.01	按钢筋计算表汇总
63	5-313	现浇构件螺纹钢筋制安 φ22	kg	1850.92	按钢筋计算表汇总
64	5-314	现浇构件螺纹钢筋制安 φ25	kg	364.21	按钢筋计算表汇总
65	5-321	预制构件圆钢筋制安 φ4	kg	104.85	按钢筋计算表汇总
66	5-326	预制构件圆钢筋制安 φ10	kg	30.48	按钢筋计算表汇总
67	5-334	预制构件圆钢筋制安 φ18	kg	15.08	按钢筋计算表汇总
68	5-359	先张法预应力钢筋制安 φ64	kg	2831.62	按钢筋计算表汇总
69	5-354	箍筋制安 φ4	kg	9.92	按钢筋计算表汇总
70	5-355	箍筋制安 φ6.5	kg	1598.47	按钢筋计算表汇总

续表

序号	定额编号	分项工程名称	单位	工程量	计算式
71	5-356	箍筋制安 φ8	kg	270.20	见钢筋计算表
72	5-384	现浇构件成型钢筋汽车运输(1km)	t	10.340	
73	7-57	胶合板门框制作(带亮)	m²	9.72	(见门窗明细表)$S=\overset{M1}{9.72m^2}$
74	7-58	胶合板门框安装(带亮)	m²	9.72	(见门窗明细表)$S=\overset{M1}{9.72m^2}$
75	7-59	胶合板门扇制作(带亮)	m²	9.72	(见门窗明细表)$S=\overset{M1}{9.72m^2}$
76	7-60	胶合板门扇安装(带亮)	m²	9.72	(见门窗明细表)$S=\overset{M1}{9.72m^2}$
77	7-65	胶合板门框制作(无亮)	m²	27.20	(见门窗明细表)$S=\overset{M2}{21.60m^2}+\overset{M3}{5.60m^2}=27.20m^2$
78	7-66	胶合板门框安装(无亮)	m²	27.20	(见门窗明细表)$S=\overset{M2}{21.60m^2}+\overset{M3}{5.60m^2}=27.20m^2$
79	7-67	胶合板门扇制作(无亮)	m²	27.20	(见门窗明细表)$S=\overset{M2}{21.60m^2}+\overset{M3}{5.60m^2}=27.20m^2$
80	7-68	胶合板门扇安装(无亮)	m²	27.20	(见门窗明细表)$S=\overset{M2}{21.60m^2}+\overset{M3}{5.60m^2}=27.20m^2$
81	7-306	钢门带窗安装	m²	13.02	(见门窗明细表)$S=\overset{MC1}{5.94m^2}+\overset{MC2}{7.08m^2}=13.02m^2$
82	7-308	钢平开窗安装	m²	15.12	(见门窗明细表)$S=\overset{C2}{4.32m^2}+\overset{C3}{10.80m^2}=15.12m^2$
83	7-289	铝合金推拉窗安装	m²	61.16	(见门窗明细表)$S=\overset{C1}{32.0m^2}+\overset{C4}{25.92m^2}+\overset{C5}{3.24m^2}=61.16m^2$

续表

序号	定额编号	分项工程名称	单位	工程量	计 算 式
84	7-290	铝合金固定圆形窗安装	m²	2.26	(见门窗明细表)$S = 2.26\text{m}^2$ C6
85	6-93	木门运输(运距5km)	m²	36.92	$S = 31.32\text{m}^2 + 5.60\text{m}^2 = 36.92\text{m}^2$
86	11-409	木门窗调合漆二遍	m²	38.32	$S = 31.32\text{m}^2 + 5.60\text{m}^2 \times 1.25^* = 38.32\text{m}^2$
87	11-594	钢门窗防锈漆一遍	m²	28.14	$S = 13.02\text{m}^2 + 15.12\text{m}^2 = 28.14\text{m}^2$
88	11-574	钢门窗调合漆二遍	m²	28.14	$S = 28.14\text{m}^2$
89	5-382	梯踏步预埋铁件	kg	56.00	块数: 梯步上 $\frac{47}{4}$ + 水平栏杆 $\frac{1}{5}$ + 转弯 5 = 56个 重量: -8: $56@0.09\text{m}^2 \times 0.15 \times 0.008 \times 7850$ $\phi 8$: $56@0.85 = 47.60$ $\phi 8$: $56@(0.10 + 0.09 \times 2 + 0.008 \times 12.5) \times 0.395$ $= 56@0.15 = 8.40$ 小计: 56.00kg 预埋件大样图
90	4-10换	M5混合砂浆砌砖墙	m³	204.82	V_{240}: $[(53.70 - 0.40 \times 2 + 49.95) \times (4.18 - 0.12) + (45.42 + 51.18) \times (3.0 - 0.12) \times 2$ 柱 圈梁 过梁 XL-5 XL-6 XL-1构柱 $L_{中楼}$ $L_{内墙24}$ $-128.06] \times 0.24 - 9.91 - 2.68 - 1.39 - 0.69 - 0.58 - (7.88 - 3.05 \times \frac{0.25}{4.51}) + 0.24 \times 0.37$ 架 [门窗 $-128.06] \times 6.0 \times 2(根)$ $= (102.85 \times 4.06 + 96.60 \times 5.76 - 128.06) \times 0.24 - 22.96 + 1.07$ $= 845.93 \times 0.24 - 22.96 + 1.07$ $= 181.13$ 排气洞: 山墙 $1.50 \times (1.98 + 0.51 - 0.12) \times 0.24 \times 5(道) = 4.27$ $(15.0 - 0.24 \times 4(道)) \times 0.24 \times 0.60 = 2.02$ 纵墙 $14.04 \times 0.24 \times (0.60 - 0.06) = 1.82$ } 8.11m³

续表

序号	定额编号	分项工程名称	单位	工程量	计 算 式
90	4-10 换	M5 混合砂浆砌砖墙	m^3	204.82	女儿墙： 三楼屋面　$(6.90+1.80+26.10)\times2\times0.24\times0.54=9.02$ 底层屋面　$(3.60-0.12+3.60-0.12+4.20-0.12+2.70+3.60+1.80-0.12)$ $\times0.60\times0.24+(15.0-4\times0.24)\times0.24\times(0.60+0.54)$ $=2.739+3.841$ $=6.58$ 小计：204.82m^3
91	4-8 换	M5 混合砂浆砌砖墙	m^3	1.05	$V_{120}=1.56m\times2.92m\times0.115m\times2(层)=1.05m^3$
92	4-60 换	M2.5 混合砂浆砌屋面隔热板砖墩	m^3	2.64	长度方向块数：37+5=42(块) 宽度方向块数：14(块) 四周边上的隔热板块数：(42-2)$\times$2+14$\times$2=108(块) 　　　　　　　　　　　　　四角 砖墩个数=(每块隔热板上算一个)477(块)+(108-4(角))$\times$2$\div$4+4$\times$3$\div$4 =477+52+3=532(个) V：0.24$\times$0.115$\times$0.18$\times$532=2.64
93	4-8 换	M2.5 混合砂浆砌走廊栏板墙	m^3	5.87	V：24.06$\times$2(层)$\times$(1.10-0.06+0.02)$\times$0.115 =5.87
94	4-60 换	M2.5 混合砂浆砌雨篷止水带	m^3	1.00	V：[26.10+(1.5-0.12)$\times$2]$\times$0.30$\times$0.115=1.00
95	8-29	普通水磨石地面	m^2	331.77	S=底层建筑面积-墙长$\times$墙厚-灶台面积 　　　　　$L_{中底}$　　　　$L_{内底}$ 366.65-(53.70+49.95)$\times$0.24-5.0$\times$1.0$\times$2(个) =366.65-24.88-10.0 =331.77
96	8-16	现浇 C10 混凝土地面垫层	m^3	26.54	V=331.77$m^2\times$0.08m=26.54m^3
97	8-72	卫生间防滑地砖地面	m^2	10.11	S：(1.80-0.24)$\times$(1.80-0.12-0.06)$\times$2(间)$\times$2(层) =10.11

续表

序号	定额编号	分项工程名称	单位	工程量	计 算 式
98	8-24换	1:2水泥砂浆抹楼梯间	m²	29.42	$S=$现浇楼梯+未算平台 24.36+(1.38−0.20)×(2.70−0.24)+(1.08−0.20)×(2.70−0.24) =24.36+2.90+2.16 =29.42
99	8-37	水泥豆石楼面	m²	301.82	走廊：[(1.80−0.24)×3.60+(1.80−0.12)×(26.1−3.6−0.24)]×2(层) =86.02 房间：$\left[\times(5.10-0.24)+(4.20-0.24)\times(5.10-0.24)\right]\times2$(层) $\times(3.60-0.24)\times(5.10-0.24)\times3$(间)+(4.20−0.24) =(48.99+19.25+39.66)×2 =215.80 小计：301.82m²
100	11-30	水泥砂浆抹走道扶手	m²	22.13	(26.10−0.12+1.80−0.12)×2(层)×(0.20+0.04×2+0.06×2) =27.66×2×0.40 =22.13
101	9-45	一布二油塑料油膏卫生间防水层	m²	14.63	卷起高度：200 S：[(1.8−0.24)×1.56+1.56×4×0.20]×4(间) =(2.43+1.25)×4 =14.63
102	8-27换	1:2水泥砂浆踢脚线	m	354.54	底层： 梯间(6.60−0.12)×2+2.46=15.42 库房(2.70−0.24+3.36)×2+(3.60−0.24+3.36)×2+(3.60−0.24+2.46)×2×2(间)=48.36 楼层： 走廊[(26.10−0.24+1.80−0.24)×2−(2.7−0.24)×3(间)]×2(层) =104.76 房间[(3.60−0.24+5.10−0.24)×2×3(间)+(4.20−0.24+5.10−0.24)×2 +(4.20−0.24+5.10−0.24)×2]×2(层)=186 长度小计：354.54m

续表

序号	定额编号	分项工程名称	单位	工程量	计 算 式
103	11-286	混合砂浆楼梯间底面(顶棚面)	m^2	32.36	(用水泥砂浆楼梯间楼面工程量) $S=29.42m \times 1.10^* = 32.36m^2$
104	8-152	塑料扶手楼梯型钢栏杆	m	18.01	确定斜面系数: $\angle\frac{150}{300}$ 26°34' 查表 $C=1.118$* (1) 斜长部分: 第一段: 2.10m 第二段: 0.30m×10(步)=3.0m 第三段: 0.30m×10(步)=3.0m 第四段: 0.30m×10(步)=3.0m 第五段: 0.30m×10(步)=3.0m 小计: 14.10m×1.118*=15.76m (2) 水平段: 2.70m标高处: 0.30m×1(步)=0.30m 7.20m标高处: 1.20m+0.06m+0.05m=1.31m 转弯处: (0.05m×2+0.06m)×4(处)=0.64m 合计: 18.01m
105	8-43	C15 混凝土散水(700宽)	m^2	27.85	①轴 [(13.80+0.24)+(3.60+0.70)+4.20+2.70+0.12−0.20+0.70]×0.70 ⑧轴 (6.60+3.60×2+0.12)×0.70 =39.78×0.70 =27.85
106	9-143	沥青砂浆散水伸缩缝	m	43.28	沿墙脚缝: 39.78−0.70×2=38.38 分格缝: 39.78÷6.0≈7(道) } 43.28m 7×0.70=4.9
107	13-2	建筑物垂直运输(框架)	m^2	366.65	见基数计算表
108	13-1	建筑物垂直运输(混合)	m^2	389.96	见基数计算表

续表

序号	定额编号	分项工程名称	单位	工程量	计 算 式
109	10-201	现浇水泥珍珠岩屋面找坡	m^3	34.52	三层屋面： 平均厚/m：$[26.1-0.24)\times2\%\times\dfrac{6.90}{2}\times\dfrac{1}{2}\times(9.60-0.24)+1.80\times(3.60-0.24)]\times0.095$ $=(242.05+6.05)\times0.095$ $=248.10\times0.095=23.57$ 底层屋面： 平均厚$_1$/m：$3.60\times2\%\times\dfrac{1}{2}+0.06=0.096$ 平均厚$_2$/m：$(3.60-0.24-1.50)\times2\%\times\dfrac{1}{2}+0.06=0.079$ 平均厚$_3$/m：$(3.60+1.80-1.98+0.12-0.12)\times2\%\times\dfrac{1}{2}+0.06=0.094$ 平均厚$_4$/m：$(3.60+1.80)\times2\%\times\dfrac{1}{2}+0.06=0.114$ V：$(3.60-0.24)\times(3.60-0.12)\times0.096+(3.60+1.80-1.98+0.12-0.12)$ $\times(3.60\times2+4.20)\times0.079+3.42\times4.2\times0.094+(3.60+1.80-0.24)\times(4.20+2.70-0.12)\times0.114$ $=11.693\times0.096+26.676\times0.079+14.364\times0.094+34.955\times0.114$ $=8.57$ Ⓐ轴雨篷 平均厚/m：$(1.50-0.24)\times2\%\times\dfrac{1}{2}+0.06=0.073$ V：$(26.10-0.24)\times(1.50-0.24)\times0.073$ $=2.38$ 小计：34.52m^3
110	8-18	1:3水泥砂浆屋面找平层 25厚	m^2	415.89	排气洞屋面 S：$248.10+11.69+26.68+14.36+34.96+(0.51+1.98+0.51)\times(3.6\times2+4.2\times2+0.24)$ $=335.79+3.0\times15.84=32.58=415.89$ 雨篷 $+25.86\times1.26$

续表

序号	定额编号	分项工程名称	单位	工程量	计 算 式
111	11-75	排气洞挑檐口彩色水刷石面(外墙上)	m²	13.25	4.80～5.70的标高(外墙),内墙从屋面至5.70m标高。 外:0.24×0.78×5(道)=0.94 内:(1.50-0.12-0.06)×0.24×5(道)=1.58 山墙:(1.98+0.51-0.12)×(1.5-0.06)=3.41 挑檐口:(15.0+0.24)×2×(0.12+0.12)=7.32 13.25m²
112	9-45 9-46	二毡三油塑料油膏屋面防水层	m²	536.90	屋面找平层面积:415.89m² 女儿墙内侧面积:49.56m² 雨篷内侧:49.56m² 排气洞屋面:15.24×(0.51×2+1.98)=45.72 3.0 ⑥,ⓒ轴边卷上:(26.10-0.24+1.80)×(0.30-0.06)=6.64 排气洞山墙边卷上:(0.51+1.93+0.25+0.51-0.12)×2(边)×(0.54-0.06)=6.26×0.48=2.82 小计:536.90m²
113	9-66换	φ110塑料水落管	m	37.20	4.20m×4(根)+10.20m×2(根)=37.20m
114	9-70换	φ110塑料水斗	个	6	
115	11-35	水泥砂浆抹混凝土柱面	m²	47.91	400×500断面 3根 3@(0.4+0.5)×2×4.06=21.924 400×400断面 4根 4@0.4×4×4.06=25.984 47.91m²
116	1-46	室内回填土	m³	61.38	净面积:331.77m²(水磨石地面) 回填土厚/m: 水磨石面 垫层 砖垫 = 0.30-0.08-0.035 = 0.185 V=331.77m²×0.185m=61.38m³
117	1-46	人工地槽、坑回填土	m³	190.16	槽 坑 砖垫 独垫 独基 砖基 深 V:132.09+138.48-28.95-5.83-24.55-19.37-0.4×0.5×0.70×4(根) 深粒:0.4×0.4×0.70×6(根)-0.4×0.5×0.70×4(根) =270.57-79.96=190.61

续表

序号	定额编号	分项工程名称	单位	工程量	计 算 式
118	11-286	混合砂浆抹顶棚面	m²	760.04	地面面积 有梁板底系数 底层 $\left\{\begin{array}{l}331.77 \times 1.10^* = 364.95\\ 排气洞屋面顶棚增加：\\ (0.51+0.24)\times 2\times 15.0 = 22.50\end{array}\right\}$ 387.45m² 卫生间：10.11m² 走廊：86.02×1.10* =94.62 楼层 $\left\{\begin{array}{l}有梁房间：39.66\times 2(层)\times 1.10^* = 87.25\\ 无梁房间：(48.99+19.25)\times 2(层) = 136.48\\ 楼梯间：29.42\times 1.50^* = 44.13\end{array}\right\}$ 372.59m² 760.04m²
119	11-168	瓷砖墙裙	m²	184.91	卫生间：{[[1.80−0.12)×2+3.60×3+4.20−0.24−0.16×4+0.26×2−0.90×2 　　　　　　　　　　　　　　　　　　　　　　　　　　　　　　C5 　　　　　C5侧面 　×0.10*×2(樘)}×2(层) =(19.94−0.18+0.22)×2(层) =19.98×2 =39.96 底层操作间： 左间： [(13.80−0.24)×2+3.60×3+4.20−0.24+0.16×4+0.26×2−0.90×2 　　　　　　　　　　　　　　　　　　　　　　　　柱侧面　　　　　M1 　　　　　　　　　　　　MC1 −0.90]×1.80+(1.80−0.65)×0.16×2−1.80×0.8+ $\dfrac{1.80}{门窗空圈M1}$ 　　　　　　　　　　　柱台上柱侧面　　　MC1 ×2×0.14*×2(樘)+(1.80×2+1.80)×0.10* =73.04+0.37−1.44+1.01+0.54 =73.52

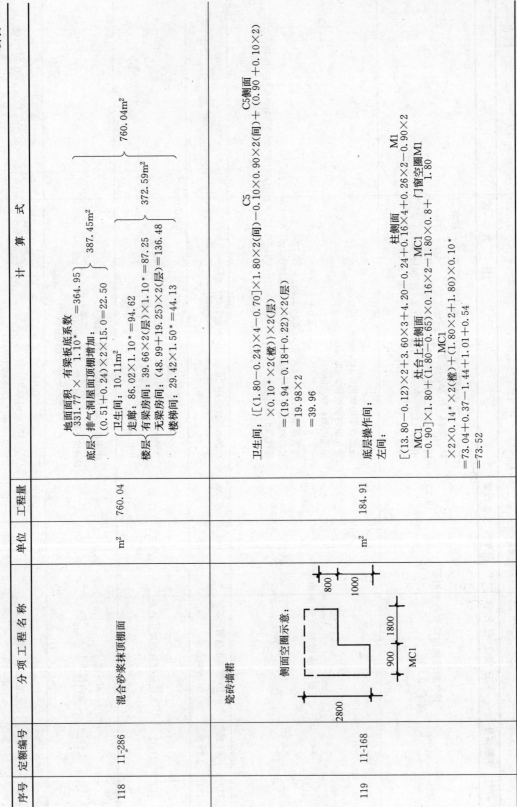

侧面空圈示意：

续表

序号	定额编号	分项工程名称	单位	工程量	计算式
119	11-168	侧面空圈示意： MC2 (2800×2400，下900，上800/1000) C3 (1800×3000，下800/1000)			右间： 柱侧面 M1 MC2 $[(13.80-0.12)\times2+4.20\times3-0.24+0.16\times2-0.9\times2-0.9]\times1.80$ 灶台上柱侧面 MC2 C3 门窗空圈 M1 MC2 $+[(1.80-0.65)\times0.37\times2]-(0.80\times2.40+3.0\times0.8\times2)+1.80\times2$ C3 $0.14^*\times2(橙)+(1.80\times2+2.40)\times0.10+(0.80\times2+3.0)\times2(橙)\times0.10^*]$ $=41.54\times1.80+0.85-6.72+(1.01+0.60+0.92)$ $=71.43$ 小计：$39.96m^2+73.52m^2+71.43m^2=184.91m^2$
120	11-30	水泥砂浆抹女儿墙压顶	m^2	42.34	长度=69.60m+33.66m=103.26m S：$(0.06+0.05+0.30)\times103.26$ $=0.41\times103.26$ $=42.34$
121	11-36	水泥砂浆抹女儿墙内侧	m^2	49.56	长度：103.26m S：$103.26\times(0.54-0.06)$ $=49.56$
122	11-30	水泥砂浆抹雨篷边内侧	m^2	16.27	S：$(26.10-0.24+1.50-0.24)\times2\times0.30=16.27$

续表

序号	定额编号	分项工程名称	单位	工程量	计 算 式
123	11-36	排气洞隔墙混合砂浆抹面	m²	53.47	标高4.02m以上(不扣除女儿墙头所占面积) 横隔墙：$(0.51+1.98) \times 1.50 \times 8$(面)$=29.88$ 内纵墙：$(15.0-0.24 \times 4) \times (0.60+0.12)=10.11$ $\Big\}$ 53.47m² 外纵墙：$(15.0-0.24 \times 4) \times (0.24+0.60+0.12)=13.48$
124	11-36	混合砂浆抹走道栏板墙内侧	m²	49.55	$(26.10-3.60-0.24+1.80-0.24) \times 1.04 \times 2$(层) $=49.55$
125	11-627	墙面、顶棚、楼梯底面刷仿瓷涂料二遍	m²	1954.88	墙面：1109.01 顶棚面：760.04 $\Big\}$ 1954.88m² 楼梯底面：32.36 排气洞墙面：53.47
126	11-30	1:2水泥砂浆抹楼梯挡水线 (50宽)	m²	1.13	梯踏步：$47 \times (0.30+0.15)=21.15$ $\Big\}$ 22.65m 水 平：$1.20+0.06=1.26$ 转 弯：0.06×4(处)$=0.24$ $S=22.65m \times 0.05m=1.13m²$
127	8-13	卫生间炉渣垫层	m³	1.52	$(1.80-0.18) \times (1.80-0.24) \times 0.15 \times 4$(间) $=1.62 \times 1.56 \times 4 \times 0.15$ $=10.11 \times 0.15=1.52$
128	1-49 1-50×2	人工运土50m	m³	18.58	$V=$挖$-$填 槽 坑 $132.09+138.48-190.61-61.38$ $=18.58$
129	11-36	混合砂浆抹内墙面	m²	1109.01	1.底层 (1)库房 $[(3.60-0.24) \times 4 \times 2$(间)$+(3.60-0.24+2.70-0.24) \times 2$ C1 M1 $\times 2$(间)$] \times (4.20-0.12)-1.8 \times 1.8 \times 4-0.9 \times 2.7 \times 4$ $=(26.88+23.28) \times 4.08-12.96-9.72$ $=181.97$

续表

序号	定额编号	分项工程名称	单位	工程量	计 算 式
129	11-36	混合砂浆抹内墙面	m²	1109.01	(2) 左操作间 $[2\times(13.80-0.12)+3.60\times3+4.20-0.24+0.08+0.13+0.16\times2]\times(4.20$ 柱侧 $-0.12-1.80)-(2.7-1.8)\times0.9\times2-$ MC1 $(2.8-1.8)\times2.7-$ C2 $(1.8-0.8)\times2.40$ $=(27.36+15.29)\times2.28-1.62-2.7-2.40$ $=90.52$ (3) 右操作间 $[2\times(13.80-0.12)+4.20\times3-0.24+4.20\times0.16\times2]\times(4.20-0.12-1.80)$ 柱侧 M1 MC2 C3 $-(2.7-1.8)\times0.9\times2-(2.8-0.8)\times3.3-(1.80-0.8)\times3.0$ $=(27.36+16.88)\times2.28-1.62-6.6-3.0$ $=89.65$ 2. 楼层 (1) 卫生间 C5 $[(1.80-0.24)\times4\times(3.0-0.08-1.80)-(0.9-0.1)\times0.9$ M3 $-(2.0-1.8)\times0.70]\times4($间$)$ $=6.13\times4=24.52$ (2) 走廊墙 M3 M2 $[(1.8\times2+1.8-0.24+26.1-2.7-0.24)\times2.88-(0.7\times2\times2+0.9\times2.0$ $\times6)]\times2($层$)$ $=67.96\times2$ $=135.92$ (3) 房间 M2 C1 ${[[(3.60-0.24+5.10-0.24)\times2\times(3.0-0.12)-0.9\times2.0-1.8\times1.8]\times3($间$)$ M2 C4 $+(5.10-0.24+4.2-0.24)\times2\times2.88-0.9\times2.0-2.4\times1.80+(4.2\times2-0.24$ M2 C4 $+5.1-0.24+0.25\times2)\times2\times2.88-0.9\times2\times2-2.4\times1.8\times2)\times2($层$)$ $=(126.92+44.68+77.88-3.60-8.64)\times2$ $=474.48$

续表

序号	定额编号	分项工程名称	单位	工程量	计 算 式
129	11-36	混合砂浆抹内墙面	m²	1109.01	3. 梯间 (1) 底层 [(6.60−0.24)×2+2.46]×2.55+(1.5−0.12)×4.08×2+2.46 ×(4.20−2.70−0.12) 补缺 =3.87+11.26+3.39=18.52 (2) 楼层 (10.2−0.12−2.70)×(5.1×2+2.46) =7.38×12.66=93.43 小计: 1109.01m²
130	11-72	彩色水刷石外墙面	m²	107.55	⑧~①立面 MC1 MC2 (26.10+0.24)×(4.80+0.30)−(2.7×2.8−1.8×1.0)−(3.30×2.8−2.4 C2 C3 排气洞隔墙厚 ×1.0)−2.4×1.8−3.0×1.8×2+(5.70−0.12−4.80)×0.24×5(道)=107.55
					⑧~①立面 C5 檐口、栏板 (1.80×2+0.24)×(10.80−4.20−0.60)−0.9×0.9×4+ 22.5 ×(1.10+0.40 C1 +0.60+0.40+0.68+0.06) ①、⑤、⑦、⑧墙厚部分 =23.04−3.24+72.9 3.80×0.24×4 =92.70
131	11-175	外墙面贴面砖	m²	467.16	Ⓐ~Ⓕ立面 C1 C4 C6 (13.80+0.24)×(4.80+0.30)−1.80×1.80×2+(5.1+0.24)×(10.80−4.80) ②轴立面 +1.80×[(5.30−4.80)+(8.30−6.80)+(10.80−9.80)]+(1.80+0.24)×(10.8−4.20−0.36) =71.60−6.48+32.04+5.40+12.73=115.29
					Ⓕ~Ⓐ立面 C1 (13.80+0.24)×(4.80+0.30)−1.80×1.80×2+(5.10+1.80×2+0.24) ×(10.80−4.8)=71.60−6.48+53.64=118.76 小计: 467.16m²

第六节 钢筋工程量计算

钢筋混凝土构件钢筋计算表

单位工程名称：××食堂

表 19-7

序号	构件名称	件数—代号	形状尺寸/mm		直径	根数	长度/m 每根	长度/m 共长	规格 直径	规格 长度	分 单件重	合计重	总重/kg
1	现浇钢筋混凝土地圈梁		103650 ⌐⌐	217⌐⌐(155)207	φ12	4	103.65	414.60	φ12	414.60	368.16 ×1.064*	391.72	597.44
					φ6.5	518	1.00	518	φ6.5	518	134.68	134.68	
			79800 ⌐⌐400/650/400	直角：5处 T型：10处	φ12	50	1.60	80	φ12	80	71.04	71.04	
2	现浇钢筋混凝土底层圈梁	XQL-1		87⌐⌐(155)207	φ12	4	79.80	319.20	φ12	319.20	283.45 ×1.064*	301.59	398.31
					φ6.5	355	0.74	262.7	φ6.5	262.7	68.30	68.30	
			043 ⌐⌐400/650/400	直角：2处 T形：4处	φ12	20	1.60	32.00	φ12	32.00	28.42	28.42	
3	现浇钢筋混凝土二层圈梁	XQL-1 (已扣除XL-13长度)		87⌐⌐(155)207	φ12	4	80.43	321.72	φ12	321.72	285.69 ×1.064*	303.97	398.30
					φ6.5	402	0.74	297.48	φ6.5	297.48	77.34	77.34	
			83180 ⌐⌐400/650/400	直形：5处 T形：9处	φ12	46	1.60	73.60	φ12	73.60	65.36	16.99	
4	现浇钢筋混凝土三层圈梁	XQL-1 (已扣除XL-13长度)		87⌐⌐(155)207	φ12	4	83.18	332.72	φ12	332.72	295.46 ×1.064*	314.36	415.20
					φ6.5	416	0.74	307.84	φ6.5	307.84	80.04	80.04	
				直角：6处 T形：10处	φ12	50	1.60	80.00	φ12	80.00	20.80	20.80	

注：1.064*为钢筋接头系数。

续表

序号	构件名称	图号	件数—代号	形状尺寸/mm		直径	根数	长度/m 每根	长度/m 共长	分 规 格 直径	分 规 格 长度	分 规 格 单件重	合计重	总重/kg
5	现浇钢筋混凝土独立基础		4-J1	2330 / 1930		φ12	14	2.48	34.72	φ12	70.08	62.23	248.92	691.42
			2-J2	2530 / 1930		φ12	17	2.08	35.36	φ12	83.00	73.70	147.40	
			2-J3	3330 / 2330		φ12	17	2.68	45.56	φ12	132.60	117.75	235.50	
						φ12	18	2.08	37.44					
			2-J4	1730 / 1130		φ12	21	3.48	73.08	φ12	33.56	29.80	59.60	
						φ12	24	2.48	59.52					
						φ12	9	1.88	16.92					
						φ12	13	1.28	16.64					
6	现浇钢筋混凝土地梁		XDL-1	Ⓑ轴 26290 / 2350	257 (155) 207	φ16	6	26.29	157.74	φ16	277.68	438.73×1.085*	476.02	540.10
						φ6.5	131	1.08	141.48	φ6.5	249.48	64.08	64.08	
				Ⓒ轴 19990 / 2350	257 (155) 207	φ16	6	19.99	119.94					
						φ6.5	100	1.08	108.0					
7	现浇钢筋混凝土梁		2-XL1	⑥ 225⌐⌐225 2350	457 (155) 197	φ12	2	2.95	5.90	φ12	5.90	5.24	10.48	79.52
				⑧ 225⌐⌐225 2350		φ6.5	25	1.46	36.50	φ6.5	36.50	9.49	18.98	
						φ22	3	2.80	8.40	φ22	8.40	25.03	50.06	
			2-XL2	① 275⌐⌐275 3790	557 (155) 197	φ12	3	4.49	13.47	φ12	13.47	11.96	23.92	135.18
				③ 275⌐⌐275 3790		φ6.5	39	1.66	64.74	φ6.5	64.74	16.83	33.66	
						φ22	3	4.34	13.02	φ22	13.02	38.80	77.60	
8	现浇钢筋混凝土梁		2-XL3	④ 200⌐⌐200 1990	217 (155) 87	φ18	2	2.62	5.24	φ18	10.48	20.96	41.92	50.22
				⑥ 200⌐⌐200 1990		φ6.5	21	0.76	15.96	φ6.5	15.96	4.15	8.30	
						φ18	2	2.62	5.24					

注：1.085*为钢筋接头系数。

续表

序号	构件名称	图号	件数—代号	形状尺寸/mm	直径	根数	长度/m 每根	长度/m 共长	分规格 直径	分规格 长度	分规格 单件重	合计重	总重/kg
8	现浇钢筋混凝土梁		3-XL4	⑩ 22740	φ12	4	22.89	91.56	φ12	91.56	81.31	243.93	396.69
				(155) 357 207	φ6.5	153	1.28	195.84	φ6.5	195.84	50.92	152.76	
			XL5	② 20040	φ16	6	20.24	121.44	φ16	121.44	191.88	191.88	219.72
				(155) 257 197	φ6.5	101	1.06	107.06	φ6.5	107.06	27.84	27.84	
			XL6	275 26290 275	φ22	6	26.84	161.04	φ22	161.04	479.90	479.90	546.71
				(155) 457 197	φ6.5	176	1.46	256.96	φ6.5	256.96	66.81	66.81	
			XL7	③ 275 21510 275	φ22	6	22.06	132.36	φ22	132.36	394.43	394.43	449.47
				(155) 457 197	φ6.5	145	1.46	211.70	φ6.5	211.70	55.04	55.04	
			XL8	26290	φ12	4	26.49	105.96	φ12	105.96	94.09	94.09	138.35
				(155) 357 207	φ6.5	133	1.28	170.24	φ6.5	170.24	44.26	44.26	
			2-XL9	225 2890 225	φ16	2	3.54	7.08	φ16	7.08	11.19	22.38	83.18
				(155) 407 197	φ6.5	31	1.36	42.16	φ6.5	42.16	10.96	21.92	
				175 2890 175	φ18	3	3.24	9.72	φ18	9.72	19.44	38.88	
				(155) 457 207	φ16	2	3.89	7.78	φ16	7.78	12.29	24.58	
			2-XL10	4295 300 225 3460	φ22	37	1.48	54.76	φ22	31.26	93.15	186.30	260.60
				2265 300 225 5290	φ22	3	5.82	17.46	φ6.5	4.84	4.30	8.60	
				(155) 357 207	φ6.5	3	4.60	13.80	φ6.5	79.08	20.56	41.12	
					φ6.5	19	1.28	24.32					
					φ12	2	2.42	4.84					
			XL11	175 3020 175	φ20	3	3.37	10.11	φ20	10.11	24.97	24.97	66.95
				(155) 407 197	φ6.5	31	1.36	42.16	φ6.5	42.16	10.96	10.96	
				225 3020 225	φ22	3	3.47	10.41	φ22	10.41	31.02	31.02	

续表

序号	构件名称	图号	件数—代号	形状尺寸/mm	直径	根数	长度/m 每根	长度/m 共长	分规格 直径	分规格 长度	分规格 单件重	合计重	总重/kg
8	现浇钢筋混凝土梁		XL12	4690 175 / 175	φ12	2	5.04	10.08	φ12	10.08	8.95	8.95	66.57
				225 4690 225	φ6.5	33	1.36	44.88	φ6.5	44.88	11.67	11.67	
			10-XL13	357 197 (155) 4690	φ22	3	5.14	15.42	φ22	15.42	45.95	45.95	669.30
				4870 300	φ6.5	36	1.26	45.36	φ6.5	45.36	11.79	117.90	
					φ22	3	5.17	15.51	φ22	46.22	8.92	462.20	
			XL13 上插筋 XL10 上插筋		φ12	2	5.02	10.04	φ12	10.04	3.92	89.20	
9	排汽洞挑梁		5根	1450 1460	φ10	4	1.59	6.36	φ10	6.36	4.26	21.30	47.04
				1450	φ12	3	1.60	4.80	φ12	4.80	1.21	6.05	
				77 197 (155)	φ8	2	1.53	3.06	φ8	3.06	2.00	10.00	37.35
10	现浇钢筋混凝土有梁板		2-XB1	3810 60 2010 60	φ6.5	11	0.70	7.70	φ6.5	7.70	60.12	120.24	120.24
				3810 60	φ6.5	15	3.93	58.95		231.24			
				2010	φ6.5	27	2.13	57.51					
					φ6.5	27	2.09	56.43					
					φ6.5	15	3.89	58.35					
11	现浇钢筋混凝土构造柱		标高：(9根) −0.90~4.20 标高：(11根) 4.20~10.08	5100 210 (155) 200 210	φ12	4	5.30	21.20	φ12	21.20	18.83× 1.064*	180.32	584.97
					φ6.5	27	1.00	27.00	φ6.5	27.00	7.02	63.18	
				5880 210 (155) 200 210	φ12	4	6.08	24.32	φ12	24.32	21.60× 1.064*	252.81	
					φ6.5	31	1.00	31.00	φ6.5	31.00	8.06	88.66	

续表

序号	构件名称	图号	件数一代号	形状尺寸/mm		直径	根数	长度/m 每根	长度/m 共长	分 规 格 直径	分 规 格 长度	分 规 格 单件重	合计重	总重/kg
12	现浇钢筋混凝土整体楼梯		XTB1	2900	317 167 (155)	φ12	9	3.05	27.45	φ16	8.7	13.75	13.75	84.81
				2900	930 80 80	φ6.5	32	1.12	35.84	φ12	27.45	24.38	24.38	
				1050 80	2655	φ16	3	2.90	8.7	φ10	45.81	28.26	28.26	
				1170		φ10	9	1.09	9.81	φ6.5	70.84	18.42	18.42	
				1170		φ10	9	1.21	10.89					
			XTB2			φ10	9	2.79	25.11					120.31
				1290	1020 120 1410	φ6.5	28	1.25	35.00					
				1240	400 4010	φ6.5	32	1.25	40	φ6.5	78.50	20.41	20.41	
			⑨号筋已包括XTB3	1170	2670	φ12	11	2.75	30.25	φ12	112.50	99.90	99.90	
				120		φ12	14	1.44	20.16					
					1770 500 120	φ12	11	4.56	50.16					
			XTB3	1170		φ12	11	1.48	16.25					166.28
				380 400 1605	590 1720 120	φ6.5	14	2.75	38.50	φ6.5	100.20	26.06	26.06	
			⑫号筋已包括XTB4	870	2670 120	φ6.5	28	1.25	71.25	φ12	157.91	140.22	140.22	
						φ12	13	2.54	33.02					
						φ12	13	5.88	76.44					
						φ12	13	2.55	33.15					
						φ12	15	1.02	15.30					
						φ6.5	9	2.75	24.75					

续表

序号	构件名称	图号	件数—代号	形状尺寸/mm	直径	根数	长度/m 每根	长度/m 共长	分 规 格 直径	分 规 格 长度	分 规 格 单件重	合计重	总重/kg
12	现浇钢筋混凝土整体楼梯		XTB3 ①号筋已包括XTB4	1320	φ6.5	3	1.40	4.20					166.28
				1170 / 2890	φ6.5	24	1.25	30	φ6.5	50.48	13.12	13.12	
				2890 / 407 / 157 / (155)	φ12	3	3.04	9.12	φ12	92.94	82.53	82.53	
				2875 / 995	φ20	3	2.89	8.67	φ20	8.67	21.41	21.41	
			XTB4 ①号筋已算	1236 / 1270 / 500 / 120	φ6.5	16	1.28	20.48					117.06
				1204 / 1380 / 120 / 120	φ12	11	1.63	17.93					
					φ12	11	4.02	44.22					
				1170 / 695 / 120 / 120	φ12	11	1.97	21.67					
				3534 / 400	φ6.5	35	1.25	43.75	φ6.5	62.31	16.20	16.20	
					φ12	11	1.52	16.72	φ10	30.80	19.00	19.00	
					φ12	11	4.08	44.88	φ12	125.26	111.23	111.23	
			XTB5	2670	φ10	11	2.39	26.29					146.43
				980 / 307 / 197 / (155)	φ12	11	2.80	30.80					
					φ12	25	1.13	28.25					
				2890	φ12	3	3.04	9.12					
					φ6.5	16	1.16	18.56					

续表

序号	构件名称	图号	件数—代号	形状尺寸/mm	直径	根数	长度/m 每根	长度/m 共长	分 规 格 直径	分 规 格 长度	分 规 格 单件重	合计重	总重/kg
13	现浇钢筋混凝土框架		2-KJ1	5035, 100	φ16	16	5.14	82.24	φ6.5	195.72	50.89	101.78	92.54
				357 (155) 357 252 252	φ6.5	42	1.58	66.36	φ8	148.82	58.78	117.56	
				358 (190) 458 290 290	φ6.5	42	1.16	48.72	φ14	3.32	4.02	8.04	
				570 5500 470 3450	φ8	42	1.82	76.44	φ18	19.61	39.22	78.44	
					φ8	42	1.35	56.7	φ20	6.86	16.94	33.88	
				557 (155) 207 3175 250	φ25	2	6.54	13.08	φ25	25.06	96.48	192.96	
				1225 6800 250	φ25	2	5.99	11.98	φ16	82.24	129.94	259.88	
					φ6.5	48	1.68	80.64					
				1825 1225	φ18	2	8.28	16.56					
				1660	φ20	2	3.43	6.86					
					φ18	1	3.05	3.05					
				258 (190) 208	φ14	2	1.66	3.32					
			KJ2	5035 100	φ8	14	1.12	15.68					634.23
				351 (155) 357 252 252	φ16	24	5.14	123.36	φ6.5	426.72	110.95		
				358 (150) 458 252 252	φ6.5	84	1.58	132.72	φ8	148.82	58.78		
					φ6.5	84	1.16	97.44	φ14	3.32	4.02		
					φ8	42	1.82	76.44	φ16	126.56	199.96		

续表

序号	构件名称	图号	件数—代号	形状尺寸/mm	直径	根数	长度/m 每根	长度/m 共长	分规格 直径	分规格 长度	分规格 单件重	合计重	总重/kg
13	现浇钢筋混凝土框架		KJ2	(190) 290 290 500 770 3450 770 500 / 570 5925	φ8	42	1.35	56.70	φ18	30.86	61.72		
					φ25	2	6.50	13.0	φ20	20.76	51.28		
				250 3175 / 250	φ25	1	5.99	5.99	φ22	24.97	74.41		
				1225 400 770 13950 770 400 5750 / 7925 470	φ20	2	3.43	6.86	φ25	18.99	73.11		634.23
				3300 / 3650	φ18	2	15.43	30.86					
					φ22	2	8.40	16.80					
				1975 /	φ22	1	8.17	8.17					
					φ20	2	3.65	7.30					
				1660	φ20	1	6.60	6.60					
					φ16	2	3.20	3.20					
				(155) 557 207 357	φ6.5	117	1.68	196.56					
				(190) 258 208 358 458	φ14	2	1.66	3.32					
			KJ3	100 5035	φ8	14	1.12	15.68	φ6.5	426.72	110.95		
					φ16	24	5.14	123.36	φ8	148.82	58.78		634.24
				(155) 252 252	φ6.5	84	1.58	132.72	φ18	20.96	41.92		
					φ6.5	84	1.16	97.44	φ20	30.96	76.47		
					φ8	42	1.82	76.44					

续表

序号	构件名称	图号	件数—代号	形状尺寸/mm	直径	根数	长度/m 每根	长度/m 共长	分 规 格 直径	分 规 格 长度	分 规 格 单件重	合计重	总重/kg
13	现浇混凝土钢筋框架		KJ3	(形状图)	φ8	42	1.35	56.70	φ22	16.46	49.05		634.24
					φ18	2	6.00	12.0	φ14	3.32	4.02		
					φ18	1	5.71	5.71	φ25	25.49	98.14		
					φ20	2	15.48	30.96	φ16	123.36	194.91		
					φ22	2	3.13	6.26					
					φ25	2	8.60	17.20					
					φ25	1	8.29	8.29					
					φ22	3	3.40	10.20					
					φ18	1	3.25	3.25					
					φ6.5	117	1.68	196.56					
					φ14	2	1.66	3.32					
					φ8	14	1.12	15.68					
14	框架在柱基中钢筋		4-J1 2-J2 2-J3 2-J4	(形状图)	φ16	8	1.47	11.76	φ16	11.76	18.58	185.80	250.82
					φ6.5	7	1.58	11.06	φ8	22.19	8.77	35.08	
					φ6.5	7	1.16	8.12	φ6.5	19.18	4.99	29.94	
					φ8	7	1.82	12.74					
					φ8	7	1.35	9.45					

续表

序号	构件名称	图号	件数—代号	形状尺寸/mm	直径	根数	长度/m 每根	长度/m 共长	分规格 直径	分规格 长度	分规格 单件重	合计重	总重/kg
15	现浇混凝土走廊扶手		二层楼	24060 ; 15⌐170⌐15	φ8	2	24.06	48.12	φ8	48.12	19.01	38.02	40.44
					φ4	122	0.20	24.40	φ4	24.40	2.42	2.42	
16	现浇混凝土女儿墙压顶			103200 ; 170	φ4	3	103.20	309.60	φ4	397.32	39.33	39.33	39.33
					φ4	516	0.17	87.72					
17	现浇钢筋混凝土平板		1-XB1	3810 / 2010 (60)	φ6.5	15	3.93	58.95	φ6.5	231.24	60.12	60.12	60.12
					φ6.5	27	2.13	57.51					
					φ6.5	27	2.09	56.43					
					φ6.5	15	3.89	58.35					
18	现浇钢筋混凝土过梁		10-XGL4181	2280 ; (155) 137⌐197⌐	φ14	2	2.28	4.56	φ6.5	16.20	4.21	42.10	97.30
					φ6.5	14	0.82	11.48	φ14	4.56	5.52	55.20	
				4-XGL4103	1480 ; 1480	φ6.5	2	2.36	4.72				
					φ4	2	1.66	3.32	φ4	6.30	0.62	2.48	13.76
				12-XGL410	1480 ; (95) 74⌐194⌐	φ12	2	1.56	3.12	φ6.5	3.12	0.81	3.24	
					φ6.5	2	1.63	3.26					
					φ4	10	0.63	6.30	φ4	3.32	4.02	8.04	
					φ12	2	1.56	3.12	φ6.5	6.30	0.62	7.44	
									φ12	3.26	2.89	9.72	
19	现浇钢筋混凝土过梁		6-XGL4241	2880 ; 2880 (95) 74⌐194⌐	φ16	2	3.08	6.16	φ6.5	15.98	4.15	34.68	51.84
					φ8	2	2.98	5.96	φ16	5.96	2.35	24.90	97.38
												14.10	

266

续表

序号	图号	件数—代号	构件名称	形状尺寸/mm	直径	根数	长度/m 每根	长度/m 共长	分规格 直径	分规格 长度	分规格 单件重	合计重	总重/kg
19		6-XGL4241	现浇钢筋混凝土过梁	197 (155) 197	φ6.5	17	0.94	15.98	φ16	6.16	9.73	58.38	97.38
			现浇钢筋混凝土构件小计										10339.72
1		4-LD	预制钢筋混凝土梁垫	340 ⌐460⌐	φ10	12	0.47	5.64	φ10	11.54	7.12	28.48	28.48
					φ10	10	0.59	5.90					
2		WJB36A1	预制钢筋混凝土槽形板	120⌐3540⌐120 3540 ⌐320 1400 320⌐ 850 120⌐850⌐120 320⌐ 320	φ18	2	3.77	7.54	φ4	47.42	4.69	4.69	21.77
					φ4	2	3.59	7.18	φ10	3.24	2.00	2.00	
					φ4	8	1.89	15.12	φ18	7.54	15.08	15.08	
					φ4	16	1.14	18.24					
					φ10	2	1.62	3.24					
					φ4	6	0.90	5.40					
3		474块	预制架空隔热板	320⌐ 575	φ4	4	0.37	1.48					
4			预制钢筋混凝土空心板		φ4	8	0.58	4.64	φ4	4.64	0.46	100.16	100.16
			预制构件小计										150.41
5			先张法预应力钢筋混凝土空心板	按标准图计算, 见工程量计算式	φb4								2831.62
			先张法预应力钢筋混凝土构件小计										2831.62

267

思 考 题

1. 叙述食堂工程外墙中心线长的计算过程。
2. 叙述食堂工程人工平整场地的计算过程。
3. 叙述食堂工程 M5 水泥砂浆砌砖基础工程量的计算方法。
4. 叙述食堂工程现浇钢筋混凝土圈梁钢筋工程量的计算方法。
5. 叙述钢筋混凝土框架工程量的计算过程。

第二十章 直接费计算及工料分析

第一节 直接费内容

直接费由直接工程费和措施费构成。

一、直接工程费

直接工程费是指施工过程中耗费的构成工程实体的各项费用,包括人工费、材料费、施工机械使用费。

1. 人工费

人工费是指直接从事建筑安装工程施工的生产工人所开支的各项费用,包括:

(1) 基本工资

指发放给生产工人的基本工资。

(2) 工资性补贴

指按规定发放给生产工人的物价补贴,煤、燃气补贴,交通补贴,住房补贴,流动施工津贴等。

(3) 生产工人辅助工资

指生产工人年有效施工天数以外非作业天数的工资,包括职工学习、培训期间的工资,调动工作、探亲、休假期间的工资,因气候影响的停工工资,女工哺乳时间的工资,病假在六个月以内的工资及婚、产、丧假期的工资。

(4) 职工福利费

指按规定标准计提的职工福利费。

(5) 生产工人劳动保护费

指按规定标准发放的劳动保护用品的购置费及修理费,徒工服装补贴,防暑降温费,在有碍身体健康环境中施工的保健费等。

(6) 社会保障费

指包含在工资内,由工人交的养老保险费、失业保险费等。

2. 材料费

材料费是指施工过程中耗用的构成工程实体,形成工程装饰效果的原材料、辅助材料、构配件、零件、半成品、成品的费用和周转材料的摊销(或租赁)费用。

3. 施工机械使用费

是指使用施工机械作业所发生的机械费用以及机械安、拆和进出场费等。

二、措施费

措施费是指为完成工程项目施工,发生于该工程施工前和施工过程中非工程实体项目的费用。

包括内容：

1. 环境保护费

是指施工现场为达到环保部门要求所需要的各项费用。

2. 文明施工费

是指施工现场文明施工所需要的各项费用。

3. 安全施工费

是指施工现场安全施工所需要的各项费用。

4. 临时设施费

是指施工企业为进行建筑工程施工所必须搭设的生活和生产用的临时建筑物、构筑物和其他临时设施费用等。

临时设施包括：临时宿舍、文化福利及公用事业房屋与构筑物，仓库、办公室、加工厂以及规定范围内道路、水、电、管线等临时设施和小型临时设施。

临时设施费用包括：临时设施的搭设、维修、拆除费或摊销费。

5. 夜间施工费

是指因夜间施工所发生的夜班补助费、夜间施工降效、夜间施工照明设备摊销及照明用电等费用。

6. 二次搬运费

是指因施工场地狭小等特殊情况而发生的二次搬运费用。

7. 大型机械设备进出场及安拆费

是指机械整体或分体自停放场地运至施工现场或由一个施工地点运至另一个施工地点，所发生的机械进出场运输及转移费用及机械在施工现场进行安装、拆卸所需的人工费、材料费、机械费、试运转费和安装所需的辅助设施的费用。

8. 混凝土、钢筋混凝土模板及支架费

是指混凝土施工过程中需要的各种钢模板、木模板、支架等的支、拆、运输费用及模板、支架的摊销(或租赁)费用。

9. 脚手架费

是指施工需要的各种脚手架搭、拆、运输费用及脚手架的摊销(或租赁)费用。

10. 已完工程及设备保护费

是指竣工验收前，对已完工程及设备进行保护所需费用。

11. 施工排水、降水费

是指为确保工程在正常条件下施工，采取各种排水、降水措施所发生的各种费用。

直接费划分示意见表 20-1。

三、措施费计算方法及有关费率确定方法

1. 环境保护

环境保护费＝直接工程费×环境保护费费率(%)

$$环境保护费费率(\%) = \frac{本项费用年度平均支出}{全年建安产值 \times 直接工程费占总造价比例(\%)}$$

直接费划分示意表　　　　　　表20-1

直接费	直接工程费	人工费	基本工资
			工资性补贴
			生产工人辅助工资
			职工福利费
			生产工人劳动保护费
			社会保障费
		材料费	材料原价
			材料运杂费
			运输损耗费
			采购及保管费
			检验试验费
		施工机械使用费	折旧费
			大修理费
			经常修理费
			安拆费及场外运输费
			人工费
			燃料动力费
			养路费及车船使用税
	措施费	环境保护费	
		文明施工费	
		安全施工费	
		临时设施费	
		夜间施工费	
		二次搬运费	
		大型机械设备进出场及安拆费	
		混凝土、钢筋混凝土模板及支架费	
		脚手架费	
		已完工程及设备保护费	

2. 文明施工

文明施工费＝直接工程费×文明施工费费率(%)

$$文明施工费费率(\%) = \frac{本项费用年度平均支出}{全年建安产值 \times 直接工程费占总造价比例(\%)}$$

3. 安全施工

安全施工费＝直接工程费×安全施工费费率(%)

$$安全施工费费率(\%) = \frac{本项费用年度平均支出}{全年建安产值 \times 直接工程费占总造价比例(\%)}$$

4. 临时设施费

临时设施费由以下三部分组成：
（1）周转使用临建（如，活动房屋）
（2）一次性使用临建（如，简易建筑）
（3）其他临时设施（如，临时管线）
临时设施费＝（周转使用临建费＋一次性使用临建费）×[1＋其他临时设施所占比例（％）]
其中：
① 周转使用临建费

$$周转使用临建费 = \Sigma\left[\frac{临建面积 \times 每平方米造价}{使用年限 \times 365 \times 利用率(\%)} \times 工期(天)\right] + 一次性拆除费$$

② 一次性使用临建费
一次性使用临建费＝Σ临建面积×每平方米造价×[1－残值率（％）]＋一次性拆除费
③ 其他临时设施在临时设施费中所占比例，可由各地区造价管理部门依据典型施工企业的成本资料经分析后综合测定。

5．夜间施工增加费

$$夜间施工增加费 = \left(1 - \frac{合同工期}{定额工期}\right) \times \frac{直接工程费中的人工费合计}{平均日工资单价} \times 每工日夜间施工费开支$$

6．二次搬运费
二次搬运费＝直接工程费×二次搬运费费率（％）

$$二次搬运费费率(\%) = \frac{年平均二次搬运费开支额}{全年建安产值 \times 直接工程费占总造价的比例(\%)}$$

7．混凝土、钢筋混凝土模板及支架
（1）模板及支架费＝模板摊销量×模板价格＋支、拆、运输费
  摊销量＝一次使用量×（1＋施工损耗）×[1＋（周转次数－1）×补损率/周转次数－（1－补损率）×50％/周转次数]
（2）租赁费＝模板使用量×使用日期×租赁价格＋支、拆、运输费

8．脚手架搭拆费
（1）脚手架搭拆费＝脚手架摊销量×脚手架价格＋搭、拆、运输费

$$脚手架摊销量 = \frac{单位一次使用量 \times (1 - 残值率)}{耐用期 \div 一次使用期}$$

（2）租赁费＝脚手架每日租金×搭设周期＋搭、拆、运输费

9．已完工程及设备保护费
已完工程及设备保护费＝成品保护所需机械费＋材料费＋人工费

10．施工排水、降水费
排水降水费＝Σ排水降水机械台班费×排水降水周期＋排水降水使用材料费、人工费

第二节 直接费计算及工料分析

当一个单位工程的工程量计算完毕后，就要套用预算定额基价进行直接费的计算。
本节只介绍直接工程费的计算方法，措施费的计算方法详见建筑工程费用章节。

计算直接工程费常采用二种方法,即单位估价法和实物金额法。

一、用单位估价法计算直接工程费

预算定额项目的基价构成,一般有两种形式,一是基价中包含了全部人工费、材料费和机械使用费,这种方式称为完全定额基价,建筑工程预算定额常采用此种形式;二是基价中包含了全部人工费、辅助材料费和机械使用费,不包括主要材料费,这种方式称为不完全定额基价,安装工程预算定额和装饰工程预算定额常采用此种形式。凡是采用完全定额基价的预算定额计算直接工程费的方法称为单位估价法,计算出的直接工程费也称为定额直接工程费。

1. 单位估价法计算直接工程费的数学模型

单位工程定额直接工程费=定额人工费+定额材料费+定额机械费

其中:定额人工费=Σ(分项工程量×定额人工费单价)

定额机械费=Σ(分项工程量×定额机械费单价)

定额材料费=Σ[(分项工程量×定额基价)-定额人工费-定额机械费]

2. 单位估价法计算定额直接工程费的方法与步骤

(1) 先根据施工图和预算定额计算分项工程量;

(2) 根据分项工程量的内容套用相对应的定额基价(包括人工费单价、机械费单价);

(3) 根据分项工程量和定额基价计算出分项工程定额直接工程费、定额人工费和定额机械费;

(4) 将各分项工程的各项费用汇总成单位工程定额直接工程费、单位工程定额人工费、单位工程定额机械费。

3. 单位估价法简例

某工程有关工程量如下:C15 混凝土地面垫层 48.56m³,M5 水泥砂浆砌砖基础 76.21m³。根据这些工程量数据和表 2-6 中的预算定额,用单位估价法计算定额直接工程费、定额人工费、定额机械费,并进行工料分析。

(1) 计算定额直接工程费、定额人工费、定额机械费

定额直接工程费、定额人工费、定额机械费的计算过程和计算结果见表 20-2。

直接工程费计算表(单位估价法) 表 20-2

定额编号	项目名称	单位	工程数量	单价				总价			
				基价	其中			合价	其中		
					人工费	材料费	机械费		人工费	材料费	机械费
1	2	3	4	5	6	7	8	9=4×5	10=4×6	11	12=4×8
	一、砌筑工程										
定-1	M5 水泥砂浆砌砖基础	m³	76.21	127.73	31.08		0.76	9734.30	2368.61		57.92
	……										
	分部小计							9734.30	2368.61		57.92
	二、脚手架工程										
	……										
	分部小计										

续表

定额编号	项目名称	单位	工程数量	单价 基价	单价 其中 人工费	单价 其中 材料费	单价 其中 机械费	总价 合价	总价 其中 人工费	总价 其中 材料费	总价 其中 机械费
	三、楼地面工程										
定-3	C15 混凝土地面垫层	m³	48.56	195.42	53.90		3.10	9489.60	2617.38		150.54
	……										
	分部小计							9489.60	2617.38		150.54
	合　计							19223.90	4985.99		208.46

(2) 工料分析

人工工日及各种材料分析见表 20-3。

人工、材料分析表　　　　　　　　　　　表 20-3

定额编号	项目名称	单位	工程量	人工(工日)	主要材料 标准砖(千块)	主要材料 M5 水泥砂浆(m³)	主要材料 水(m³)	主要材料 C15 混凝土(m³)
	一、砌筑工程							
定-1	M5 水泥砂浆砌砖基础	m³	76.21	$\frac{1.243}{94.73}$	$\frac{0.523}{39.858}$	$\frac{0.236}{17.986}$	$\frac{0.231}{17.60}$	
	分部小计			94.73	39.858	17.986	17.60	
	二、楼地面工程							
定-3	C15 混凝土地面垫层	m³	48.56	$\frac{2.156}{104.70}$			$\frac{1.538}{74.69}$	$\frac{1.01}{49.046}$
	分部小计			104.70			74.69	49.046
	合　计			199.43	39.858	17.986	92.29	49.046

注：主要材料栏的分数中，分子表示定额用量，分母表示工程量乘以定额用量的结果。

二、用实物金额法计算直接工程费

1. 实物金额法计算直接工程费的方法与步骤

凡是用分项工程量分别乘以预算定额子目中的实物消耗量(即人工工日、材料数量、机械台班数量)求出分项工程的人工、材料、机械台班消耗量，然后汇总成单位工程实物消耗量，再分别乘以工日单价、材料预算价格、机械台班预算价格求出单位工程人工费、材料费、机械使用费，最后汇总成单位工程直接工程费的方法，称为实物金额法。

2. 实物金额法的数学模型

单位工程直接工程费＝人工费＋材料费＋机械费

其中：人工费＝Σ(分项工程量×定额用工量)×工日单价

材料费＝Σ(分项工程量×定额材料用量×材料预算价格)

机械费＝Σ(分项工程量×定额台班用量×机械台班预算价格)

3. 实物金额法计算直接工程费简例

某工程有关工程量为：M5 水泥砂浆砌砖基础 76.21m³；C15 混凝土地面垫层 48.56m³。根据上述数据和表 20-4 中的预算定额分析工料机消耗量，再根据表 20-5 中的单价计算直接工程费。

建筑工程预算定额（摘录） 表 20-4

定额编号			S-1	S-2
定额单位			10m³	10m³
项目		单位	M5 水泥砂浆砌砖基础	C15 混凝土地面垫层
人工	基本工	工日	10.32	13.46
	其他工	工日	2.11	8.10
	合计	工日	12.43	21.56
材料	标准砖	千块	5.23	
	M5 水泥砂浆	m³	2.36	
	C15 混凝土(0.5~4)	m³		10.10
	水	m³	2.31	15.38
	其他材料费	元		1.23
机械	200L 砂浆搅拌机	台班	0.475	
	400L 混凝土搅拌机	台班		0.38

人工单价、材料预算价格、机械台班预算价格表 表 20-5

序号	名称	单位	单价(元)
一、	人工单价	工日	25.00
二、	材料预算价格		
1.	标准砖	千块	127.00
2.	M5 水泥砂浆	m³	124.32
3.	C15 混凝土(0.5~4 砾石)	m³	136.02
4.	水	m³	0.60
三、	机械台班预算价格		
1.	200L 砂浆搅拌机	台班	15.92
2.	400L 混凝土搅拌机	台班	81.52

（1）分析人工、材料、机械台班消耗量

计算过程见表 20-6。

人工、材料、机械台班分析表 表 20-6

定额编号	项目名称	单位	工程量	人工（工日）	标准砖（千块）	M5 水泥砂浆（m³）	C15 混凝土（m³）	水（m³）	其他材料费（元）	200L 砂浆搅拌机（台班）	400L 混凝土搅拌机（台班）
	一、砌筑工程										
S-1	M5 水泥砂浆砌砖基础	m³	76.21	1.243 / 94.73	0.523 / 39.858	0.236 / 17.986		0.231 / 17.605		0.0475 / 3.620	

续表

定额编号	项目名称	单位	工程量	人工（工日）	标准砖（千块）	M5水泥砂浆（m³）	C15混凝土（m³）	水（m³）	其他材料费（元）	200L砂浆搅拌机（台班）	400L混凝土搅拌机（台班）
	二、楼地面工程										
S-2	C15混凝土地面垫层	m³	48.56	2.156/104.70			1.01/49.046	1.538/74.685	0.123/5.97		0.038/1.845
	合　计			199.43	39.858	17.986	49.046	92.29	5.97	3.620	1.845

注：分子为定额用量、分母为计算结果。

（2）计算直接工程费

直接工程费计算过程见表20-7。

直接工程费计算表（实物金额法）　　　表20-7

序号	名　称	单位	数量	单价（元）	合价（元）	备　注
1	人　工	工日	199.43	25.00	4985.75	人工费：4985.75
2	标准砖	千块	39.858	127.00	5061.97	材料费：14030.57
3	M5水泥砂浆	m³	17.986	124.32	2236.02	
4	C15混凝土（0.5～4）	m³	49.046	136.02	6671.24	
5	水	m³	92.29	0.60	55.37	
6	其他材料费	元		5.97	5.97	
7	200L砂浆搅拌机	台班	3.620	15.92	57.63	机械费：208.03
8	400L混凝土搅拌机	台班	1.845	81.52	150.40	
	合　计				19224.35	直接工程费：19224.35

第三节　材料价差调整

一、材料价差产生的原因

凡是使用完全定额基价的预算定额，编制的施工图预算，一般需调整材料价差。

目前，预算定额基价中的材料费是根据编制定额所在地区的省会所在地的材料预算价格计算。由于地区材料预算价格随着时间的变化而发生变化，其他地区使用该预算定额时材料预算价格也会发生变化，所以，用单位估价法计算定额直接工程费后，一般还要根据工程所在地区的材料预算价格调整材料价差。

二、材料价差调整方法

材料价差的调整有二种基本方法，即单项材料价差调整法和采用材料价差综合系数调整法。

1. 单项材料价差调整

当采用单位估价法计算定额直接工程费时,一般,对影响工程造价较大的主要材料(如钢材、木材、水泥等)需进行单项材料价差调整。

单项材料价差调整的计算公式为:

$$\text{单项材料价差调整} = \Sigma\left[\text{单位工程某种材料用量} \times \left(\text{现行材料单价} - \text{预算定额中材料单价}\right)\right]$$

【例20-1】 根据某工程有关材料消耗量和现行材料单价,调整材料价差,有关数据如表20-8。

表20-8

材料名称	单位	数量	现行材料单价(元)	预算定额中材料单价(元)
525号水泥	kg	7345.10	0.35	0.30
ϕ10 圆钢筋	kg	5618.25	2.65	2.80
花岗岩板	m²	816.40	350.00	290.00

【解】 (1) 直接计算

某工程单项材料价差 = $7345.10 \times (0.35 - 0.30) + 5618.25 \times (2.65 - 2.80) + 816.40 \times (350 - 290)$

= $7345.10 \times 0.05 - 5618.25 \times 0.15 + 816.40 \times 60$

= 48508.52(元)

(2) 用"单项材料价差调整表(表20-9)"计算

单项材料价差调整表　　　　　表20-9

工程名称:××工程

序号	材料名称	数量	单位	现行材料单价(元)	预算定额中材料单价(元)	价差(元)	调整金额(元)
1	525号水泥	7345.10	kg	0.35	0.30	0.05	367.26
2	ϕ10 圆钢筋	5618.25	kg	2.65	2.80	−0.15	−842.74
3	花岗岩板	816.40	m²	350.00	290.00	60.00	48984.00
	合　计						48508.52

2. 采用综合系数调整材料价差

采用单项材料价差的调整方法,其优点是准确性高,但计算过程较繁杂。因此,一些用量大、单价相对低的材料(如地方材料、辅助材料等)常采用综合系数的方法来调整单位工程材料价差。

采用综合系数调整材料价差的具体做法就是用单位工程定额材料费或定额直接工程费乘以综合调整系数,求出单位工程材料价差,其计算公式如下:

$$\text{单位工程采用综合系数调整材料价差} = \text{单位工程定额材料费}\left(\text{定额直接工程费}\right) \times \text{材料价差综合调整系数}$$

【例20-2】 某工程的定额材料费为786457.35元,按规定以定额材料费为基础乘以综合调整系数1.38%,计算该工程地方材料价差。

【解】 某工程地方材料的材料价差 $=786457.35\times1.38\%=10853.11(元)$

需要说明,一个单位工程可以单独采用单项材料价差调整的方法来调整材料价差,也可单独采用综合系数的方法来调整材料价差,还可以将上述两种方法结合起来调整材料价差。

思 考 题

1. 什么是直接工程费?
2. 什么是措施费?
3. 什么是直接费?直接费包括哪些内容?
4. 计算直接工程费的常用方法有哪几种?
5. 叙述用实物金额法计算直接工程费的过程。
6. 为什么要调整材料价差?
7. 如何调整材料价差?
8. 叙述用综合系数调整材料价差的过程。

第二十一章 工料机分析、直接费计算实例

第一节 某食堂工程工日、机械台班、材料用量计算

工日、机械台班、材料用量计算表

工程名称：××食堂

表 21-1

序号	定额编号	项目名称	单位	工程数量	综合工日	机械台班 电动打夯机	材料用量							
		建筑面积												
		一、土石方												
1	1-8	人工挖地槽	m³	132.09	0.537/70.93	0.0018/0.24								
2	1-17	人工挖地坑	m³	138.48	0.633/87.66	0.0052/0.72								
3	1-46	坑槽回填土	m³	190.16	0.294/55.91	0.0798/15.17								
4	1-46	室内回填土	m³	61.38	0.294/18.05	0.0798/4.90								

续表

序号	定额编号	项目名称	单位	工程数量	综合工日	机械台班		材料用量									
						电动打夯机	载重汽车6吨	钢管φ48×3.5/kg	直角扣件(个)	对接扣件(个)	回转扣件(个)	底座(个)	木脚手板/m³	垫木60×60×60(块)	8号钢丝/kg	铁钉/kg	防锈漆/kg	溶剂油/kg	钢丝绳/kg	缆风桩木/m³
5	1-48	人工平整场地	m²	428.40	0.0315/13.49															
6	1-49 1-50	人工运土(50m)	m³	18.51	0.295/5.46															
		分部小计			251.50	21.03														
		二、脚手架																		
7	3-6	外墙双排脚手架	m²	763.63	0.072/54.98		0.0017/1.30	0.649/495.6	0.129/98.5	0.018/13.7	0.005/3.8	0.004/3.1	0.001/0.764	0.021/16.0	0.048/36.7	0.006/4.6	0.056/42.7	0.006/4.6	0.003/2.30	0.00003/0.023
8	3-6	现浇框架柱脚手架	m²	269.26	0.072/19.39		0.0017/0.46	0.649/174.7	0.129/34.7	0.018/4.8	0.005/1.3	0.004/1.1	0.001/0.269	0.021/5.7	0.048/12.9	0.006/12.9	0.056/15.1	0.006/1.6	0.003/0.81	0.00003/0.008

注：分数中，分子为定额用量，分母为工程量乘以分子后的结果。

续表

序号	定额编号	项目名称	单位	工程数量	综合工日	机械台班	材料用量												
							钢管φ48×3.5/kg	直角扣件(个)	对接扣件(个)	回转扣件(个)	底座(个)	木脚手板/m³	垫木60×60×60(块)	8号钢丝/kg	铁钉/kg	防锈漆/kg	溶剂油/kg	钢丝绳/kg	缆风桩木/m³	挡脚板/m³
9	3-6	现浇框架梁砌筑脚手架	m²	162.62	0.072/11.71	载重汽车6t 0.0017/0.28	0.649/105.5	0.129/21	0.018/2.9	0.005/0.8	0.004/0.7	0.001/0.163	0.021/3.4	0.048/7.8	0.006/1.0	0.056/9.1	0.006/1.0	0.003/0.5	0.00003/0.005	0.00005/0.016
10	3-15	内墙里脚手架	m²	303.31	0.035/10.62		0.012/3.6	0.0024/0.7	0.0001/0.03			0.0001/0.030		0.006/1.8	0.0204/6.2	0.001/0.3	0.0001/0.03			
11	3-20	底层顶棚抹灰满堂架	m²	325.83	0.094/30.63		0.1006/32.78	0.0146/4.8	0.0028/0.9	0.0046/1.50	0.002/0.7	0.0006/0.195		0.224/73.0	0.0194/6.3	0.0087/2.8	0.001/0.3			
		分部小计			127.33	2.04	812.18	159.70	22.33	7.40	5.60	1.421	25.10	132.20	31.00	70.00	7.53	3.61	0.036	0.016
		三、砌筑					M5水泥砂浆/m³	标准砖(千块)	水/m³		M2.5混合砂浆/m³									
12	4-1	M5水泥砂浆砌砖基础	m³	20.89	1.218/25.44	200L灰浆机 0.039/0.81	0.236/4.93	0.524/10.946	0.105/2.19											
13	4-8换	M5混合砂浆砌1/2砖墙	m³	1.05	2.014/2.11	0.033/0.03		0.564/0.592	0.113/0.12	0.195/0.205										
14	4-8换	M2.5混合砂浆砌栏板墙	m³	5.87	2.014/11.82	0.033/0.19		0.564/3.311	0.113/0.66		0.195/1.145									
15	4-10换	M5混合砂浆砌一砖墙	m³	204.82	1.608/329.35	0.038/7.78		0.531/108.759	0.106/21.71	0.225/46.08										
16	4-60换	M2.5混合砂浆砌屋面隔热板砖墩	m³	2.64	2.30/6.07	0.35/0.92		0.551/1.455	0.11/0.29	0.211/0.557										
17	4-60换	M2.5混合砂浆砌雨篷边	m³	1.00	2.30/2.30	0.35/0.35		0.551/0.551	0.11/0.11	0.211/0.211										
		分部小计			377.09	10.08	4.93	125.61	25.08	47.053	1.145									

续表

序号	定额编号	项目名称	单位	工程数量	综合工日	机械台班 载重汽车 6t	机械台班 汽车起重机 5t	机械台班 500内圆锯	材料用量 组合钢模板/kg	材料用量 模板防板材/m³	材料用量 支撑方木/m³	材料用量 零星卡具/kg	材料用量 铁钉/kg	材料用量 8号钢丝/kg	材料用量 80号草板纸/(张)	材料用量 隔离剂/kg	材料用量 1:2水泥砂浆/m³	材料用量 22号钢丝/kg	材料用量 支撑钢管及扣件/kg	材料用量 梁卡具/kg
		四、混凝土及钢筋混凝土																		
18	5-17	独立基础模板	m²	48.02	0.265/12.73	0.0028/0.13	0.0008/0.04	0.0007/0.03	0.70/33.61	0.001/0.048	0.0065/0.312	0.259/12.44	0.123/5.91	0.52/24.97		0.10/4.80	0.00012/0.006	0.0018/0.09		
19	5-33	砖基础垫层模板	m²	57.90	0.128/7.41	0.0011/0.06		0.0016/0.09		0.0145/0.840			0.197/11.41		0.30/14.41	0.10/5.79	0.00012/0.007	0.0018/0.10		
20	5-58	框架柱模板	m²	83.55	0.41/34.26	0.0028/0.10	0.0018/0.15	0.0006/0.05	0.781/65.25	0.00064/0.053	0.00182/0.152	0.6674/55.76	0.018/1.50		0.30/25.07	0.10/8.36			0.459/38.35	
21	5-58	构造柱模板	m²	74.35	0.41/30.48	0.0028/0.21	0.0018/0.13	0.0006/0.04	0.781/58.07	0.00064/0.048	0.00182/0.135	0.6674/49.62	0.018/1.34		0.30/22.31	0.10/7.44			0.459/34.13	
22	5-69	基础梁模板	m²	35.75	0.339/12.12	0.0023/0.08	0.0011/0.04	0.0004/0.001	0.767/27.42	0.00043/0.015	0.0028/0.100	0.3182/11.38	0.219/7.83	0.172/6.15	0.30/10.73	0.10/3.58	0.00012/0.004	0.0018/0.06		0.1715/6.13
23	5-73	矩形梁模板	m²	278.52	0.496/138.15	0.0033/0.92	0.002/0.56	0.0004/0.11	0.773/215.30	0.00017/0.047									0.695/193.57	
24	5-77	过梁模板	m²	34.02	0.586/19.94	0.0031/0.11	0.0008/0.03	0.0063/0.21	0.738/25.11	0.00193/0.066	0.00835/0.284	0.1202/4.09	0.632/21.50	0.120/4.08	0.30/10.21	0.10/3.40	0.00012/0.004	0.0018/0.061		
25	5-82	地圈梁模板	m²	50.66	0.361/18.29	0.0015/0.08	0.0008/0.04	0.0001/0.01	0.765/38.75	0.00014/0.007	0.00109/0.055		0.33/16.72	0.645/32.68	0.30/15.20	0.10/5.07	0.00003/0.002	0.0018/0.09		
26	5-82	圈梁模板	m²	63.85	0.361/23.05	0.0015/0.10	0.0008/0.05	0.0001/0.01	0.765/48.85	0.00014/0.009	0.00109/0.070		0.33/21.07	0.645/41.18	0.30/19.16	0.10/6.39	0.00003/0.002	0.0018/0.11		
27	5-100	有梁板模板	m²	22.07	0.429/9.47	0.0042/0.09	0.0024/0.05	0.0004/0.01	0.721/15.91	0.0007/0.015	0.00193/0.043	0.3525/7.78	0.017/0.38	0.2214/4.89	0.30/6.62	0.10/2.21	0.00007/0.002	0.0018/0.04	0.580/12.8	0.0546/1.21
28	5-108	平板模板	m²	6.48	0.362/2.35	0.0034/0.02	0.002/0.01		0.6828/4.42	0.00051/0.003	0.00231/0.015	0.2766/1.79	0.018/0.12		0.30/1.94	0.10/0.65	0.00003/0.001	0.0018/0.01	0.480/3.11	
29	5-119	现浇整体楼梯模板	m²	24.36	1.063/25.89	0.005/0.12		0.05/1.22		0.0178/0.434	0.0168/0.409		1.068/26.02			0.204/4.97				
30	5-131	栏板扶手模板	m²	48.12	0.239/11.50	0.0011/0.05		0.0092/0.44		0.00324/0.156	0.00423/0.204		0.2073/9.98			0.033/1.59				

续表

序号	定额编号	项目名称	单位	工程数量	综合工日	机械台班									材料用量							
						载重汽车6t	500内圆锯	10t内龙门吊	3t内卷扬机	600内木工单面压刨床				钢拉模/kg	定型钢模/kg	22号钢丝/kg	1:2水泥砂浆/m³	隔离剂/kg	电焊条/kg	铁钉/kg	支撑方木/m³	模板枋板材/m³
31	5-130	女儿墙压顶模板	m²	17.55	0.455/7.99	0.0032/0.06	0.0098/0.17											0.10/1.76		0.761/13.4	0.005/0.088	0.01733/0.304
32	5-174	预制槽板模板	m³	0.21	1.579/0.33			0.023/0.005							3.354/0.70	0.051/0.01	0.003/0.001	2.50/0.53				
33	5-169	预应力空心板模板	m³	48.96	1.733/84.85		0.004/0.02		0.041/2.01					3.709/181.59		0.042/2.06	0.003/0.147	4.92/240.88				
34	5-185	预制隔热板模板	m³	4.26	1.195/5.09					0.004/0.02						0.082/0.35	0.005/0.021	4.0/17.04		0.34/1.45		0.024/0.102
		现浇构件圆钢筋				5t内卷扬机	ϕ40内钢筋切断机	ϕ40内钢筋弯曲机	30kW内电焊机	73kVA对焊机	ϕ14内钢筋调直机	75kVA长臂点焊机	65t内钢筋拉伸机			ϕ10外钢筋/t			电焊条/kg	水/m³	螺纹钢筋/t	
35	5-294	现浇构件圆钢筋ϕ6.5	t	0.307	22.63/6.95	0.37/0.11	0.12/0.04								1.02/0.313		15.67/4.81					
36	5-295	现浇构件圆钢筋ϕ8	t	0.058	14.75/0.86	0.32/0.02	0.12/0.01	0.36/0.02							1.02/0.059		8.80/0.51					
37	5-296	现浇构件圆钢筋ϕ10	t	0.094	10.90/1.02	0.30/0.03	0.10/0.01	0.31/0.03							1.02/0.096		5.64/0.53					
38	5-297	现浇构件圆钢筋ϕ12	t	3.567	9.54/34.03	0.28/1.00	0.09/0.32	0.26/0.93	0.45/0.32							1.045/3.728	4.62/16.48		7.20/25.68	0.15/0.54		
39	5-299	现浇构件圆钢筋ϕ16	t	0.715	7.32/5.23	0.17/0.12	0.10/0.07	0.23/0.16	0.42/0.02							1.045/0.747	2.60/1.86		7.20/5.15	0.15/0.11		
40	5-300	现浇构件圆钢筋ϕ18	t	0.042	6.45/0.27	0.16/0.01	0.09/0.004	0.20/0.01	0.53/0.04	0.07/0.003						1.045/0.044	2.05/0.09		9.60/0.40	0.12/0.01		
41	5-309	现浇构件螺纹钢筋Φ14	t	0.079	9.03/0.71	0.22/0.02	0.10/0.01	0.21/0.02	0.53/0.48	0.11/0.01							3.39/0.27		7.20/0.57	0.15/0.01	1.045/0.083	
42	5-310	现浇构件螺纹钢筋Φ16	t	0.913	8.16/7.45	0.19/0.17	0.11/0.10	0.23/0.21	0.53/0.48	0.11/0.10							2.60/2.37		7.20/6.57	0.15/0.14	1.045/0.954	
43	5-311	现浇构件螺纹钢筋Φ18	t	0.221	7.06/1.56	0.17/0.04	0.10/0.02	0.20/0.04	0.50/0.11	0.09/0.02							3.02/0.67		9.60/2.12	0.12/0.03	1.045/0.231	
44	5-294	现浇构件圆钢筋ϕ4	t	0.042	22.63/0.95	0.37/0.02	0.12/0.01								1.02/0.043		15.67/0.66					

续表

序号	定额编号	项目名称	单位	工程数量	综合工日	5t内卷扬机	φ40内钢筋切断机	φ40内钢筋弯曲机	30kW电焊机	75kVA对焊机	75kVA长臂点焊机	φ14内钢筋调直机	螺纹钢筋/t	22号钢丝/kg	电焊条/kg	水/m³	φ5以下冷拔丝/t	φ10内钢筋/t	φ10外钢筋/t	张拉机具/kg
45	5-312	现浇构件螺纹筋制安 Φ20	t	0.208	6.49/1.35	0.16/0.03	0.09/0.02	0.17/0.04	0.50/0.10	0.10/0.02			1.045/0.217	2.05/0.43	9.60/2.00	0.12/0.02				
46	5-313	现浇构件螺纹筋制安 Φ22	t	1.851	5.80/10.74	0.14/0.26	0.09/0.17	0.20/0.37	0.46/0.85	0.06/0.11			1.045/1.934	1.67/3.09	9.60/17.77	0.08/0.15				
47	5-314	现浇构件螺纹筋制安 Φ25	t	0.364	5.19/1.89		0.09/0.03	0.18/0.07	0.46/0.17	0.06/0.02			1.045/0.380	1.07/0.39	12.00/4.37	0.08/0.03				
48	5-321	预制构件圆钢筋制安 Φ4	t	0.105	32.14/3.37		0.44/0.05				2.18/0.23	0.73/0.08		2.14/0.22		5.27/0.55	1.090/0.114			
49	5-326	预制构件圆钢筋制安 Φ10	t	0.030	10.33/0.31	0.27/0.01	0.09/0.003	0.27/0.01						5.64/0.17				1.015/0.030		
50	5-334	预制构件圆钢筋制安 Φ18	t	0.015	6.09/0.09	0.14/0.002	0.08/0.001	0.18/0.003	0.42/0.01	0.07/0.001				2.05/0.03	9.60/0.14	0.12/0.002			1.035/0.016	
51	5-359	先张法构件钢筋制安 Φ4	t	2.832	18.62/52.73												1.09/3.09			39.61/112.18
52	5-354	箍筋制安 Φ4	t	0.010	40.87/0.41		0.44/0.004					0.73/0.007		15.67/0.16			1.02/0.010			
53	5-355	箍筋制安 Φ6.5	t	1.598	28.88/46.15	0.37/0.59	0.19/0.304							15.67/25.04				1.02/1.630		
54	5-356	箍筋制安 Φ8	t	0.270	18.67/5.04	0.32/0.09	0.18/0.049							8.80/2.38				1.02/0.275		
55	5-384	现浇构件成型钢筋汽车运1km	t	10.340	1.96/20.27	6t汽车 0.49/5.07							铁件(吨) 1.01/0.057							
56	5-382	楼踏步预埋件制安	t	0.056	24.50/1.37				4.39/0.25						36.0/2.02					
57	5-403换	现浇C20混凝土构造柱	m³	8.41	2.562/21.55	400L搅拌机 0.062/0.52	插入式振捣器 0.124/1.04	机动翻斗车	200L灰浆机				水/m³ 0.899/7.56	C20混凝土/m³ 0.986/8.292	草袋子/m² 0.084/0.71	1:2水泥砂浆/m³ 0.031/0.261				
58	5-396换	现浇混凝土独立基础	m³	24.55	1.058/25.97	0.039/0.96	0.077/1.89	0.078/1.91	0.004/0.03				水/m³ 0.931/22.86	0.326/8.00	C15混凝土/m³ 1.015/24.918					

续表

序号	定额编号	项目名称	单位	工程数量	综合工日	机械台班					材料用量						
						400L搅拌机	插入式振捣器	200L灰浆机	平板式振捣器	6t内塔吊	C25混凝土/m³	草袋子/m²	水/m³	1:2水泥砂浆/m³	C20混凝土/m³	二等板枋材/m³	15m皮带运输机	机动翻斗车	10t内龙门吊
59	5-405换	现浇C23混凝土基础梁	m³	3.15	1.334/4.20	0.063/0.20	0.125/0.39					0.603/1.90	1.014/3.19		1.015/3.197				
60	5-409换	现浇C20混凝土过梁	m³	2.68	2.61/6.99	0.063/0.17	0.125/0.34					1.857/4.98	1.317/3.53		1.015/2.720				
61	5-417	现浇C20混凝土有梁板	m³	1.99	1.307/2.60	0.063/0.13	0.063/0.13		0.063/0.13			1.099/2.19	1.204/2.40		1.015/2.020				
62	5-406换	现浇C20混凝土梁	m³	21.80	1.551/33.81	0.063/1.37	0.125/2.73					0.595/12.97	1.019/22.21		1.015/22.13				
63	5-408换	现浇C20混凝土地圈梁	m³	6.09	2.410/14.68	0.039/0.24	0.077/0.47					0.826/5.03	0.984/5.99		1.015/6.181				
64	5-408换	现浇C20混凝土圈梁	m³	9.91	2.410/23.88	0.039/0.39	0.077/0.76					0.826/8.19	0.984/9.75		1.015/10.059				
65	5-401	现浇C25混凝土框架柱	m³	8.97	2.164/19.41	0.062/0.56	0.124/1.11	0.004/0.04			0.986/8.844	0.10/0.90	0.909/8.15	0.031/0.278					
66	5-406	现浇C25混凝土框架梁	m³	5.21	1.551/8.08	0.063/0.33	0.125/0.65				1.015/5.288	0.595/3.10	1.019/5.31						
67	5-419	现浇C20混凝土平板	m³	0.52	1.351/0.70	0.063/0.03	0.063/0.03		0.063/0.03			1.422/0.74	1.289/0.67		1.015/0.528				
68	5-421	现浇C20混凝土整体楼梯	m²	24.36	0.575/14.01	0.026/0.63	0.052/1.27					0.218/5.31	0.29/7.06		0.260/6.334				
69	5-426	现浇C20混凝土栏板扶手	m³	0.58	5.327/3.09	0.10/0.06	0.10/0.06					1.840/1.07	1.587/0.92		1.015/0.589				
70	5-432	现浇C20混凝土女儿墙压顶	m³	1.703	2.648/4.51	0.10/0.17						3.834/6.53	2.052/3.49		1.015/1.729				
71	5-453	C25混凝土预应力空心板	m³	48.96	1.533/75.06	0.025/1.22	0.050/2.45			0.013/0.64	1.015/49.694	1.345/65.85	2.178/106.63			0.0034/0.166	0.025/1.22	0.063/3.08	0.013/0.64
72	5-454换	预制C20混凝土槽形板	m³	0.21	1.440/0.30	0.025/0.005	0.050/0.01			0.013/0.003		1.163/0.24	2.570/0.54		1.015/0.213	0.0014/0.001	0.025/0.005	0.063/0.01	0.013/0.003

续表

序号	定额编号	项目名称	单位	工程数量	综合工日	机械台班						材料用量							
						6t内塔吊	440L搅拌机	平板式振捣器	15m皮带运输机	机动翻斗车	10t内龙门吊	C20混凝土/m³	二等防腐材板材/m³	草袋子/m²	水/m³				
73	5-467	预制C20混凝土隔热板	m³	4.26	1.668/7.11	0.013/0.06	0.025/0.11	0.05/0.21	0.05/0.21	0.063/0.27	0.013/0.06	1.015/4.324	0.0107/0.046	3.68/15.68	3.08/13.12				
		分部小计			912.60														
		五、构件运输及安装				6t汽车	5t内汽车吊	8t汽车	30kVA电焊机			二等板枋材/m³	钢丝绳/kg	8号钢丝/kg	电焊条/kg	垫铁/kg	方垫木/m³	麻绳/kg
74	6-8	空心板、槽板汽车运25km	m³	49.08	0.986/48.39	0.371/18.21	0.247/12.12					0.001/0.049	0.031/1.52	0.15/7.36					
75	6-37	隔热板运输1km	m³	4.25	0.364/1.55		0.091/0.39	0.137/0.58				0.005/0.021	0.053/0.23	0.525/2.23					
76	6-93	木门汽车运5km	m²	36.92	0.0124/0.46	0.0062/0.23													
77	6-305	槽形板安装	m³	0.21	1.101/0.23				0.097/0.02						0.261/0.05	0.184/0.04	0.0008/0.0002	0.005/0.001
78	6-330	空心板安装	m³	48.48	1.473/71.41				0.161/7.81						1.174/56.92	4.038/195.76	0.0034/0.165	0.005/0.24
79	6-371	隔热板安装	m³	4.22	0.474/2.0												0.001/0.004	0.005/0.02
		分部小计			124.04	18.44	12.51	0.58	7.83			0.07	1.75	9.59	56.97	195.80	0.169	0.26

286

续表

序号	定额编号	项目名称	单位	工程数量	综合工日	机械台班					材料用量							
						500内圆锯	450mm杠平刨床	400杠三面压刨床	50木工打眼机	160木工开榫机	400木工多面裁口机		一等木枋/m³	三层胶合板/m²	3mm玻璃/m²	油灰/kg	铁钉/kg	乳白胶/kg	麻刀石灰浆/m³
		六、门窗																	
80	7-59	门窗扇制作	m²	9.72	0.237/2.30	0.0051/0.05	0.0153/0.15	0.0153/0.15	0.0225/0.22	0.0225/0.22	0.006/0.06		0.0188/0.183	1.587/15.43	0.1496/1.45	0.1679/1.63	0.0397/0.39	0.1189/1.16	
81	7-60	门窗安装	m²	9.72	0.153/1.49												0.0006/0.01	0.006/0.16	
82	7-65	胶合板门框制作(无亮)	m²	27.20	0.084/2.28	0.0021/0.06	0.0056/0.15	0.0044/0.12	0.002/0.05	0.0044/0.12	0.0025/0.07		0.02114/0.575				0.014/0.38		
83	7-66	胶合板门框安装(无亮)	m²	27.20	0.171/4.65	0.0006/0.02							0.00369/0.100				0.1018/2.77		0.0028/0.076
84	7-67	胶合板门扇制作(无亮)	m²	27.20	0.276/7.51	0.0059/0.16	0.0176/0.48	0.0176/0.48	0.0282/0.77	0.0282/0.77	0.007/0.19		0.0194/0.528	2.0136/54.77			0.0502/1.37	0.1189/3.23	
85	7-68	胶合板门扇安装(无亮)	m²	27.20	0.097/2.64														
86	7-289	铝合金推拉窗安装	m²	61.16	0.757/46.30		1.00/61.16	0.502/30.70	4.133/252.77	4.98/304.6	9.96/609.2	密封油膏/kg 0.367/22.45		软填料/kg 0.398/24.34	铝合金推拉窗/m² 0.946/57.86				
87	7-290	铝合金固定窗安装	m²	2.26	0.421/0.95			0.727/1.64		7.78/17.6	15.56/35.2	0.534/1.21		0.6671/1.51		1.01/2.28			
88	7-306	钢门带窗安装	m²	13.02	0.276/3.59							密封毛条/m							
89	7-308	钢平开窗安装	m²	15.12	0.281/4.25							玻璃胶(支)			4mm玻璃/m²				
90	7-57	胶合板门框制作(有亮)	m²	9.72	0.086/0.84							膨胀螺栓(套)	0.0204/0.198				0.0097/0.09	0.006/0.06	
91	7-58	胶合板门框安装(有亮)	m²	9.72	0.147/1.43	0.0006/0.006						地脚(个)	0.00383/0.037				0.104/1.01		0.0024/0.023
		分部小计			78.23	0.30							1.621				6.02	4.61	0.099

续表

序号	定额编号	项目名称	单位	工程数量	综合工日	防腐油/kg	木楔/m³	垫木/m³	清油/kg	油漆溶剂油/kg	1000×30×8板条(根)	螺钉(百个)	铝合金固定窗/m²	普通钢门/m²	电焊条/kg	现浇混凝土/m³	1:2水泥砂浆/m³	预埋铁件	40kVA电焊机
		六、门窗																	
80	7-59	门窗扇制作	m²	9.72	0.237/2.30														
81	7-60	门窗安装	m²	9.72	0.153/1.49		0.00009/0.001	0.00001/0.0001	0.0129/0.13	0.0074/0.07									
82	7-65	胶合板门框制作(无亮)	m²	27.20	0.084/2.28														
83	7-66	胶合板门框安装(无亮)	m²	27.20	0.171/4.65	0.3083/8.39	0.00003/0.001	0.00001/0.0003	0.0046/0.13	0.0027/0.07									
84	7-67	胶合板门扇制作(无亮)	m²	27.20	0.276/7.51						0.0357/0.97								
85	7-68	胶合板门扇安装(无亮)	m²	27.20	0.097/2.64		0.00009/0.002	0.00001/0.0003	0.0129/0.35	0.0074/0.20									
86	7-289	铝合金推拉窗安装	m²	61.16	0.757/46.30							0.133/0.30							
87	7-290	铝合金固定窗安装	m²	2.26	0.421/0.95								0.926/2.09						
88	7-306	钢门带窗安装	m²	13.02	0.276/3.59									0.962/12.53	0.0294/0.38	0.002/0.03	0.0015/0.020	0.297/3.87	0.0095/0.12
89	7-308	钢平开窗安装	m²	15.12	0.281/4.25									0.948/14.33	0.0284/0.43	0.002/0.03	0.0024/0.036	0.292/4.41	0.0109/0.16
90	7-57	胶合板门扇制作(有亮)	m²	9.72	0.086/0.84														
91	7-58	胶合板门扇安装(有亮)	m²	9.72	0.147/1.43	0.2829/2.75	0.00003/0.0003	0.00001/0.0001	0.0046/0.04	0.0027/0.03	0.0247/0.24								
		分部小计			78.23	11.14	0.004	0.001	0.65	0.37	1.21	0.30	2.09	26.86	0.81	0.06	0.056	8.28	0.28

续表

序号	定额编号	项目名称	单位	工程数量	综合工日	机械台班					材料用量									
						400L 搅拌机	平板式振动器	200L 灰浆机	平面磨面机	石料切割机	1:1.25 水泥豆石浆/m³	C10 混凝土/m³	炉渣/m³	水/m³	1:3 水泥砂浆/m³	素水泥浆/m³	C15 混凝土/m³	1:2 水泥砂浆/m³	草袋子/m²	1:2.5 水泥白石子浆/m³	水泥/kg	三角金刚石(块)	200×75×50 金刚石(块)
		七、楼地面																					
92	8-13	卫生间炉渣垫层	m³	1.52	0.383/0.58								1.218/1.85	0.20/0.30									
93	8-16	C10 混凝土基础垫层	m³	5.86	1.225/7.18	0.101/0.59	0.079/0.46					1.01/5.919		0.50/2.93									
94	8-16	C10 混凝土地面垫层	m³	26.54	1.225/32.51	0.101/2.68	0.079/2.10					1.01/26.805		0.50/13.27									
95	8-18	1:3 水泥砂浆屋面找平	m²	415.89	0.078/32.44									0.006/2.50	0.0202/8.401	0.001/0.416							
96	8-16换	C15 混凝土基础垫层	m³	28.95	1.225/35.46	0.101/2.92	0.079/2.29							0.50/14.48			1.01/29.240						
97	8-24换	1:2 水泥砂浆楼梯面	m²	29.42	0.396/11.65			0.0034/1.41						0.0505/1.49		0.0013/0.038		0.0269/0.791	0.2926/8.61				
98	8-27换	1:2 水泥砂浆踢脚线	m	354.54	0.05/17.73													0.003/1.064					
99	8-29	普通水磨石地面	m²	331.77	0.565/187.45			0.0025/0.75	0.1078/35.76					0.056/8.58		0.001/0.332			0.22/72.99	0.0173/5.740	0.26/86.26	0.30/99.53	0.03/9.95
100	8-37	水泥豆石楼面	m²	301.82	0.179/54.03						0.0152/4.59			0.038/11.47		0.001/0.302			0.22/66.40		0.22/86.26		
101	8-43	C15 混凝土散水	m²	27.85	0.165/4.60			0.0009/0.03						0.038/1.06			0.0711/1.980		0.22/6.13				
102	8-72	卫生间防滑地砖	m²	10.11	0.372/3.76	30kVA 电焊机 0.0071/0.20	ϕ60 切管机 0.0017/0.02			0.0126/0.13				0.026/0.26		0.001/0.010		0.003/0.102		0.0101/0.102		ϕ50 钢管/m 1.06/19.09	扁钢/kg 3.472/62.53
103	8-152	塑料扶手型钢梯栏杆	m	18.01	0.246/4.43	0.153/2.76																	
		分部小计			391.82			2.34	35.76	0.13	4.59	32.724	1.85	66.34	8.401	1.098	31.22	1.957	154.13	5.74	86.26		

续表

序号	定额编号	项目名称	单位	工程数量	综合工日	3mm玻璃/m²	草酸/kg	硬白蜡/kg	煤油/kg	溶剂油/kg	清油/kg	棉纱头/kg	1:1水泥砂浆/m³	粗砂/m³	30号石油沥青/kg	木柴/kg	横板枋板材/m³	锯木屑/m³	彩釉砖/m²	白水泥/kg	石料切割锯片/(片)	φ18圆钢/kg	电焊条/kg	乙炔气/m³
		七、楼地面																						
92	8-13	卫生间炉渣垫层	m³	1.52	0.383/0.58																			
93	8-16	C10混凝土基础垫层	m³	5.86	1.225/7.18																			
94	8-16	C10混凝土地面垫层	m³	26.54	1.225/32.51																			
95	8-18	1:3水泥砂浆屋面找平	m²	415.89	0.078/32.44																			
96	8-16换	C15混凝土砖基础垫层	m³	28.95	1.225/35.46																			
97	8-24换	1:2水泥砂浆梯间地面	m²	29.42	0.396/11.65																			
98	8-27换	1:2水泥砂浆踢脚线	m	354.54	0.05/17.73																			
99	8-29	普通水磨石地面	m²	331.77	0.565/187.45	0.0538/17.85	0.01/3.32	0.0265/8.79	0.04/13.27	0.0053/1.76	0.0053/1.76	0.011/3.65												
100	8-37	水泥豆石楼面	m²	301.82	0.179/54.03																			
101	8-43	C15混凝土散水	m²	27.85	0.165/4.60								0.00510/0.142	0.0001/0.003	0.0111/0.31	0.004/0.11	0.0004/0.011	0.006/0.17						
102	8-72	卫生间防滑地砖	m²	10.11	0.372/3.76							0.01/0.101							1.02/10.31	0.10/1.01	0.0032/0.03			
103	8-152	塑料扶手型钢梯栏杆	m	18.01	0.246/4.43																	5.504/99.13	0.25/4.50	0.246/4.43
		分部小计				17.85	3.32	8.79	13.27	1.76	1.76	3.75	0.142	0.003	0.31	0.11	0.011	0.23	10.31	1.01	0.03	99.13	4.50	4.43

续表

序号	定额编号	项目名称	单位	工程数量	综合工日	机械台班 200L灰浆机	材料用量										
							塑料排水管φ110/m	卡箍及螺栓(套)	1.8mm玻纤布/m²	塑料油膏/kg	木柴/kg	排水检查口(个)	伸缩节(个)	密封胶/kg	塑料水斗(个)	C20细石混凝土/m³	沥青砂浆/m³	水泥珍珠岩/m³	水/m³

序号	定额编号	项目名称	单位	工程数量	综合工日	200L灰浆机	塑料排水管φ110/m	卡箍及螺栓(套)	1.8mm玻纤布/m²	塑料油膏/kg	木柴/kg	排水检查口(个)	伸缩节(个)	密封胶/kg	塑料水斗(个)	C20细石混凝土/m³	沥青砂浆/m³	水泥珍珠岩/m³	水/m³
		八、屋面及防水																	
104	9-45	卫生间一布二油塑料油膏防水层	m²	14.63	0.035/0.51				1.205/17.63	8.73/127.72	2.72/39.79								
105	9-45 9-46	屋面二布三油塑料油膏防水	m²	536.90	0.056/30.07				2.326/1248.8	11.97/6426.7	3.73/2002.6								
106	9-66换	φ110塑料水落管	m	37.20	0.289/10.75		1.054/39.21	0.714/26.56				0.111/4.13	0.101/3.76	0.012/0.45	1.01/6.06	0.003/0.018			
107	9-70换	φ110塑料水斗	个	6	0.301/1.81									0.031/0.186					
108	9-143	散水沥青砂浆伸缩缝	m	43.28	0.066/2.86												0.0048/0.208		
		分部小计			46.00		39.21	26.56	1266.43	6554.42	2042.39	4.13	3.76	0.636	6.06	0.018	0.208		
		九、保温、隔热																	
109	10-201	水泥珍珠岩屋面找坡	m³	34.52	0.719/24.82					松厚板/m³ 0.00005/0.002								1.04/35.90	0.70/24.16
		十、装饰					1:3水泥砂浆/m³	1:2.5水泥砂浆/m³											水/m³
110	11-25	水泥砂浆抹女儿墙内侧	m²	49.56	0.145/7.19	0.0039/0.19	0.0162/0.80	0.0069/0.34											0.007/0.35

291

续表

序号	定额编号	项目名称	单位	工程数量	综合工日	机械台班 200L灰浆机	机械台班 石料切割机	材料用量 1:3水泥砂浆/m³	材料用量 1:2.5水泥砂浆/m³	材料用量 水/m³	材料用量 松厚板/m³	材料用量 素水泥浆/m³	材料用量 108胶/kg	材料用量 1:1:6混合砂浆/m³	材料用量 1:1:4混合砂浆/m³
111	11-30	水泥砂浆抹扶手	m²	22.13	0.656/14.52	0.0037/0.08		0.0155/0.343	0.0067/0.148	0.0079/0.17		0.001/0.22	0.0221/0.49		
112	11-30	水泥砂浆抹女儿墙压顶	m²	42.34	0.656/27.78	0.0037/0.16		0.0155/0.656	0.0067/0.284	0.0079/0.33		0.001/0.042	0.0221/0.94		
113	11-30	水泥砂浆抹雨篷边	m²	16.27	0.656/10.67	0.0037/0.06		0.0155/0.252	0.0067/0.109	0.0079/0.13		0.001/0.016	0.0221/0.36		
114	11-30	水泥砂浆抹水线	m²	1.13	0.656/0.74	0.0037/0.004		0.0155/0.018	0.0067/0.008	0.0079/0.01		0.001/0.001	0.00221/0.02		
115	11-35	水泥砂浆混凝土柱面	m²	47.91	0.215/10.30	0.0037/0.18		0.0133/0.637	0.0089/0.426	0.0079/0.378		0.001/0.048	0.0221/1.06		
116	11-36	混合砂浆抹排气洞墙	m²	53.47	0.137/7.33	0.0039/0.21				0.0069/0.37	0.00005/0.002			0.0162/0.866	0.0069/0.369
117	11-36	混合砂浆抹栏板墙内侧	m²	49.55	0.137/6.79	0.0039/0.19				0.0069/0.34	0.00005/0.003			0.0162/0.803	0.0069/0.342
118	11-36	混合砂浆抹内墙	m²	1109.01	0.137/151.93	0.0041/4.33				0.0069/7.65	0.00005/0.055			0.0162/17.966	0.0069/7.652
119	11-75	水刷石挑檐	m²	13.25	0.892/11.82	0.0042/0.05		0.0133/0.176		0.0282/0.37		0.001/0.013	0.0221/0.29		
120	11-72	彩色水刷石外墙	m²	107.55	0.379/40.76	0.0042/0.45		0.0139/1.495		0.0284/3.05	0.00005/0.009	0.0011/0.118	0.0248/2.67		
121	11-168	瓷砖墙裙	m²	184.91	0.643/118.90	0.0032/0.59	0.0148/2.74	0.0111/2.053		0.0081/1.50		0.001/0.185	0.0221/4.09		
122	11-175	外墙面贴面砖	m²	467.16	0.622/290.57	0.0038/1.78		0.0089/4.158		0.0091/4.25		0.001/0.467	0.0221/10.32		
123	11-186	混合砂浆抹楼间顶棚	m²	32.36	0.139/4.50	0.0029/0.09				0.0019/0.06	0.00016/0.005	0.001/0.032	0.0276/0.89		
124	11-286	混合砂浆抹顶棚	m²	760.04	0.139/105.65	0.0029/2.20				0.0019/1.44	0.00016/0.122	0.001/0.760	0.0276/20.98		

续表

序号	定额编号	项目名称	单位	工程数量	综合工日	1:1.5白石子浆/m³	1:0.2:2混合砂浆/m³	瓷板152×152(块)	白水泥/kg	阴阳角瓷片(块)	压顶瓷片(块)	石料切割锯片(片)	棉纱头/kg	1:1水泥砂浆/m³	150×75面砖(块)	YJ-302胶粘剂/kg
111	11-30	水泥砂浆抹扶手	m²	22.13	0.656/14.52											
112	11-30	水泥砂浆抹女儿墙压顶	m²	42.34	0.656/27.78											
113	11-30	水泥砂浆抹雨篷边	m²	16.27	0.656/10.67											
114	11-30	水泥砂浆抹挡水线	m²	1.13	0.656/0.74											
115	11-35	水泥砂浆混凝土柱面	m²	47.91	0.215/10.30											
116	11-36	混合砂浆抹排气洞墙	m²	53.47	0.137/7.33											
117	11-36	混合砂浆抹栏板墙内侧	m²	49.55	0.137/6.79											
118	11-36	混合砂浆抹内墙	m²	1109.01	0.137/151.93	0.0111/0.147										
119	11-75	水刷石排檐	m²	13.25	0.892/11.82	0.0115/1.237										
120	11-72	彩色水刷石外墙	m²	107.55	0.379/40.76		0.0082/1.516									
121	11-168	瓷砖墙裙	m²	184.91	0.643/118.90		0.0122/5.699	44.80/8284	0.15/27.7	3.80/703	4.70/869	0.0096/1.78	0.01/1.85			
122	11-175	外墙贴面砖	m²	467.16	0.622/290.57			1:3:9混合浆/m³	1:0.5:1混合砂浆/m³				0.01/4.67	0.0016/0.747	75.40/35224	0.1303/60.87
123	11-186	混合砂浆抹梯间顶棚	m²	32.36	0.139/4.50			0.002/0.065	0.0062/0.20	0.009/0.291						
124	11-286	混合砂浆抹顶棚	m²	760.04	0.139/105.65			0.002/1.520	0.0062/4.712	0.009/6.840						

续表

序号	定额编号	项目名称	单位	工程数量	综合工日	机械台班	红丹防锈漆/kg	熟桐油/kg	溶剂油/kg	石膏粉/kg	无光调合漆/kg	调合漆/kg	清油/kg	漆片/kg	酒精/kg	催干剂/kg	砂纸(张)	白布/m²	双飞粉/kg	117胶/kg
125	11-409	木门调合漆二遍	m²	38.32	0.177/6.78			0.0425/1.63	0.1114/4.27	0.0504/1.93	0.25/9.58	0.22/8.43	0.0175/0.67	0.0007/0.03	0.0043/0.16	0.0103/0.39	0.42/16.09	0.0025/0.10		
126	11-574	钢门窗调合漆二遍	m²	28.14	0.097/2.73				0.024/0.68			0.225/6.33				0.0041/0.12	0.11/3.10	0.0014/0.04		
127	11-594	钢门窗防锈漆一遍	m²	28.14	0.039/1.10		0.1652/4.65		0.0172/0.48								0.27/7.60			
128	11-627	墙面、顶棚仿瓷涂料二遍	m²	1954.88	0.112/218.95														2.0/3910	0.80/1563.90
		分部小计			1039.01															
	十一、建筑工程垂直运输																			
129	13-1	建筑物垂直运输(混合)	m²	389.96		2t内卷扬机 0.117/45.63														
130	13-2	建筑物垂直运输(框架)	m²	366.65		0.156/57.20														
		分部小计				102.83														
		合 计			3372.44															

第二节 某食堂工程工日、材料、机械台班用量汇总

工日、材料、机械台班汇总表

表21-2

工程名称：××食堂

序号	名　称	单位	数量	其　中
一、	工日	工日	3372.44	土石方：251.50 脚手架：127.33 砌筑：377.09 混凝土及钢筋混凝土：912.60 构件运安：124.04 门窗：78.23 楼地面：391.82 屋面：46.0 保温：24.82 装饰：1039.01
二、	机械			
1	6t载重汽车	台班	22.61	脚手架：2.04 混凝土及钢筋混凝土：2.13 构件运安：18.44
2	8t汽车	台班	0.58	构件运安：0.58
3	机动翻斗车	台班	5.27	混凝土及钢筋混凝土：5.27
4	电动打夯机	台班	21.03	土石方：21.03
5	6t内塔吊	台班	0.70	混凝土及钢筋混凝土：0.70
6	10t内龙门吊	台班	0.71	混凝土及钢筋混凝土：0.71
7	3t内卷扬机	台班	2.01	混凝土及钢筋混凝土：2.01
8	5t内卷扬机	台班	2.54	混凝土及钢筋混凝土：2.54
9	2t内卷扬机	台班	102.83	垂直运输：102.83
10	15m皮带运输机	台班	1.44	混凝土及钢筋混凝土：1.44
11	5t内起重机	台班	13.61	混凝土及钢筋混凝土：1.10 构件运安：12.51
12	200L灰浆机	台班	23.05	砌筑：10.08 混凝土及钢筋混凝土：0.07
13	400L混凝土搅拌机	台班	13.49	混凝土及钢筋混凝土：7.10 楼地面：6.39
14	插入式振动器	台班	13.27	混凝土及钢筋混凝土：13.27
15	平板式振动器	台班	2.71	混凝土及钢筋混凝土：0.37 楼地面：2.34
16	平面磨面机	台班	35.76	楼地面：35.76
17	石料切割机	台班	2.87	楼地面：0.13 装饰：2.74
18	500内圆锯	台班	2.73	混凝土及钢筋混凝土：2.43 门窗：0.30
19	600内木工单面压刨	台班	0.02	混凝土及钢筋混凝土：0.02
20	450木工平刨床	台班	0.78	门窗：0.78
21	400木工三面压刨床	台班	0.75	门窗：0.75
22	50木工打眼机	台班	1.11	门窗：1.11
23	160木工开榫机	台班	1.04	门窗：1.04
24	400木工多面截口机	台班	35.76	楼地面：35.76
25	40kVA电焊机	台班	0.28	门窗：0.28
26	30kW内电焊机	台班	2.35	混凝土及钢筋混凝土：2.35

续表

序号	名称	单位	数量	其中
27	75kVA对焊机	台班	8.53	混凝土及钢筋混凝土：0.70 构件运安：7.83
28	75kVA长臂点焊机	台班	0.23	混凝土及钢筋混凝土：0.23
29	φ14钢筋调直机	台班	0.09	混凝土及钢筋混凝土：0.09
30	φ40内钢筋切断机	台班	1.23	混凝土及钢筋混凝土：1.23
31	φ40内钢筋弯曲机	台班	2.24	混凝土及钢筋混凝土：2.24
三、	材料			
1	水	m³	360.95	砌筑：25.08 混凝土及钢筋混凝土：224.97 楼地面：66.34 保温：24.16 装饰：20.40
2	M5混合砂浆	m³	47.053	砌筑：47.053
3	M2.5混合砂浆	m³	1.145	砌筑：1.145
4	1:2水泥砂浆	m³	2.749	混凝土及钢筋混凝土：0.736 门窗：0.056 楼地面：1.957
5	1:1水泥砂浆	m³	0.889	楼地面：0.142 装饰：0.747
6	M5水泥砂浆	m³	4.93	砌筑：4.93
7	1:1.25水泥豆石浆	m³	4.59	楼地面：4.59
8	1:3水泥砂浆	m³	18.989	楼地面：8.401 装饰：10.588
9	素水泥浆	m³	2.802	楼地面：1.098 装饰：1.704
10	1:2.5水泥白石子浆	m³	5.74	楼地面：5.74
11	水泥	kg	86.26	楼地面：86.26
12	1:2.5水泥砂浆	m³	1.315	装饰：1.315
13	1:1:6混合砂浆	m³	19.635	装饰：19.635
14	1:1:4混合砂浆	m³	8.363	装饰：8.363
15	1:1.5白石子浆	m³	1.384	装饰：1.384
16	1:0.2:2混合砂浆	m³	7.215	装饰：7.215
17	1:3:9混合砂浆	m³	4.912	装饰：4.912
18	1:0.5:1混合砂浆	m³	7.131	装饰：7.131
19	C10混凝土	m³	32.724	楼地面：32.724
20	C15混凝土	m³	56.198	混凝土及钢筋混凝土：24.918 门窗：0.06 楼地面：31.22
21	C20混凝土	m³	68.316	混凝土及钢筋混凝土：68.316
22	C25混凝土	m³	63.826	混凝土及钢筋混凝土：63.826
23	C20细石混凝土	m³	0.018	屋面：0.018
24	沥青砂浆	m³	0.208	屋面：0.208
25	水泥珍珠岩	m³	35.90	保温：35.90
26	纸筋灰浆	m³	1.585	装饰：1.585
27	麻刀石灰浆	m³	0.099	门窗：0.099

续表

序号	名称	单位	数量	其中
28	钢管	kg	1113.23	脚手架：812.18 混凝土及钢筋混凝土：281.96 楼地面：19.09
29	直角扣件	个	159.70	脚手架：159.70
30	对接扣件	个	22.33	脚手架：22.33
31	回转扣件	个	7.40	脚手架：7.40
32	底座	个	5.60	脚手架：5.60
33	预埋铁件	kg	8.28	门窗：8.28
34	扁钢	kg	62.53	楼地面：62.53
35	φ18 圆钢筋	kg	99.13	楼地面：99.13
36	φ10 内钢筋	t	2.446	混凝土及钢筋混凝土：2.446
37	φ10 外钢筋	t	4.535	混凝土及钢筋混凝土：4.535
38	螺纹钢筋	t	3.799	混凝土及钢筋混凝土：3.799
39	冷拔丝	t	3.214	混凝土及钢筋混凝土：3.214
40	8 号钢丝	kg	255.74	脚手架：132.20 混凝土及钢筋混凝土：113.95 构件运安：9.59
41	22 号钢丝	kg	62.58	混凝土及钢筋混凝土：62.58
42	铁钉	kg	162.25	脚手架：31.00 混凝土及钢筋混凝土：125.23 门窗：6.02
43	钢丝绳	kg	5.36	脚手架：3.61 构件运安：1.75
44	零星卡具	kg	142.82	混凝土及钢筋混凝土：142.82
45	梁卡具	kg	7.34	混凝土及钢筋混凝土：7.34
46	钢拉模	kg	181.59	混凝土及钢筋混凝土：181.59
47	定型钢模	kg	0.70	混凝土及钢筋混凝土：0.70
48	组合钢模板	kg	532.69	混凝土及钢筋混凝土：532.69
49	螺钉	百个	0.30	门窗：0.30
50	石料切割锯片	片	1.81	楼地面：0.03 装饰：1.78
51	卡箍及螺栓	套	25.56	屋面：25.56
52	电焊条	kg	129.07	混凝土及钢筋混凝土：66.79 构件运安：56.97 门窗：0.81 楼地面：4.50
53	张拉机具	kg	112.18	混凝土及钢筋混凝土：112.18
54	垫铁	kg	195.80	构件运安：196.01
55	地脚	个	322.2	门窗：322.2
56	松厚板	m³	0.20	装饰：0.20
57	一等枋材	m³	1.621	门窗：1.621
58	二等枋材	m³	0.283	混凝土及钢筋混凝土：0.213 构件运安：0.07
59	木脚手架	m³	1.421	脚手架：1.421
60	60×60×60 垫木	块	25.10	脚手架：25.10

续表

序号	名称	单位	数量	其中
61	缆风桩木	m³	0.036	脚手架：0.036
62	方垫木	m³	0.17	构件运安：0.169　门窗：0.001
63	模板枋板材	m³	2.158	混凝土及钢筋混凝土：2.147　楼地面：0.011
64	枋木	m³	1.867	混凝土及钢筋混凝土：1.867
65	三层胶合板	m²	70.20	门窗：70.20
66	木楔	m³	0.004	门窗：0.004
67	1000×30×8 板条	根	1.21	门窗：1.21
68	锯木屑	m³	0.23	楼地面：0.23
69	木柴	kg	2042.5	楼地面：0.11　屋面：2042.39
70	6mm 玻璃	m²	61.16	门窗：61.16
71	3mm 玻璃	m²	19.30	门窗：1.45　楼地面：17.85
72	4mm 玻璃	m²	2.28	门窗：2.28
73	铝合金推拉窗	m²	57.86	门窗：57.86
74	粗砂	m³	0.003	楼地面：0.003
75	白水泥	kg	28.71	楼地面：1.01　装饰：27.70
76	铝合金固定窗	m²	2.09	门窗：2.09
77	乙炔气	m³	4.43	楼地面：4.43
78	棉纱头	kg	10.27	楼地面：3.75　装饰：6.52
79	30号石油沥青	kg	0.31	楼地面：0.31
80	彩釉砖	m²	10.31	楼地面：10.31
81	150×75 面砖	块	35224	装饰：35224
82	152×152 瓷板	块	8284	装饰：8284
83	阴阳角瓷片	块	703	装饰：703
84	压顶瓷片	块	869	装饰：869
85	φ110 塑料排水管	m	39.21	屋面：39.21
86	1.8mm 玻纤布	m²	1266.43	屋面：1266.43
87	塑料油膏	kg	6554.42	屋面：6554.42
88	排水检查口	个	4.13	屋面：4.13
89	膨胀螺栓	套	644.4	门窗：644.4
90	密封油膏	kg	23.66	门窗：23.66
91	伸缩节	个	3.76	屋面：3.76
92	密封胶	kg	0.64	屋面：0.64
93	塑料水斗	个	6.06	屋面：6.06
94	麻绳	kg	0.26	构件运安：0.26
95	玻璃胶	支	32.34	门窗：32.34
96	密封毛条	m	252.77	门窗：252.77

续表

序 号	名 称	单 位	数 量	其 中
97	YJ-302胶粘剂	kg	60.87	装饰：60.87
98	红丹防锈漆	kg	4.65	装饰：4.65
99	熟桐油	kg	1.63	装饰：1.63
100	石膏粉	kg	1.93	装饰：1.93
101	无光调合漆	kg	9.58	装饰：9.58
102	调合漆	kg	14.76	装饰：14.76
103	漆片	kg	0.03	装饰：0.03
104	酒精	kg	0.16	装饰：0.16
105	催干剂	kg	0.51	装饰：0.51
106	砂纸	张	26.79	装饰：26.79
107	白布	m²	0.14	装饰：0.14
108	双飞粉	kg	3910	装饰：3910
109	软填料	kg	25.85	门窗：25.85
110	油灰	kg	1.63	门窗：1.63
111	乳白胶	kg	4.61	门窗：4.61
112	防腐油	kg	11.14	门窗：11.14
113	清油	kg	3.08	门窗：0.65 楼地面：1.76 装饰：0.67
114	80号草板纸	张	125.65	混凝土及钢筋混凝土：125.65
115	隔离剂	kg	314.46	混凝土及钢筋混凝土：314.46
116	炉渣	m³	1.85	楼地面：1.85
117	三角金刚石	块	99.53	楼地面：99.53
118	200×75×50金刚石	块	9.95	楼地面：9.95
119	草酸	kg	3.32	楼地面：3.32
120	硬白蜡	kg	8.79	楼地面：8.79
121	煤油	kg	13.27	楼地面：13.27
122	草袋子	m²	297.52	混凝土及钢筋混凝土：143.39 楼地面：154.13
123	108胶	kg	42.11	装饰：42.11
124	117胶	kg	1563.90	装饰：1563.90
125	防锈漆	kg	70.0	脚手架：70.0
126	溶剂油	kg	15.09	脚手架：7.53 门窗：0.37 楼地面：1.76 装饰：5.43
127	挡脚板	m³	0.16	脚手架：0.16
128	标准砖	千块	125.61	砌筑：125.61

第三节 某食堂工程直接费计算

一、直接工程费计算(见表 21-3)

直接工程费计算表(实物金额法) 表 21-3

工程名称：××食堂

序号	名 称	单位	数量	单价/元	金额/元
一、	工日	工日	3372.44	25.00	84311
二、	机械				22732.23
1	6t 载重汽车	台班	22.61	242.62	5485.64
2	8t 汽车	台班	0.58	333.87	193.64
3	机动翻斗车	台班	5.27	92.03	485.00
4	电动打夯机	台班	21.03	20.24	425.65
5	6t 内塔吊	台班	0.70	447.70	313.39
6	10t 内龙门吊	台班	0.71	227.14	161.27
7	3t 内卷扬机	台班	2.01	63.03	126.69
8	5t 内卷扬机	台班	2.54	77.28	196.29
9	2t 内卷扬机	台班	102.83	52.00	5347.16
10	15m 皮带运输机	台班	1.44	67.64	97.40
11	5t 内起重机	台班	13.61	385.53	5247.06
12	200L 灰浆机	台班	23.05	15.92	366.96
13	400L 混凝土搅拌机	台班	13.49	94.59	1276.02
14	插入式振动器	台班	13.27	10.62	140.93
15	平板式振动器	台班	2.71	12.77	34.61
16	平面磨面机	台班	35.76	19.04	680.87
17	石料切割机	台班	2.87	18.41	52.84
18	500 内圆锯	台班	2.73	22.29	60.85
19	600 内木工单面压刨	台班	0.02	24.17	0.48
20	450 木工平刨床	台班	0.78	16.14	12.59
21	400 木工三面压刨床	台班	0.75	48.15	36.11
22	50 木工打眼机	台班	1.11	10.01	11.11
23	160 木工开榫机	台班	1.04	49.28	51.25
24	400 木工多面载口机	台班	35.76	30.16	1078.52
25	40kVA 电焊机	台班	0.28	65.64	18.38
26	30kW 内电焊机	台班	2.35	47.42	111.44
27	75kVA 对焊机	台班	8.53	69.89	596.16
28	75kVA 长臂点焊机	台班	0.23	85.62	19.69
29	φ14 钢筋调直机	台班	0.09	41.56	3.74
30	φ40 内钢筋切断机	台班	1.23	36.73	45.18

续表

序号	名称	单位	数量	单价/元	金额/元
31	φ40内钢筋弯曲机	台班	2.24	24.69	55.31
三、	材料				210402.63
1	水	m³	360.95	0.80	288.76
2	M5混合砂浆	m³	47.053	120.00	5646.36
3	M2.5混合砂浆	m³	1.145	102.30	117.13
4	1:2水泥砂浆	m³	2.749	230.02	632.32
5	1:1水泥砂浆	m³	0.889	288.98	256.90
6	M5水泥砂浆	m³	4.93	124.32	612.90
7	1:1.25水泥豆石浆	m³	4.59	268.20	1231.04
8	1:3水泥砂浆	m³	18.989	182.82	3471.57
9	素水泥浆	m³	2.802	461.70	1293.68
10	1:2.5水泥白石子浆	m³	5.74	407.74	2340.43
11	水泥	kg	86.26	0.30	25.88
12	1:2.5水泥砂浆	m³	1.315	210.72	277.10
13	1:1:6混合砂浆	m³	19.635	128.22	2517.60
14	1:1:4混合砂浆	m³	8.363	155.32	1298.94
15	1:1.5白石子浆	m³	1.384	464.90	643.42
16	1:0.2:2混合砂浆	m³	7.215	216.70	1563.49
17	1:3:9混合砂浆	m³	4.912	115.00	564.88
18	1:0.5:1混合砂浆	m³	7.131	243.20	1734.26
19	C10混凝土	m³	32.724	133.39	4365.05
20	C15混凝土	m³	56.198	144.40	8114.99
21	C20混凝土	m³	68.316	155.93	10652.51
22	C25混凝土	m³	63.826	165.80	10582.35
23	C20细石混凝土	m³	0.018	170.64	3.07
24	沥青砂浆	m³	0.208	378.92	78.82
25	水泥珍珠岩	m³	35.90	113.65	4080.04
26	纸筋灰浆	m³	1.585	110.90	175.78
27	麻刀石灰浆	m³	0.099	140.18	13.88
28	钢管	kg	1113.23	3.50	3896.31
29	直角扣件	个	159.70	4.80	766.56
30	对接扣件	个	22.33	4.30	96.02
31	回转扣件	个	7.40	4.80	35.52
32	底座	个	5.60	4.20	23.52
33	预埋铁件	kg	8.28	3.80	31.46
34	扁钢	kg	62.53	3.10	193.84

续表

序号	名称	单位	数量	单价/元	金额/元
35	φ18 钢筋	kg	99.13	2.90	287.48
36	φ10 内钢筋	t	2.446	2950	7215.70
37	φ10 外钢筋	t	4.535	2900	13151.50
38	螺纹钢筋	t	3.799	2900	11017.10
39	冷拔丝	t	3.214	3100	9963.40
40	8 号钢丝	kg	255.74	3.50	895.09
41	22 号钢丝	kg	62.58	4.00	250.32
42	铁钉	kg	162.25	6.00	973.50
43	钢丝绳	kg	5.36	4.50	24.12
44	零星卡具	kg	142.82	4.60	656.97
45	梁卡具	kg	7.34	4.50	33.03
46	钢拉模	kg	181.59	4.50	817.16
47	定型钢模	kg	0.70	4.50	3.15
48	组合钢模	kg	532.69	4.30	2290.57
49	螺钉	百个	0.30	2.80	0.84
50	石料切割锯片	片	1.81	80.00	144.80
51	卡箍及螺栓	套	26.56	2.00	53.12
52	电焊条	kg	129.07	6.00	774.42
53	张拉机具	kg	112.18	8.00	897.44
54	垫铁	kg	195.80	2.80	548.24
55	地脚	个	322.20	0.18	58.00
56	松厚板	m³	0.20	1200.00	240
57	一等枋材	m³	1.621	1200.00	1945.20
58	二等枋材	m³	0.283	1100.00	311.30
59	木脚手架	m³	1.421	1000.00	1421
60	60×60×60 垫木	块	25.10	0.30	7.53
61	缆风桩木	m³	0.036	1000.00	36
62	方垫木	m³	0.17	1000.00	170
63	模板枋板材	m³	2.158	1100.00	2373.80
64	枋木	m³	1.867	1200.00	2240.4
65	三层胶合板	m²	70.20	14.00	982.80
66	木楔	m³	0.004	800.00	3.20
67	1000×30×8 板条	根	1.21	0.30	0.36

续表

序号	名　称	单　位	数　量	单价/元	金额/元
68	锯木屑	m³	0.23	7.00	1.61
69	木柴	kg	2042.5	0.20	408.50
70	6mm 玻璃	m²	61.16	27.00	1651.32
71	3mm 玻璃	m²	19.30	13.16	253.99
72	4mm 玻璃	m²	2.28	18.66	42.54
73	铝合金推拉窗	m²	57.86	236.00	13654.96
74	粗砂	m³	0.003	35.00	0.11
75	白水泥	kg	28.71	0.50	14.36
76	铝合金固定窗	m²	2.09	193.00	403.37
77	乙炔气	m³	4.43	12.00	53.16
78	棉纱头	kg	10.27	5.00	51.35
79	30号石油沥青	kg	0.31	0.88	0.27
80	彩釉砖	m²	10.31	55.00	567.05
81	150×75 面砖	块	35224	0.50	17612
82	152×152 瓷板	块	8284	0.55	4556.20
83	阴阳角瓷片	块	703	0.30	210.90
84	压顶瓷片	块	869	0.30	260.70
85	φ110 塑料排水管	m	39.21	22.00	862.62
86	1.8mm 玻纤布	m²	1266.43	1.20	1519.72
87	塑料油膏	kg	6554.42	1.85	12125.68
88	排水检查口	个	4.13	18.00	74.34
89	膨胀螺栓	套	644.4	2.20	1417.68
90	密封油膏	kg	23.66	16.00	378.56
91	伸缩节	个	3.76	9.50	35.72
92	密封胶	kg	0.64	14.00	8.96
93	塑料水斗	个	6.06	19.00	115.14
94	麻绳	kg	0.26	4.50	1.17
95	玻璃胶	支	32.34	5.10	164.93
96	密封毛条	m	252.77	0.20	50.55
97	YJ-302 胶粘剂	kg	60.87	15.80	961.75
98	红丹防锈漆	kg	4.65	12.00	55.8

续表

序号	名称	单位	数量	单价/元	金额/元
99	熟桐油	kg	1.63	18.20	29.67
100	石膏粉	kg	1.93	0.50	0.97
101	无光调合漆	kg	9.58	16.00	153.28
102	调合漆	kg	14.76	14.50	214.02
103	漆片	kg	0.03	24.00	0.72
104	酒精	kg	0.16	13.00	2.08
105	催干剂	kg	0.51	15.00	7.65
106	砂纸	张	26.79	0.18	4.82
107	白布	m²	0.14	5.60	0.78
108	双飞粉	kg	3910	0.50	1955
109	软填料	kg	25.85	3.80	98.23
110	油灰	kg	1.63	2.60	4.24
111	乳白胶	kg	4.61	7.00	32.27
112	防腐油	kg	11.14	1.50	16.71
113	清油	kg	3.08	11.80	36.34
114	80号草板纸	张	125.65	1.10	138.22
115	隔离剂	kg	314.46	1.20	377.35
116	炉渣	m³	1.85	15.00	27.75
117	三角金刚石	块	99.53	3.70	368.26
118	200×75×50金刚石	块	9.95	10.00	99.50
119	草酸	kg	3.32	7.00	23.24
120	硬白蜡	kg	8.79	6.00	52.74
121	煤油	kg	13.27	1.60	21.23
122	草袋子	m²	297.52	0.55	163.64
123	108胶	kg	42.11	1.10	46.32
124	117胶	kg	1563.90	1.15	1798.49
125	防锈漆	kg	70.0	10.00	700
126	溶剂油	kg	15.09	7.60	114.68
127	挡脚板	m³	0.16	900.00	144
128	标准砖	千块	125.61	150.00	18841.50
	合计:				317445.86

二、措施费计算(见表21-4)

脚手架费、模板费分析表　　　　　　表21-4

工程名称：××食堂　　(根据表21-1、表21-2、表21-3计算)

费用名称		工料机名称	单位	数量	单价	合价	小	计
脚手架费	人工费	人工	工日	127.33	25.00	3183.25	3183.25	10343.55
	材料费	钢管	kg	812.18	3.50	2842.63	6665.35	
		直角扣件	个	159.70	4.80	766.56		
		对接扣件	个	22.33	4.30	96.02		
		回转扣件	个	7.40	4.80	35.52		
		底座	个	5.60	4.20	23.52		
		8号钢丝	kg	132.20	3.50	462.70		
		铁钉	kg	31.00	6.00	186.00		
		钢丝绳	kg	3.61	4.50	16.25		
		木脚手架	m³	1.421	1000.00	1421.00		
		60×60×60垫木	块	25.10	0.30	7.53		
		缆风桩木	m³	0.036	1000.00	36.00		
		防锈漆	kg	70.00	10.00	700.00		
		溶剂油	kg	7.53	7.60	57.23		
		挡脚板	m³	0.016	900.00	14.40		
	机械费	6t载重汽车	台班	2.04	242.62	494.94	494.94	
模板及支架费	人工费	人工	工日	443.90	25.00	11097.50	11097.50	22512.24
	材料费	组合钢模板	kg	532.69	4.30	2290.57	10292.54	
		模板枋板材	m³	2.147	1100.00	2361.70		
		枋木	m³	1.867	1200.00	2240.40		
		零星卡具	kg	142.82	4.60	656.97		
		铁钉	kg	125.23	6.00	751.38		
		8号钢丝	kg	113.95	3.50	398.83		
		80号草板纸	张	125.65	1.10	138.22		
		隔离剂	kg	314.46	1.20	377.35		
		1:2水泥砂浆	m³	0.197	230.02	45.31		
		22号铁丝	kg	2.981	4.00	11.92		
		钢管及扣件	kg	281.96	3.50	986.86		
		梁卡具	kg	7.34	4.50	33.03		
	机械费	6t载重汽车	台班	2.13	242.62	516.78	1122.20	
		5t汽车起重机	台班	1.10	385.53	424.08		
		500内圆锯	台班	2.43	22.29	54.16		
		3t内卷扬机	台班	2.01	63.03	126.69		
		600内木工单面压刨机	台班	0.02	24.17	0.48		

第二十二章 建筑安装工程费用计算

第一节 建筑安装工程费用的构成

建筑安装工程费用亦称建筑安装工程造价。

为了加强建设项目投资管理和适应建筑市场的发展，有利于合理确定和控制工程造价，提高建设投资效益，国家统一了建筑安装工程费用划分的口径。这一做法使得业主、承包商、监理公司、政府主管及监督部门各方，在编制设计概算、施工图预算、建设工程招标文件、进行工程成本核算、确定工程承包价、工程结算等方面有了统一的标准。

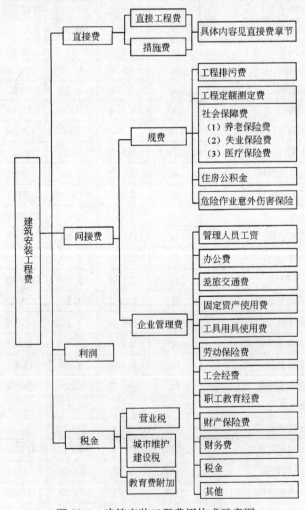

图 22-1 建筑安装工程费用构成示意图

按照现行规定,建筑安装工程费(造价)由直接费、间接费、利润、税金等四部分构成,见图22-1,其中直接费与间接费之和称为工程预算成本。

第二节 建筑安装工程费用的内容

一、直接费

直接费的各项内容详见本书前面各部分的叙述。

二、间接费

间接费由规费、企业管理费组成。

1. 规费

是指政府和有关权力部门规定必须缴纳的费用(简称规费)。包括:

(1) 工程排污费

是指施工现场按规定缴纳的工程排污费。

(2) 工程定额测定费

是指按规定支付工程造价(定额)管理部门的定额测定费。

(3) 社会保障费

社会保障费包括养老保险费、失业保险费、医疗保险费。

养老保险费是指企业按规定标准为职工缴纳的基本养老保险费。

失业保险费是指企业按照国家规定标准为职工缴纳的失业保险费。

医疗保险费是指企业按照规定标准为职工缴纳的基本医疗保险费。

(4) 住房公积金

是指企业按规定标准为职工缴纳的住房公积金。

(5) 危险作业意外伤害保险

是指按照建筑法规定,企业为从事危险作业的建筑安装施工人员支付的意外伤害保险费。

2. 企业管理费

是指建筑安装企业组织施工生产和经营管理所需费用,由管理人员工资、办公费等费用组成。内容包括:

(1) 管理人员工资

是指管理人员的基本工资、工资性补贴、职工福利费、劳动保护费等。

(2) 办公费

是指企业管理办公用的文具、纸张、账表、印刷、邮电、书报、会议、水电、烧水和集体取暖(包括现场临时宿舍取暖)用煤等费用。

(3) 差旅交通费

是指职工因公出差、调动工作的差旅费、住勤补助费,市内交通费和误餐补助费,职工探亲路费,劳动力招募费,职工离退休、退职一次性路费,工伤人员就医路费,工地转移费以及管理部门使用的交通工具的油料、燃料、养路费及牌照费。

(4) 固定资产使用费

是指管理和试验部门及附属生产单位使用的属于固定资产的房屋、设备仪器等的折旧、大修、维修或租赁费。

(5) 工具用具使用费

是指管理使用的不属于固定资产的生产工具、器具、家具、交通工具和检验、试验、测绘、消防用具等的购置、维修和摊销费。

(6) 劳动保险费：是指由企业支付离退休职工的易地安家补助费、职工退职金、六个月以上的病假人员工资、职工死亡丧葬补助费、抚恤费、按规定支付给离休干部的各项经费。

(7) 工会经费

是指企业按职工工资总额计提的工会经费。

(8) 职工教育经费

是指企业为职工学习先进技术和提高文化水平，按职工工资总额计提的费用。

(9) 财产保险费

是指施工管理用财产、车辆保险。

(10) 财务费

是指企业为筹集资金而发生的各种费用。

(11) 税金

是指企业按规定缴纳的房产税、车船使用税、土地使用税、印花税等。

(12) 其他

包括技术转让费、技术开发费、业务招待费、绿化费、广告费、公证费、法律顾问费、审计费、咨询费等。

三、利润

是指施工企业完成所承包工程获得的盈利。

四、税金

是指国家税法规定的应计入建筑安装工程造价内的营业税、城市维护建设税及教育费附加等。

五、间接费、利润、税金的计算方法与费率的确定方法

1. 间接费

间接费的计算方法按取费基础的不同分为以下三种：

(1) 以直接费为计算基础

$$间接费 = 直接费合计 \times 间接费费率(\%)$$

(2) 以人工费和机械费合计为计算基础

$$间接费 = 人工费和机械费合计 \times 间接费费率(\%)$$

(3) 以人工费为计算基础

$$间接费 = 人工费合计 \times 间接费费率(\%)$$

2. 间接费费率

$$间接费费率(\%) = 规费费率(\%) + 企业管理费费率(\%)$$

(1) 规费费率

根据本地区典型工程发承包价的分析资料综合取定规费计算中所需数据：

1) 每万元发承包价中人工费含量和机械费含量。

2) 人工费占直接费的比例。

3) 每万元发承包价中所含规费缴纳标准的各项基数。

规费费率的计算公式：

① 以直接费为计算基础

$$规费费率(\%) = \frac{\Sigma 规费缴纳标准 \times 每万元发承包价计算基数}{每万元发承包价中的人工费含量} \times 人工费占直接费的比例(\%)$$

② 以人工费和机械费合计为计算基础

$$规费费率(\%) = \frac{\Sigma 规费缴纳标准 \times 每万元发承包价计算基数}{每万元发承包价中的人工费含量和机械费含量} \times 100\%$$

③ 以人工费为计算基础

$$规费费率(\%) = \frac{\Sigma 规费缴纳标准 \times 每万元发承包价计算基数}{每万元发承包价中的人工费含量} \times 100\%$$

(2) 企业管理费费率

企业管理费费率计算公式：

① 以直接费为计算基础

$$企业管理费费率(\%) = \frac{生产工人年平均管理费}{年有效施工天数 \times 人工单价} \times 人工费占直接费比例(\%)$$

企业管理费 = 直接费 × 企业管理费费率

② 以人工费和机械费合计为计算基础

$$企业管理费费率(\%) = \frac{生产工人年平均管理费}{年有效施工天数 \times (人工单价 + 每一工日机械使用费)} \times 100\%$$

企业管理费 = (人工费 + 机械费) × 企业管理费费率

③ 以人工费为计算基础

$$企业管理费费率(\%) = \frac{生产工人年平均管理费}{年有效施工天数 \times 人工单价} \times 100\%$$

企业管理费 = 人工费 × 企业管理费费率

3. 利润

利润计算公式：

(1) 以直接费为计算基础

利润 = 直接费 × 利润率

(2) 以人工费和机械费合计为计算基础

利润 = (人工费 + 机械费) × 利润率

(3) 以人工费为计算基础

利润 = 人工费 × 利润率

4. 税金的计算及税率的确定

(1) 税金的计算

税金 = (税前造价 + 税金) × 税率(%)

(2) 税率的确定

1) 纳税地点在市区的企业

$$税率(\%)=\frac{1}{1-3\%-(3\%\times7\%)-(3\%\times3\%)}-1$$

2) 纳税地点在县城、镇的企业

$$税率(\%)=\frac{1}{1-3\%-(3\%\times5\%)-(3\%\times3\%)}-1$$

3) 纳税地点不在市区、县城、镇的企业

$$税率(\%)=\frac{1}{1-3\%-(3\%\times1\%)-(3\%\times3\%)}-1$$

第三节　建筑安装工程费用计算方法

一、建筑安装工程费用(造价)理论计算方法

根据前面论述的建筑安装工程预算编制原理中计算工程造价的理论公式和建筑安装工程的费用构成，可以确定以下理论计算方法，见表22-1。

建筑安装工程费用(造价)理论计算方法　　　　表22-1

序号	费用名称		计算式
(一)	直接费	定额直接工程费	Σ(分项工程量×定额基价)
		措施费	定额直接工程费×有关措施费费率 或：定额人工费×有关措施费费率 或：按规定标准计算
(二)	间接费		(一)×间接费费率 或：定额人工费×间接费费率
(三)	利润		(一)×利润率 或：定额人工费×利润率
(四)	税金		营业税=[(一)+(二)+(三)]×$\dfrac{营业税率}{1-营业税率}$ 城市维护建设税=营业税×税率 教育费附加=营业税×附加税率
	工程造价		(一)+(二)+(三)+(四)

二、计算建筑安装工程费用的原则

定额直接工程费根据预算定额基价算出，这具有很强的规范性。按照这一思路，对于措施费、规费、企业管理费等有关费用的计算也必须遵循其规范性，以保证建筑安装工程造价的社会必要劳动量的水平。为此，工程造价主管部门对各项费用的计算作了明确的规定：

1. 建筑工程一般以定额直接工程费为基础计算各项费用；
2. 安装工程一般以定额人工费为基础计算各项费用；
3. 装饰工程一般以定额人工费为基础计算各项费用；

4. 材料价差不能作为计算间接费等费用的基础。

为什么要规定上述计算基础呢?这是因为确定工程造价的客观需要。

首先要保证计算出的措施费、间接费等各项费用的水平具有稳定性。我们知道,措施费、间接费等费用是按一定的取费基础乘上规定的费率确定的。当费率确定后,要求计算基础必须相对稳定。因而,以定额直接工程费或定额人工费作为取费基础,具有相对稳定性,不管工程在定额执行范围内的什么地方施工,不管由哪个施工单位施工,都能保证计算出水平较一致的各项费用。

其次,以定额直接工程费作为取费基础,既考虑了人工消耗与管理费用的内在关系,又考虑了机械台班消耗量对施工企业提高机械化水平的推动作用。

再者,安装工程、建筑装饰工程的材料、设备由于设计的要求不同,使材料费产生较大幅度的变化,而定额人工费具有相对稳定性,再加上措施费、间接费等费用与人员的管理幅度有直接联系,所以,安装工程、装饰工程采用定额人工费为取费基础计算各项费用较合理。

三、建筑安装工程费用计算程序

建筑安装工程费用计算程序亦称建筑安装工程造价计算程序,是指计算建筑安装工程造价有规律的顺序。

建筑安装工程费用计算程序没有全国统一的格式,一般由省、市、自治区工程造价主管部门结合本地区具体情况确定。

1. 建筑安装工程费用计算程序的拟定

拟定建筑安装工程费用计算程序主要有两个方面的内容,一是拟定费用项目和计算顺序;二是拟定取费基础和各项费率。

(1) 建筑安装工程费用项目及计算顺序的拟定

各地区参照国家主管部门规定的建筑安装工程费用项目和取费基础,结合本地区实际情况拟定费用项目和计算顺序,并颁布本地区使用的建筑安装工程费用计算程序。

(2) 费用计算基础和费率的拟定

在拟定建筑安装工程费用计算基础时,应遵照国家的有关规定,应遵守确定工程造价的客观经济规律,使工程造价的计算结果能较准确地反映本行业的生产力水平。

当取费基础和费用项目确定之后,就可以根据有关资料测算出各项费用的费率,以满足计算工程造价的需要。

2. 建筑安装工程费用计算程序实例

建筑安装工程费用计算程序实例见表22-2。

建筑安装工程费用(造价)计算程序 表22-2

费用名称	序号	费用项目	计算式	
			以定额直接工程费为计算基础	以定额人工费为计算基础
直接费	(一)	直接工程费	Σ(分项工程量×定额基价)	Σ(分项工程量×定额基价)
	(二)	单项材料价差调整	Σ[单位工程某材料用量×(现行材料单价−定额材料单价)]	Σ[单位工程某材料用量×(现行材料单价−定额材料单价)]
	(三)	综合系数调整材料价差	定额材料费×综调系数	定额材料费×综调系数

续表

费用名称	序号		费用项目	计算式	
				以定额直接工程费为计算基础	以定额人工费为计算基础
直接费	(四)	措施费	环境保护费	按规定计取	按规定计取
			文明施工费	(一)×费率	定额人工费×费率
			安全施工费	(一)×费率	定额人工费×费率
			临时设施费	(一)×费率	定额人工费×费率
			夜间施工费	(一)×费率	定额人工费×费率
			二次搬运费	(一)×费率	定额人工费×费率
			大型机械进出场及安拆费	按措施项目定额计算	按措施项目定额计算
			混凝土、钢筋混凝土模板及支架费	按措施项目定额计算	按措施项目定额计算
			脚手架费	按措施项目定额计算	按措施项目定额计算
			已完工程及设备保护费	按措施项目定额计算	按措施项目定额计算
			施工排水、降水费	按措施项目定额计算	按措施项目定额计算
间接费	(五)	规费	工程排污费	按规定计算	按规定计算
			工程定额测定费	(一)×费率	(一)×费率
			社会保障费	定额人工费×费率	定额人工费×费率
			住房公积金	定额人工费×费率	定额人工费×费率
			危险作业意外伤害保险	定额人工费×费率	定额人工费×费率
	(六)		企业管理费	(一)×企业管理费费率	定额人工费×企业管理费费率
利润	(七)		利润	(一)×利润率	定额人工费×利润率
税金	(八)		营业税	$[(一)～(七)之和]×\dfrac{营业税率}{1-营业税率}$	$[(一)～(七)之和]×\dfrac{营业税率}{1-营业税率}$
	(九)		城市维护建设税	(八)×城市维护建设税率	(八)×城市维护建设税率
	(十)		教育费附加	(八)×教育费附加税率	(八)×教育费附加税率
工程造价			工程造价	(一)～(十)之和	(一)～(十)之和

第四节　确定计算建筑安装工程费用的条件

计算建筑安装工程费用，要根据工程类别和施工企业取费证等级确定各项费率。

一、建设工程类别划分

1. 建筑工程类别划分

建筑工程类别划分见表22-3。

2. 装饰工程类别划分

装饰工程类别划分见表22-4。

建筑工程类别划分表　　　　　　　　　　表 22-3

类别	内容
一类工程	(1) 跨度 30m 以上的单层工业厂房；建筑面积 9000m² 以上的多层工业厂房 (2) 单炉蒸发量 10T/H 以上或蒸发量 30T/H 以上的锅炉房 (3) 层数 30 层以上多层建筑 (4) 跨度 30m 以上的钢网架、悬索、薄壳屋盖建筑 (5) 建筑面积 12000m² 以上的公共建筑，20000 个座位以上的体育场 (6) 高度 100m 以上的烟囱；高度 60m 以上或容积 100m³ 以上的水塔；容积 4000m³ 以上的池类
二类工程	(1) 跨度 30m 以内的单层工业厂房；建筑面积 6000m² 以上的多层工业厂房 (2) 单炉蒸发量 6.5T/H 以上或蒸发量 20T/H 以上的锅炉房 (3) 层数 16 层以上多层建筑 (4) 跨度 30m 以内的钢网架、悬索、薄壳屋盖建筑 (5) 建筑面积 8000m² 以上的公共建筑，20000 个座位以内的体育场 (6) 高度 100m 以内的烟囱；高度 60m 以内或容积 100m³ 以内的水塔；容积 3000m³ 以上的池类
三类工程	(1) 跨度 24m 以内的单层工业厂房；建筑面积 3000m² 以上的多层工业厂房 (2) 单炉蒸发量 4T/H 以上或蒸发量 10T/H 以上的锅炉房 (3) 层数 8 层以上多层建筑 (4) 建筑面积 5000m² 以上的公共建筑 (5) 高度 50m 以内的烟囱；高度 40m 以内或容积 50m³ 以内的水塔；容积 1500m³ 以上的池类 (6) 栈桥、混凝土贮仓、料斗
四类工程	(1) 跨度 18m 以内的单层工业厂房；建筑面积 3000m² 以内的多层工业厂房 (2) 单炉蒸发量 4T/H 以内或蒸发量 10T/H 以内的锅炉房 (3) 层数 8 层以内多层建筑 (4) 建筑面积 5000m² 以内的公共建筑 (5) 高度 30m 以内的烟囱；高度 25m 以内的水塔；容积 1500m³ 以内的池类 (6) 运动场、混凝土挡土墙、围墙、保坎、砖、石挡土墙

注：1. 跨度：指按设计图标注的相邻两纵向定位轴线的距离，多跨厂房或仓库按主跨划分。
2. 层数：指建筑分层层数。地下室、面积小于标准层 30% 的顶层、2.2m 以内的技术层，不计层数。
3. 面积：指单位工程的建筑面积。
4. 公共建筑：指①礼堂、会堂、影剧院、俱乐部、音乐厅、报告厅、排演厅、文化宫、青少年宫。②图书馆、博物馆、美术馆、档案馆、体育馆。③火车站、汽车站的客运楼、机场候机楼、航运站客运楼。④科学实验研究楼、医疗技术楼、门诊楼、住院楼、邮电通讯楼、邮政大楼、大专院校教学楼、电教楼、试验楼。⑤综合商业服务大楼、多层商场、贸易科技中心大楼、食堂、浴室、展销大厅。
5. 冷库工程和建筑物有声、光、超净、恒温、无菌等特殊要求者按相应类别的上一类取费。
6. 工程分类均按单位工程划分，内部设施、相连裙房及附属于单位工程的零星工程（如化粪池、排水、排污沟等），如为同一企业施工，应并入该单位工程一并分类。

装饰工程类别划分表　　　　　　　　　　表 22-4

类别	内容
一类工程	每平方米（装饰建筑面积）定额直接费（含未计价材料费）1600 元以上的装饰工程；外墙面各种幕墙、石材干挂工程
二类工程	每平方米（装饰建筑面积）定额直接费（含未计价材料费）1000 元以上的装饰工程；外墙面二次块料面层单项装饰工程
三类工程	每平方米（装饰建筑面积）定额直接费（含未计价材料费）500 元以上的装饰工程
四类工程	独立承包的各类单项装饰工程；每平方米（装饰建筑面积）定额直接费（含未计价材料费）500 元以内的装饰工程；家庭装饰工程

注：除一类装饰工程外，有特殊声光要求的装饰工程，其类别按上表规定相应提高一类。

二、施工企业工程取费级别评审条件

施工企业工程取费级别评审条件见表 22-5。

施工企业工程取费级别评审条件   表22-5

取费级别	评审条件
一级取费	1. 企业具有一级资质证书 2. 企业近五年来承担过两个以上一类工程 3. 企业参加了社会劳保统筹,退(离)休职工人数占在册职工人数30%以上
二级取费	1. 企业具有二级资质证书 2. 企业近五年来承担过两个以上二类及其以上工程 3. 企业参加了社会劳保统筹,退(离)休职工人数占在册职工人数20%以上
三级取费	1. 企业具有三级资质证书 2. 企业近五年来承担过两个三类及其以上工程 3. 企业参加了社会劳保统筹,退(离)休职工人数占在册职工人数10%以上
四级取费	1. 企业具有四级资质证书 2. 企业五年来承担过两个四类及其以上工程 3. 企业参加了社会劳保统筹,退(离)休职工人数占在册职工人数10%以下

第五节 建筑安装工程费用费率实例

一、措施费标准

1. 建筑工程

某地区建筑工程主要措施费标准见表22-6。

建筑工程措施费标准   表22-6

工程类别	计算基础	文明施工(%)	安全施工(%)	临时设施(%)	夜间施工(%)	二次搬运(%)
一类	定额直接工程费	1.5	2.0	2.8	0.8	0.6
二类	定额直接工程费	1.2	1.6	2.6	0.7	0.5
三类	定额直接工程费	1.0	1.3	2.3	0.6	0.4
四类	定额直接工程费	0.9	1.0	2.0	0.5	0.3

2. 装饰工程

某地区装饰工程主要措施费标准见表22-7。

装饰工程主要措施费标准   表22-7

工程类别	计算基础	文明施工(%)	安全施工(%)	临时设施(%)	夜间施工(%)	二次搬运(%)
一类	定额人工费	7.5	10.0	11.2	3.8	3.1
二类	定额人工费	6.0	8.0	10.4	3.4	2.6
三类	定额人工费	5.0	6.5	9.2	2.9	2.2
四类	定额人工费	4.5	5.0	8.1	2.3	1.6

二、规费标准

某地区建筑工程、装饰工程主要规费标准见表22-8。

建筑工程、装饰工程主要规费标准　　　　　　　　　　　　表22-8

工程类别	计算基础	社会保障费(%)	住房公积金(%)	危险作业意外伤害保险(%)
一类	定额人工费	16	6.0	0.6
二类	定额人工费	16	6.0	0.6
三类	定额人工费	16	6.0	0.6
四类	定额人工费	16	6.0	0.6
工程定额测定费：(一类～四类工程)直接工程费×0.12%				

三、企业管理费标准

某地区企业管理费标准见表22-9。

企业管理费标准　　　　　　　　　　　　表22-9

工程类别	建 筑 工 程		装 饰 工 程	
	计算基础	费率(%)	计算基础	费率(%)
一类	定额直接工程费	7.5	定额人工费	38.6
二类	定额直接工程费	6.9	定额人工费	35.2
三类	定额直接工程费	5.9	定额人工费	32.5
四类	定额直接工程费	5.1	定额人工费	27.6

四、利润标准

某地区利润标准见表22-10。

利 润 标 准　　　　　　　　　　　　表22-10

取费级别		计算基础	利润(%)	计算基础	利润(%)
一级取费	Ⅰ	定额直接工程费	10	定额人工费	55
	Ⅱ	定额直接工程费	9	定额人工费	50
二级取费	Ⅰ	定额直接工程费	8	定额人工费	44
	Ⅱ	定额直接工程费	7	定额人工费	39
三级取费	Ⅰ	定额直接工程费	6	定额人工费	33
	Ⅱ	定额直接工程费	5	定额人工费	28
四级取费	Ⅰ	定额直接工程费	4	定额人工费	22
	Ⅱ	定额直接工程费	3	定额人工费	17

五、计取税金的标准

某地区计取税金的标准见表22-11。

计 取 税 金 标 准　　　　　　　　　　　　表22-11

工程所在地	营 业 税		城市维护建设税		教育费附加	
	计算基础	税率(%)	计算基础	税率(%)	计算基础	税率(%)
在市区	直接费+间接费+利润	3.093	营业税	7	营业税	3
在县城、镇	直接费+间接费+利润	3.093	营业税	5	营业税	3
不在市区、县城、镇	直接费+间接费+利润	3.093	营业税	1	营业税	3

第六节 建筑工程费用计算实例

某食堂工程由某二级施工企业施工,根据表 21-3、表 21-4 中汇总的数据和下列有关条件,计算该工程的工程造价(见表 22-12)。

有关条件如下:

1. 建筑层数及工程类别:

三层;四类工程;工程在市区

2. 取费等级:

二级Ⅱ档

3. 直接工程费:

见表 21-3 中:人工费 84311.00 元;
机械费 22732.23 元;
材料费 210402.63 元;
扣减脚手架费 10343.55 元(见表 21-4)
扣减模板费 22512.24 元(见表 21-4)

直接工程费小计:317445.86-10343.55-22512.24=284590.07 元

4. 有关规定:

按合同规定收取下列费用:

(1) 环境保护费(某地区规定,按直接工程费的 0.4% 收取)

(2) 文明施工费

(3) 安全施工费

(4) 临时设施费

(5) 二次搬运费

(6) 脚手架费

(7) 混凝土及钢筋混凝土模板及支架费

(8) 工程定额测定费

(9) 社会保障费

(10) 住房公积金

(11) 利润和税金

5. 根据上述条件和表 22-6、表 22-7、表 22-8、表 22-9、表 22-10、表 22-11 确定有关费率和计算各项费用。

6. 根据费用计算程序以直接工程费为基础计算某食堂工程的工程造价。

某食堂工程建筑工程造价计算表　　表 22-12

序号	费用名称	计算式	金额(元)
(一)	直接工程费(见表 21-2、表 21-3、表 21-4)	317445.86-10343.55-22512.24	284590.07
(二)	单项材料价差调整	采用实物金额法不计算此费用	—
(三)	综合系数调整材料价差	采用实物金额法不计算此费用	—

续表

序号	费用名称		计算式	金额(元)
（四）	措施费	环境保护费	284590.07×0.4％＝1138.36元	47480.57
		文明施工费	284590.07×0.9％＝2561.31元	
		安全施工费	284590.07×1.0％＝2845.90元	
		临时设施费	284590.07×2.0％＝5691.80元	
		夜间施工增加费	284590.07×0.5％＝1422.95元	
		二次搬运费	284590.07×0.3％＝853.77元	
		大型机械进出场及安拆费	—	
		脚手架费	（见表21-4）10343.55元	
		已完工程及设备保护费	—	
		混凝土及钢筋混凝土模板及支架费	（见表21-4）22512.24元	
		施工排、降水费	—	
（五）	规费	工程排污费		18889.93
		工程定额测定费	284590.07×0.12％＝341.51元	
		社会保障费	见表21-3；84311.00×16％＝13489.76元	
		住房公积金	见表21-3；84311.00×6.0％＝5058.66元	
		危险作业意外伤害保险	—	
（六）	企业管理费		284590.07×5.1％＝14514.09元	14514.09
（七）	利润		284590.07×7％＝19921.30元	19921.30
（八）	营业税		385396.00×3.093％＝11920.30元	11920.30
（九）	城市维护建设税		11920.30×7％＝834.42元	834.42
（十）	教育费附加		11920.30×3％＝357.61元	357.61
	工程造价		（一）～（十）之和	398508.29

思 考 题

1. 简述建筑安装工程费用的构成。
2. 间接费由哪些费用构成？
3. 什么是企业管理费？什么是规费？各自包括哪些内容？
4. 叙述建筑安装工程费用的理论计算方法。
5. 计算建筑安装工程费用应遵循哪些原则？
6. 简述建筑安装工程费用计算程序。

第二十三章 工 程 结 算

第一节 概 述

一、工程结算

工程结算亦称工程竣工结算，是指单位工程竣工后，施工单位根据施工实施过程中实际发生的变更情况，对原施工图预算工程造价或工程承包价进行调整、修正、重新确定工程造价的经济文件。

虽然承包商与业主签订了工程承包合同，按合同价支付工程价款，但是，施工过程中往往会发生地质条件的变化、设计变更、业主新的要求、施工情况发生了变化等等。这些变化通过工程索赔已确认，那么，工程竣工后就要在原承包合同价的基础上进行调整，重新确定工程造价。这一过程就是编制工程结算的主要过程。

二、工程结算与竣工决算的联系和区别

工程结算是由施工单位编制的，一般以单位工程为对象；竣工决算是由建设单位编制的，一般以一个建设项目或单项工程为对象。

工程结算如实反映了单位工程竣工后的工程造价；竣工决算综合反映了竣工项目的建设成果和财务情况。

竣工决算由若干个工程结算和费用概算汇总而成。

第二节 工程结算的内容

工程结算一般包括下列内容：
1. 封面

内容包括：工程名称、建设单位、建筑面积、结构类型、结算造价、编制日期等，并设有施工单位、审查单位以及编制人、复核人、审核人的签字盖章的位置。

2. 编制说明

内容包括：编制依据、结算范围、变更内容、双方协商处理的事项及其他必须说明的问题。

3. 工程结算直接费计算表

内容包括：定额编号、分项工程名称、单位、工程量、定额基价、合价、人工费、机械费等。

4. 工程结算费用计算表

内容包括：费用名称、费用计算基础、费率、计算式、费用金额等。

5. 附表

内容包括：工程量增减计算表、材料价差计算表、补充基价分析表等。

第三节　工程结算编制依据

编制工程结算除了应具备全套竣工图纸、预算定额、材料价格、人工单价、取费标准外，还应具备以下资料：

1. 工程施工合同；
2. 施工图预算书；
3. 设计变更通知单；
4. 施工技术核定单；
5. 隐蔽工程验收单；
6. 材料代用核定单；
7. 分包工程结算书；
8. 经业主、监理工程师同意确认的应列入工程结算的其他事项。

第四节　工程结算的编制程序和方法

单位工程竣工结算的编制，是在施工图预算的基础上，根据业主和监理工程师确认的设计变更资料、修改后的竣工图、其他有关工程索赔资料，先进行直接费的增减调整计算，再按取费标准计算各项费用，最后汇总为工程结算造价。其编制程序和方法概述为：

1. 收集、整理、熟悉有关原始资料；
2. 深入现场，对照观察竣工工程；
3. 认真检查复核有关原始资料；
4. 计算调整工程量；
5. 套定额基价，计算调整直接费；
6. 计算结算造价。

第五节　工程结算编制实例

营业用房工程已竣工，在工程施工过程中发生了一些变更情况，根据这些情况需要编制工程结算。

一、营业用房工程变更情况

营业用房基础平面图见图23-1，基础详图见图23-2。

1. 第Ⓗ轴的①～④段，基础底标高由原设计标高－1.50m改为－1.80m（见表23-1）；
2. 第Ⓗ轴的①～④段，砖基础放脚改为等高式，基础垫层宽改为1.100m，基础垫层厚度改为0.30m（见表23-1）；

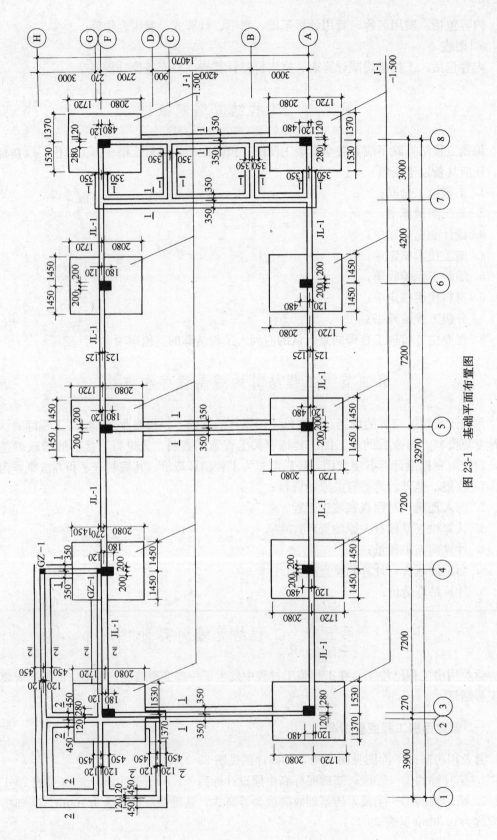

图 23-1 基础平面布置图

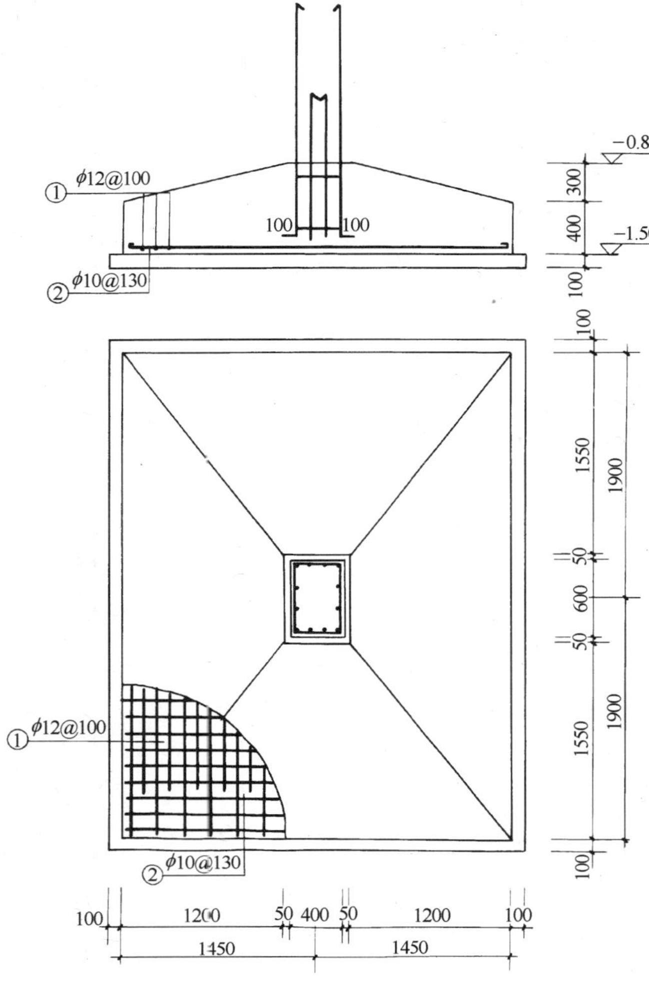

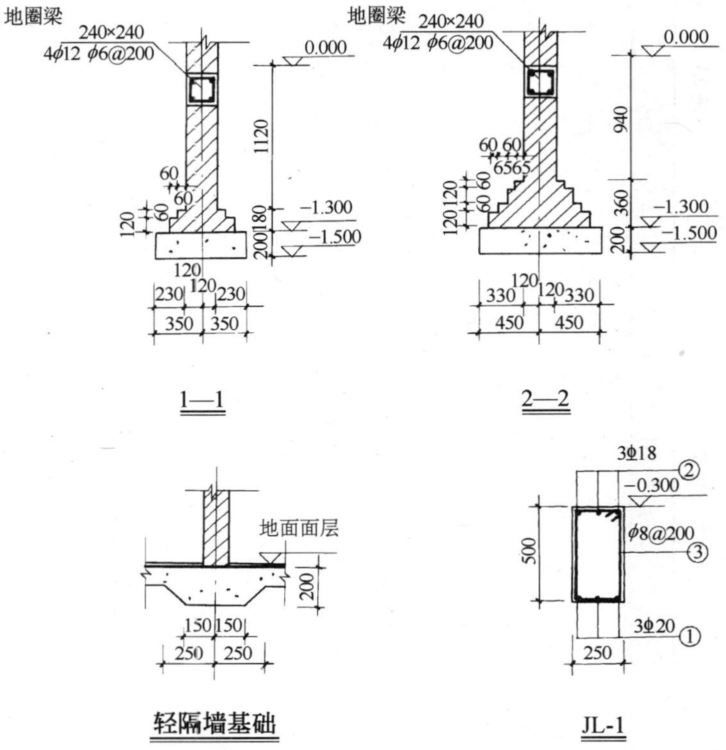

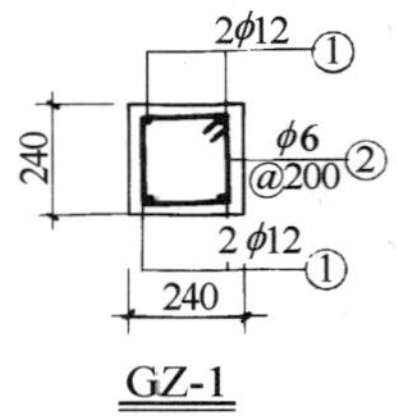

说明：

本工程砖混部分墙体采用MU7.5灰砂砖，±0.000以下墙体采用M.5水泥砂浆，±0.000以上墙体采用M5混合砂浆砌筑。

图 23-2 基础详图

3. C20 混凝土地圈梁由原设计 240mm×240mm 断面，改为 240mm×300mm 断面，长度不变（见表 23-2）。

设计变更通知单　　　　　　　　　　表 23-1

工 程 名 称	营 业 用 房
项 目 名 称	砖 基 础

Ⓗ轴上①~④轴由于地槽开挖后地质情况有变化，故修改砖基础如下图：

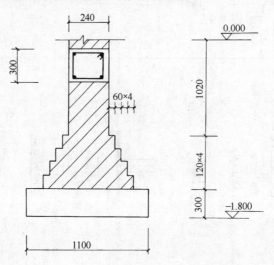

审查人	施工单位	张 亮	设计人	陈 功
	监理单位	胡 成	校 核	徐 义
编 号	G-003			2004 年 4 月 5 日

施工技术核定单　　　　　　　　　　表 23-2

工程名称	营 业 用 房	提出单位	诚信建筑公司
图纸编号	G-101	核定单位	××银行
核定内容	C20 混凝土地圈梁由原设计 240mm×240mm 断面，改为 240mm×300mm 断面，长度不变			
建设单位意见	同 意 修 改 意 见			
设计单位意见	同 意			

续表

监理单位意见	同 意		
	提 出 单 位	核 定 单 位	监 理 单 位
	技术负责人(签字) 张 亮 2004年8月5日	核定人(签字) 赵 润 2004年8月5日	现场代表(签字) 胡 成 2004年8月5日

4. 基础施工图2~2剖面有垫层砖基础计算结果有误,需更正(见表23-3)。

隐蔽工程验收单　　　　　　　　　　　　　表23-3

建设单位:××银行　　　　　　　　　　　　施工单位:

工 程 名 称	营 业 用 房	隐 蔽 日 期	2004年6月6日
项 目 名 称	砖 基 础	施 工 图 号	G-101

施工说明及简图	按照4月5日签发的设计变更通知单,H轴上①~④轴的地槽、砖基础、混凝土垫层、施工后的验收情况如下图: 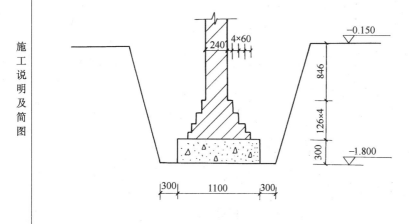

建设单位:××银行 主管负责人:赵润	监理单位:公正监理公司 现场代表:胡成	施工单位:诚信建筑公司 施工负责人:张亮 质检员:孙力

2004年6月6日

二、计算调整工程量

1. 原预算工程量

(1) 人工挖地槽

$$V = (3.90 + 0.27 + 7.20) \times (0.90 + 2 \times 0.30) \times 1.35$$

$$=11.37\times1.50\times1.35$$
$$=23.02m^3$$

(2) C10 混凝土基础垫层
$$V=11.37\times0.90\times0.20$$
$$=2.05m^3$$

(3) M5 水泥砂浆砌砖基础
$$V=11.37\times[1.06\times0.24+0.007875\times(12-4)]$$
$$=11.37\times0.3174$$
$$=3.61m^3$$

(4) C20 混凝土地圈梁
$$V=(12.10+39.18+8.75+32.35)\times0.24\times0.24$$
$$=92.38\times0.24\times0.24$$
$$=5.32m^3$$

(5) 地槽回填土
$$V=23.02-2.05-3.61-(0.24-0.15)\times0.24\times11.37$$
$$=23.02-2.05-3.61-0.25$$
$$=17.11m^3$$

2. 工程变更后工程量

(1) 人工挖地槽

$$V=11.37\times[1.10+0.3\times2+(1.80-0.15)\times\underset{0.30}{\overset{\lceil1.65深\rceil\ 放坡系数}{}}]\times1.65$$
$$=11.37\times2.195\times1.65$$
$$=41.18m^3$$

(2) C10 混凝土基础垫层
$$V=11.37\times1.10\times0.30$$
$$=3.75m^3$$

(3) M5 水泥砂浆砌砖基础
$$砖基础深=1.80-\overset{垫层}{0.30}-\overset{圈梁}{0.30}=1.20m$$
$$V=11.37\times(1.20\times0.24+0.007875\times20)$$
$$=11.37\times0.4455$$
$$=5.07m^3$$

(4) C20 混凝土地圈梁
$$V=92.38\times0.24\times0.30$$
$$=6.65m^3$$

(5) 地槽回填土
$$V=41.18-3.75-5.07-6.65-(0.30-0.15)\times0.24\times11.37$$
$$=25.71-0.41$$
$$=25.30m^3$$

3. Ⓗ轴①~④段工程变更后工程量调整

(1) 人工挖地槽
$$V = 41.18 - 23.02 = 18.16 \text{m}^3$$

(2) C10 混凝土基础垫层
$$V = 3.75 - 2.05 = 1.70 \text{m}^3$$

(3) M5 水泥砂浆砌砖基础
$$V = 5.07 - 3.61 = 1.46 \text{m}^3$$

(4) C20 混凝土地圈梁
$$V = 6.65 - 5.32 = 1.33 \text{m}^3$$

(5) 地槽回填土
$$V = 25.30 - 17.11 = 8.19 \text{m}^3$$

4. C20 混凝土圈梁变更后，砖基础工程量调整

(1) 需调整的砖基础长
$$L = 92.38 - 11.37 = 81.01 \text{m}$$

(2) 圈梁高度调整为 0.30m 后，砖基础减少
$$V = 81.01 \times (0.30 - 0.24) \times 0.24$$
$$= 81.01 \times 0.0144$$
$$= 1.17 \text{m}^3$$

5. 原预算砖基础工程量计算有误调整

(1) 原预算有垫层砖基础 2~2 剖面工程量
$$V = 10.27 \text{m}^3$$

(2) 2~2 剖面更正后工程量
$$V = 32.35 \times [1.06 \times 0.24 + 0.007875 \times (20 - 4)]$$
$$= 12.31 \text{m}^3$$

(3) 砖基础工程量调增
$$V = 12.31 - 10.27 = 2.04 \text{m}^3$$

(4) 由砖基础增加引起地槽回填土减少
$$V = -2.04 \text{m}^3$$

(5) 由砖基础增加引起人工运土增加
$$V = 2.04 \text{m}^3$$

三、调整项目工、料、机分析

见表 23-4。

四、调整项目直接工程费计算

调整项目直接工程费计算见表 23-5。

表 23-4

调整项目工、料、机分析表

工程名称：营业用房

序号	定额编号	项目名称	单位	工程数量	综合工日	电动打夯机	200L灰浆机	平板振动器	400L搅拌机	插入式振动器	M5水泥砂浆(m³)	黏土砖(块)	水(m³)	C20混凝土(m³)	草袋子(m³)	C10混凝土(m³)
		一、调增项目														
	1-46	人工地槽回填土	m³	18.16	0.294/5.34	0.08/1.45										
	8-16	C10混凝土基础垫层	m³	1.70	1.225/2.08								0.50/0.85			1.01/1.72
	4-1	M5水泥砂浆砌砖基础	m³	1.46	1.218/1.78		0.039/0.06	0.079/0.13	0.101/0.17		0.236/0.345	524/765	0.105/0.15			
	5-408	C20混凝土地圈梁	m³	1.33	2.41/3.21				0.039/0.05	0.077/0.10			0.984/1.31	1.015/1.35	0.826/1.10	
	1-46	人工地槽回填土	m³	8.19	0.294/2.41	0.08/0.66										
	4-1	M5水泥砂浆砌砖基础	m³	2.04	1.218/2.48		0.039/0.08				0.236/0.48	524/1069	0.105/0.21			
	1-49	人工运土	m³	2.04	0.204/0.42											
		调增小计			17.22	2.11	0.14	0.13	0.22	0.10	0.83	1834	2.52	1.35	1.10	1.72
		二、调减项目														
	4-1	M5水泥砂浆砌砖基础	m³	1.17	1.218/1.43		0.039/0.05				0.236/0.28	524/613	0.105/0.12			
	1-46	人工回填土	m³	2.04	0.294/0.60	0.08/0.16										
		调减小计			2.03	0.16	0.05				0.28	613	0.12			
		合计			15.69	1.95	0.09	0.13	0.22	0.10	0.55	1221	2.40	1.35	1.10	1.72

调整项目直接工程费计算表(实物金额法)　　　　　表 23-5

工程名称：营业用房

序号	名称	单位	数量	单价（元）	金额（元）
一、	人 工	工 日	15.69	25.00	392.25
二、	机 械				64.43
1.	电动打夯机	台班	1.95	20.24	39.47
2.	200L 灰浆搅拌机	台班	0.09	15.92	1.43
3.	400L 混凝土搅拌机	台班	0.22	94.59	20.81
4.	平板振动器	台班	0.13	12.77	1.66
5.	插入式振动器	台班	0.10	10.62	1.06
三、	材 料				696.00
	M5 水泥砂浆	m³	0.55	124.32	68.38
	黏 土 砖	块	1221	0.15	183.15
	水	m³	2.40	1.20	2.88
	C20 混凝土	m³	1.35	155.93	210.51
	草 袋 子	m²	1.10	1.50	1.65
	C10 混凝土	m³	1.72	133.39	229.43
	小　计：				1152.68

五、营业用房调整项目工程造价计算

营业用房调整项目工程造价计算的费用项目及费率完全同预算造价计算过程，见表23-6。

营业用房调整项目工程造价计算表　　　　　表 23-6

序号	费用名称	计算式	金额（元）
（一）	直接工程费	见表 23-5	1152.68
（二）	单项材料价差调整	采用实物金额法不计算此费用	—
（三）	综合系数调整材料价差	采用实物金额法不计算此费用	—

续表

序号	费用名称		计算式	金额(元)
（四）	措施费	环境保护费	1152.68×0.4％＝4.61元	58.78
		文明施工费	1152.68×0.9％＝10.37元	
		安全施工费	1152.68×1.0％＝11.53元	
		临时设施费	1152.68×2.0％＝23.05元	
		夜间施工增加费	1152.68×0.5％＝5.76元	
		二次搬运费	1152.68×0.3％＝3.46元	
		大型机械进出场及安拆费	—	
		脚手架费	—	
		已完工程及设备保护费	—	
		混凝土及钢筋混凝土模板及支架费	—	
		施工排、降水费	—	
（五）	规费	工程排污费	—	87.68
		工程定额测定费	1152.68×0.12％＝1.38元	
		社会保障费	见表23-5；392.25×16％＝62.76元	
		住房公积金	见表23-5；392.25×6.0％＝23.54元	
		危险作业意外伤害保险	—	
（六）	企业管理费		1152.68×5.1％＝58.79元	58.79
（七）	利润		1152.68×7％＝80.69元	80.69
（八）	营业税		1438.62×3.093％＝44.50元	44.50
（九）	城市维护建设税		44.50×7％＝3.12元	3.12
（十）	教育费附加		44.50×3％＝1.34元	1.34
	工程造价		（一）～（十）之和	1487.58

六、营业用房工程结算造价

1. 营业用房原工程预算造价

预算造价＝590861.22元

2. 营业用房调整后增加的工程造价

调增造价＝1487.58元（见表23-6）

3. 营业用房工程结算造价

工程结算造价＝590861.22＋1487.58
　　　　　　＝592348.80元

思 考 题

1. 什么是工程结算？
2. 工程结算包括哪些内容？
3. 简述工程结算的编制依据。
4. 工程结算一定比工程预算造价高吗？为什么？

附录一

全国统一建筑工程预算工程量计算规则

(土建工程)

GJDGZ—101—95

目 录

第一章 总则 …………………………………………………………………………………… 331
第二章 建筑面积计算规则 …………………………………………………………………… 332
第三章 土建工程预算工程量计算规则 ……………………………………………………… 333
 第一节 土石方工程 ……………………………………………………………………… 333
 第二节 桩基础工程 ……………………………………………………………………… 336
 第三节 脚手架工程 ……………………………………………………………………… 336
 第四节 砌筑工程 ………………………………………………………………………… 338
 第五节 混凝土及钢筋混凝土工程 ……………………………………………………… 340
 第六节 构件运输及安装工程 …………………………………………………………… 343
 第七节 门窗及木结构工程 ……………………………………………………………… 344
 第八节 楼地面工程 ……………………………………………………………………… 345
 第九节 屋面及防水工程 ………………………………………………………………… 346
 第十节 防腐、保温、隔热工程 ………………………………………………………… 347
 第十一节 装饰工程 ……………………………………………………………………… 348
 第十二节 金属结构制作工程 …………………………………………………………… 352
 第十三节 建筑工程垂直运输定额 ……………………………………………………… 352
 第十四节 建筑物超高增加人工、机械定额 …………………………………………… 353

第一章 总 则

第1.0.1条 为统一工业与民用建筑工程预算工程量的计算，制定本规则。

第1.0.2条 本规则适用于工业与民用房屋建筑及构筑物施工图设计阶段编制工程预算及工程量清单，也适用于工程设计变更后的工程量计算。本规则与《全国统一建筑工程基础定额》相配套，作为确定建筑工程造价及其消耗量的依据。

第1.0.3条 建筑工程预算工程量除依据《全国统一建筑工程基础定额》及本规则各项规定外，尚应依据以下文件：

1. 经审定的施工设计图纸及其说明；
2. 经审定的施工组织设计或施工技术措施方案；
3. 经审定的其他有关技术经济文件。

第1.0.4条 本规则的计算尺寸，以设计图纸表示的尺寸或设计图纸能读出的尺寸为准。除另有规定外，工程量的计量单位应按下列规定计算：

1. 以体积计算的为立方米（m^3）；
2. 以面积计算的为平方米（m^2）；
3. 以长度计算的为米（m）；
4. 以重量计算的为吨或千克（t或kg）；
5. 以件(个或组)计算的为件（个或组）。

汇总工程量时，其准确度取值：立方米、平方米、米以下取两位；吨以下取三位；千克、件取整数。

第1.0.5条 计算工程量时，应依施工图纸顺序，分部、分项，依次计算，并尽可能采用计算表格及计算机计算，简化计算过程。

第二章 建筑面积计算规则

说明：因颁发了《建筑工程建筑面积计算规范》(GB/T 50353—2005)，故本章建筑面积计算规则已作废，执行新标准。

第三章 土建工程预算工程量计算规则

第一节 土石方工程

第3.1.1条 计算土石方工程量前,应确定下列各项资料:

1. 土壤及岩石类别的确定:

土石方工程土壤及岩石类别的划分,依工程勘测资料与《土壤及岩石分类表》对照后确定;

2. 地下水位标高及排(降)水方法;

3. 土方、沟槽、基坑挖(填)起止标高、施工方法及运距;

4. 岩石开凿、爆破方法、石碴清运方法及运距;

5. 其他有关资料。

第3.1.2条 土石方工程量计算一般规则:

1. 土方体积,均以挖掘前的天然密实体积为准计算。如遇有必须以天然密实体积折算时,可按表3.1.2所列数值换算。

土方体积折算表   表3.1.2

虚方体积	天然密实度体积	夯实后体积	松填体积	虚方体积	天然密实度体积	夯实后体积	松填体积
1.00	0.77	0.67	0.83	1.50	1.15	1.00	1.25
1.30	1.00	0.87	1.08	1.20	0.92	0.80	1.00

2. 挖土一律以设计室外地坪标高为准计算。

第3.1.3条 平整场地及辗压工程量,按下列规定计算:

1. 人工平整场地是指建筑场地挖、填土方厚度在±30cm以内及找平。挖、填土方厚度超过±30cm以外时,按场地土方平衡竖向布置图另行计算。

2. 平整场地工程量按建筑物外墙外边线每边各加2m,以平方米计算。

3. 建筑场地原土碾压以平方米计算,填土碾压按图示填土厚度以立方米计算。

第3.1.4条 挖掘沟槽、基坑土方工程量,按下列规定计算:

1. 沟槽、基坑划分:

凡图示沟槽底宽在3m以内,且沟槽长大于槽宽三倍以上的,为沟槽。

凡图示基坑底面积在20m² 以内的为基坑。

凡图示沟槽底宽3m以外,坑底面积20m² 以外,平整场地挖土方厚度在30cm以外,均按挖土方计算。

2. 计算挖沟槽、基坑、土方工程量需放坡时,放坡系数按表3.1.4-1规定计算。

放坡系数表 表 3.1.4-1

土壤类别	放坡起点(m)	人工挖土	机械挖土	
			在坑内作业	在坑上作业
一、二类土	1.20	1:0.5	1:0.33	1:0.75
三类土	1.50	1:0.33	1:0.25	1:0.67
四类土	2.00	1:0.25	1:0.10	1:0.33

注：1. 沟槽、基坑中土壤类别不同时，分别按其放坡起点、放坡系数、依不同土壤厚度加权平均计算。
  2. 计算放坡时，在交接处的重复工程量不予扣除，原槽、坑作基础垫层时，放坡自垫层上表面开始计算。

3. 挖沟槽、基坑需支挡土板时，其宽度按图示沟槽、基坑底宽，单面加10cm，双面加20cm计算。挡土板面积，按槽、坑垂直支撑面积计算，支挡土板后，不得再计算放坡。

4. 基础施工所需工作面，按表3.1.4-2规定计算。

基础施工所需工作面宽度计算表 表 3.1.4-2

基础材料	每边各增加工作面宽度(mm)	基础材料	每边各增加工作面宽度(mm)
砖基础	200	混凝土基础支模板	300
浆砌毛石、条石基础	150	基础垂直面做防水层	800(防水层面)
混凝土基础垫层支模板	300		

5. 挖沟槽长度，外墙按图示中心线长度计算；内墙按图示基础底面之间净长线长度计算；内外突出部分(垛、附墙烟囱等)体积并入沟槽土方工程量内计算。

6. 人工挖土方深度超过1.5m时，按下表增加工日。

人工挖土方超深增加工日表 单位：100m³

深2m以内	深4m以内	深6m以内
5.55工日	17.60工日	26.16工日

7. 挖管道沟槽按图示中心线长度计算，沟底宽度，设计有规定的，按设计规定尺寸计算，设计无规定的，可按表3.1.4-3规定宽度计算。

管道地沟沟底宽度计算表 表 3.1.4-3

单位：m

管径(mm)	铸铁管、钢管、石棉水泥管	混凝土、钢筋混凝土、预应力混凝土管	陶土管
50~70	0.60	0.80	0.70
100~200	0.70	0.90	0.80
250~350	0.80	1.00	0.90
400~450	1.00	1.30	1.10
500~600	1.30	1.50	1.40
700~800	1.60	1.80	
900~1000	1.80	2.00	
1100~1200	2.00	2.30	
1300~1400	2.20	2.60	

注：1. 按上表计算管道沟土方工程量时，各种井类及管道(不含铸铁给排水管)接口等处需加宽增加的土方量不另行计算，底面积大于20m²的井类，其增加工程量并入管沟土方内计算。
  2. 铺设铸铁给排水管道时其接口等处土方增加量，可按铸铁给排水管道地沟土方总量的2.5%计算。

8. 沟槽、基坑深度，按图示槽、坑底面至室外地坪深度计算；管道地沟按图示沟底至室外地坪深度计算。

第3.1.5条 人工挖孔桩土方量按图示桩断面积乘以设计桩孔中心线深度计算。

第3.1.6条 岩石开凿及爆破工程量，区别石质按下列规定计算：

1. 人工凿岩石，按图示尺寸以立方米计算。
2. 爆破岩石按图示尺寸以立方米计算，其沟槽、基坑深度、宽允许超挖量：

次坚石：200mm

特坚石：150mm

超挖部分岩石并入岩石挖方量之内计算。

第3.1.7条 回填土区分夯填、松填按图示回填体积并依下列规定，以立方米计算：

1. 沟槽、基坑回填土，沟槽、基坑回填体积以挖方体积减去设计室外地坪以下埋设砌筑物(包括基础垫层、基础等)体积计算。
2. 管道沟槽回填，以挖方体积减去管径所占体积计算。管径在500mm以下的不扣除管道所占体积；管径超过500mm以上时按表3.1.7规定扣除管道所占体积计算。

管道扣除土方体积表 表3.1.7

管道名称	管道直径（mm）					
	501~600	601~800	801~1000	1001~1200	1201~1400	1401~1600
钢管	0.21	0.44	0.71			
铸铁管	0.24	0.49	0.77			
混凝土管	0.33	0.60	0.92	1.15	1.35	1.55

3. 房心回填土，按主墙之间的面积乘以回填土厚度计算。
4. 余土或取土工程量，可按下式计算：

$$余土外运体积＝挖土总体积－回填土总体积$$

式中计算结果为正值时为余土外运体积，负值时为需取土体积。

第3.1.8条 土方运距，按下列规定计算：

1. 推土机推土运距：按挖方区重心至回填区重心之间的直线距离计算。
2. 铲运机运土运距：按挖方区重心至卸土区重心加转向距离45m计算。
3. 自卸汽车运土运距：按挖方区重心至填土区(或堆放地点)重心的最短距离计算。

第3.1.9条 地基强夯按设计图示强夯面积，区分夯击能量，夯击遍数以平方米计算。

第3.1.10条 井点降水区别轻型井点、喷射井点、大口径井点、电渗井点、水平井点，按不同井管深度的井管安装、拆除，以根为单位计算，使用按套、天计算。

井点套组成：

轻型井点：50根为一套；

喷射井点：30根为一套；

大口径井点：45根为一套；

电渗井点阳极：30根为一套；

水平井点：10根为一套。

井管间距应根据地质条件和施工降水要求，依施工组织设计确定，施工组织设计没有规定时，可按轻型井点管距0.8～1.6m，喷射井点管距2～3m确定。

使用天应以每昼夜24小时为一天，使用天数应按施工组织设计规定的使用天数计算。

第二节 桩基础工程

第3.2.1条 计算打桩(灌注桩)工程量前应确定下列事项：

1. 确定土质级别：依工程地质资料中的土层构造，土壤物理、化学性质及每米沉桩时间鉴别适用定额土质级别。

2. 确定施工方法、工艺流程，采用机型，桩、土壤泥浆运距。

第3.2.2条 打预制钢筋混凝土桩的体积，按设计桩长(包括桩尖，不扣除桩尖虚体积)乘以桩截面面积计算。管桩的空心体积应扣除。如管桩的空心部分按设计要求灌注混凝土或其他填充材料时，应另行计算。

第3.2.3条 接桩：电焊接桩按设计接头，以个计算；硫磺胶泥接桩按桩断面以平方米计算。

第3.2.4条 送桩：按桩截面面积乘以送桩长度(即打桩架底至桩顶面高度或自桩顶面至自然地坪面另加0.5m)计算。

第3.2.5条 打拔钢板桩按钢板桩重量以吨计算。

第3.2.6条 打孔灌注桩：

1. 混凝土桩、砂桩、碎石桩的体积，按设计规定的桩长(包括桩尖，不扣除桩尖虚体积)乘以钢管管箍外径截面面积计算。

2. 扩大桩的体积按单桩体积乘以次数计算。

3. 打孔后先埋入预制混凝土桩尖，再灌注混凝土者，桩尖按钢筋混凝土章节规定计算体积，灌注桩按设计长度(自桩尖顶面至桩顶面高度)乘以钢管管箍外径截面面积计算。

第3.2.7条 钻孔灌注桩，按设计桩长(包括桩尖，不扣除桩尖虚体积)增加0.25m乘以设计断面面积计算。

第3.2.8条 灌注混凝土桩的钢筋笼制作依设计规定，按钢筋混凝土章节相应项目以吨计算。

第3.2.9条 泥浆运输工程量按钻孔体积以立方米计算。

第3.2.10条 其他：

1. 安、拆导向夹具，按设计图纸规定的水平延长米计算。

2. 桩架90°调面只适用轨道式、走管式、导杆、筒式柴油打桩机以次计算。

第三节 脚手架工程

第3.3.1条 脚手架工程量计算一般规则：

1. 建筑物外墙脚手架，凡设计室外地坪至檐口(或女儿墙上表面)的砌筑高度在15m以下的按单排脚手架计算；砌筑高度在15m以上的或砌筑高度虽不足15m，但外墙门窗及装饰面积超过外墙表面积60%以上时，均按双排脚手架计算。

采用竹制脚手架时，按双排计算。

2. 建筑物内墙脚手架,凡设计室内地坪至顶板下表面(或山墙高度的1/2处)的砌筑高度在3.6m以下的,按里脚手架计算;砌筑高度超过3.6m以上时,按单排脚手架计算。

3. 石砌墙体,凡砌筑高度超过1.0m以上时,按外脚手架计算。

4. 计算内、外墙脚手架时,均不扣除门、窗口口、空圈洞口等所占的面积。

5. 同一建筑物高度不同时,应按不同高度分别计算。

6. 现浇钢筋混凝土框架柱、梁按双排脚手架计算。

7. 围墙脚手架,凡室外自然地坪至围墙顶面的砌筑高度在3.6m以下的,按里脚手架计算;砌筑高度超过3.6m以上时,按单排脚手架计算。

8. 室内天棚装饰面距设计室内地坪在3.6m以上时,应计算满堂脚手架,计算满堂脚手架后,墙面装饰工程则不再计算脚手架。

9. 滑升模板施工的钢筋混凝土烟囱、筒仓,不另计算脚手架。

10. 砌筑贮仓,按双排外脚手架计算。

11. 贮水(油)池,大型设备基础,凡距地坪高度超过1.2m以上的,均按双排脚手架计算。

12. 整体满堂钢筋混凝土基础,凡其宽度超过3m以上时,按其底板面积计算满堂脚手架。

第3.3.2条 砌筑脚手架工程量计算:

1. 外脚手架按外墙外边线长度,乘以外墙砌筑高度以平方米计算,突出墙外宽度在24cm以内的墙垛,附墙烟囱等不计算脚手架;宽度超过24cm以外时按图示尺寸展开计算,并入外脚手架工程量之内。

2. 里脚手架按墙面垂直投影面积计算。

3. 独立柱按图示柱结构外围周长另加3.6m,乘以砌筑高度以平方米计算,套用相应外脚手架定额。

第3.3.3条 现浇钢筋混凝土框架脚手架工程量计算:

1. 现浇钢筋混凝土柱,按柱图示周长尺寸另加3.6m,乘以柱高以平方米计算,套用相应外脚手架定额。

2. 现浇钢筋混凝土梁、墙,按设计室外地坪或楼板上表面至楼板底之间的高度,乘以梁、墙净长以平方米计算,套用相应双排外脚手架定额。

第3.3.4条 装饰工程脚手架工程量计算:

1. 满堂脚手架,按室内净面积计算,其高度在3.6~5.2m之间时,计算基本层,超过5.2m时,每增加1.2m按增加一层计算,不足0.6m的不计。计算式表示如下:

$$满堂脚手架增加层=\frac{室内净高度-5.2(m)}{1.2(m)}$$

2. 挑脚手架,按搭设长度和层数,以延长米计算。

3. 悬空脚手架,按搭设水平投影面积以平方米计算。

4. 高度超过3.6m墙面装饰不能利用原砌筑脚手架时,可以计算装饰脚手架。装饰脚手架按双排脚手架乘以0.3计算。

第3.3.5条 其他脚手架工程量计算:

1. 水平防护架,按实际铺板的水平投影面积,以平方米计算。

2. 垂直防护架,按自然地坪至最上一层横杆之间的搭设高度,乘以实际搭设长度,以平方米计算。

3. 架空运输脚手架,按搭设长度以延长米计算。

4. 烟囱、水塔脚手架,区别不同搭设高度,以座计算。

5. 电梯井脚手架,按单孔以座计算。

6. 斜道,区别不同高度以座计算。

7. 砌筑贮仓脚手架,不分单筒或贮仓组均按单筒外边线周长,乘以设计室外地坪至贮仓上口之间高度,以平方米计算。

8. 贮水(油)池脚手架,按外壁周长乘以室外地坪至池壁顶面之间高度,以平方米计算。

9. 大型设备基础脚手架,按其外形周长乘以地坪至外形顶面边线之间高度,以平方米计算。

10. 建筑物垂直封闭工程量按封闭面的垂直投影面积计算。

第3.3.6条 安全网工程量计算:

1. 立挂式安全网按架网部分的实挂长度乘以实挂高度计算。

2. 挑出式安全网按挑出的水平投影面积计算。

第四节 砌 筑 工 程

第3.4.1条 砌筑工程量一般规则:

1. 计算墙体时,应扣除门窗洞口、过人洞、空圈、嵌入墙身的钢筋混凝土柱、梁(包括过梁、圈梁、挑梁)、砖平碹、平砌砖过梁和暖气包壁龛及内墙板头的体积,不扣除梁头、外墙板头、檩头、垫木、木楞头、沿椽木、木砖、门窗走头、砖墙内的加固钢筋、木筋、铁件、钢管及每个面积在0.3m²以下的孔洞等所占的体积,突出墙面的窗台虎头砖、压顶线、山墙泛水、烟囱根、门窗套及三皮砖以内的腰线和挑檐等体积亦不增加。

2. 砖垛、三皮砖以上的腰线和挑檐等体积,并入墙身体积内计算。

3. 附墙烟囱(包括附墙通风道、垃圾道)按其外形体积计算,并入所依附的墙体积内,不扣除每一个孔洞横截面在0.1m²以下的体积,但孔洞内的抹灰工程量亦不增加。

4. 女儿墙高度,自外墙顶面至图示女儿墙顶面高度,分别不同墙厚并入外墙计算。

5. 砖平碹、平砌砖过梁按图示尺寸以立方米计算。如设计无规定时,砖平碹按门窗洞口宽度两端共加100mm,乘以高度(门窗洞口宽小于1500mm时,高度为240mm,大于1500mm时,高度为365mm)计算;平砌砖过梁按门窗洞口宽度两端共加500mm,高度按440mm计算。

第3.4.2条 砌体厚度,按如下规定计算:

1. 标准砖以240mm×115mm×53mm为准,其砌体计算厚度,按表3.4.2计算。

标准砖砌体计算厚度表　　　　表3.4.2

砖数(厚度)	1/4	1/2	3/4	1	1.5	2	2.5	3
计算厚度(mm)	53	115	180	240	365	490	615	740

2. 使用非标准砖时,其砌体厚度应按砖实际规格和设计厚度计算。

第 3.4.3 条 基础与墙身(柱身)的划分:

1. 基础与墙(柱)身使用同一种材料时,以设计室内地面为界(有地下室者,以地下室室内设计地面为界),以下为基础,以上为墙(柱)身。

2. 基础与墙身使用不同材料时,位于设计室内地面±300mm以内时,以不同材料为分界线,超过±300mm时,以设计室内地面为分界线。

3. 砖、石围墙,以设计室外地坪为界线,以下为基础,以上为墙身。

第 3.4.4 条 基础长度:外墙墙基按外墙中心线长度计算;内墙墙基按内墙基净长计算。基础大放脚T形接头处的重叠部分以及嵌入基础的钢筋、铁件、管道、基础防潮层及单个面积在 0.3m² 以内孔洞所占体积不予扣除,但靠墙暖气沟的挑檐亦不增加。附墙垛基础宽出部分体积应并入基础工程量内。

砖砌挖孔桩护壁工程量按实砌体积计算。

第 3.4.5 条 墙的长度:外墙长度按外墙中心线长度计算,内墙长度按内墙净长线计算。

第 3.4.6 条 墙身高度按下列规定计算:

1. 外墙墙身高度:斜(坡)屋面无檐口天棚者算至屋面板底;有屋架,且室内外均有天棚者,算至屋架下弦底面另加200mm;无天棚者算至屋架下弦底加300mm,出檐宽度超过600mm时,应按实砌高度计算;平屋面算至钢筋混凝土板底。

2. 内墙墙身高度:位于屋架下弦者,其高度算至屋架底;无屋架者算至天棚底另加100mm;有钢筋混凝土楼板隔层者算至板底;有框架梁时算至梁底面。

3. 内、外山墙,墙身高度:按其平均高度计算。

第 3.4.7 条 框架间砌体,分别内外墙以框架间的净空面积乘以墙厚计算,框架外表镶贴砖部分亦并入框架间砌体工程量内计算。

第 3.4.8 条 空花墙按空花部分外形体积以立方米计算,空花部分不予扣除,其中实体部分以立方米另行计算。

第 3.4.9 条 空斗墙按外形尺寸以立方米计算,墙角、内外墙交接处,门窗洞口立边,窗台砖及屋檐处的实砌部分已包括在定额内,不另行计算,但窗间墙、窗台下、楼板下、梁头下等实砌部分,应另行计算,套零星砌体定额项目。

第 3.4.10 条 多孔砖、空心砖按图示厚度以立方米计算,不扣除其孔、空心部分体积。

第 3.4.11 条 填充墙按外形尺寸以立方米计算,其中实砌部分已包括在定额内,不另计算。

第 3.4.12 条 加气混凝土墙、硅酸盐砌块墙、小型空心砌块墙,按图示尺寸以立方米计算,按设计规定需要镶嵌砖砌体部分已包括在定额内,不另计算。

第 3.4.13 条 其他砖砌体:

1. 砖砌锅台、炉灶,不分大小,均按图示外形尺寸以立方米计算,不扣除各种空洞的体积。

2. 砖砌台阶(不包括梯带)按水平投影面积以平方米计算。

3. 厕所蹲台、水槽腿、灯箱、垃圾箱、台阶挡墙或梯带、花台、花池、地垄墙及支撑地楞的砖墩,房上烟囱、屋面架空隔热层砖墩及毛石墙的门窗立边、窗台虎头砖等实砌体积,以立方米计算,套用零星砌体定额项目。

4. 检查井及化粪池不分壁厚均以立方米计算，洞口上的砖平拱碹等并入砌体体积内计算。

5. 砖砌地沟不分墙基、墙身合并以立方米计算。石砌地沟按其中心线长度以延长米计算。

第3.4.14条 砖烟囱：

1. 筒身，圆形、方形均按图示筒壁平均中心线周长乘以厚度并扣除筒身各种孔洞、钢筋混凝土圈梁、过梁等体积以立方米计算，其筒壁周长不同时可按下式分段计算。

$$V=\Sigma H \times C \times \pi D$$

式中　V——筒身体积；
　　　H——每段筒身垂直高度；
　　　C——每段筒壁厚度；
　　　D——每段筒壁中心线的平均直径。

2. 烟道、烟囱内衬按不同内衬材料并扣除孔洞后，以图示实体积计算。

3. 烟囱内壁表面隔热层，按筒身内壁并扣除各种孔洞后的面积以平方米计算；填料按烟囱内衬与筒身之间的中心线平均周长乘以图示宽度和筒高，并扣除各种孔洞所占体积（但不扣除连接横砖及防沉带的体积）后以立方米计算。

4. 烟道砌砖：烟道与炉体的划分以第一道闸门为界，炉体内的烟道部分列入炉体工程量计算。

第3.4.15条 砖砌水塔：

1. 水塔基础与塔身划分：以砖砌体的扩大部分顶面分界，以上为塔身，以下为基础，分别套相应基础砌体定额。

2. 塔身以图示实砌体积计算，并扣除门窗洞口和混凝土构件所占的体积，砖平拱碹及砖出檐等并入塔身体积内计算，套水塔砌筑定额。

3. 砖水箱内外壁，不分壁厚，均以图示实砌体积计算，套相应的内外砖墙定额。

第3.4.16条 砖体内的钢筋加固应根据设计规定，以吨计算，套钢筋混凝土章节相应项目。

第五节　混凝土及钢筋混凝土工程

第3.5.1条 现浇混凝土及钢筋混凝土模板工程量，按以下规定计算：

1. 现浇混凝土及钢筋混凝土模板工程量，除另有规定者外，均应区别模板的不同材质，按混凝土与模板接触面的面积，以平方米计算。

2. 现浇钢筋混凝土柱、梁、板、墙的支模高度（即室外地坪至板底或板面至板底之间的高度）以3.6m以内为准，超过3.6m以上部分，另按超过部分计算增加支撑工程量。

3. 现浇钢筋混凝土墙、板上单孔面积在0.3m²以内的孔洞，不予扣除，洞侧壁模板亦不增加；单孔面积在0.3m²以外时，应予扣除，洞侧壁模板面积并入墙、板模板工程量之内计算。

4. 现浇钢筋混凝土框架分别按梁、板、柱、墙有关规定计算，附墙柱，并入墙内工程量计算。

5. 杯形基础杯口高度大于杯口大边长度的,套高杯基础定额项目。

6. 柱与梁、柱与墙、梁与梁等连接的重叠部分以及伸入墙内的梁头、板头部分,均不计算模板面积。

7. 构造柱外露面均应按图示外露部分计算模板面积。构造柱与墙接触面不计算模板面积。

8. 现浇钢筋混凝土悬挑板(雨篷、阳台)按图示外挑部分尺寸的水平投影面积计算。挑出墙外的牛腿梁及板边模板不另计算。

9. 现浇钢筋混凝土楼梯,以图示露明面尺寸的水平投影面积计算,不扣除小于500mm楼梯井所占面积。楼梯的踏步、踏步板平台梁等侧面模板,不另计算。

10. 混凝土台阶不包括梯带,按图示台阶尺寸的水平投影面积计算,台阶端头两侧不另计算模板面积。

11. 现浇混凝土小型池槽按构件外围体积计算,池槽内、外侧及底部的模板不应另计算。

第 3.5.2 条 预制钢筋混凝土构件模板工程量,按以下规定计算:

1. 预制钢筋混凝土模板工程量,除另有规定者外均按混凝土实体体积以立方米计算。

2. 小型池槽按外形体积以立方米计算。

3. 预制桩尖按虚体积(不扣除桩尖虚体积部分)计算。

第 3.5.3 条 构筑物钢筋混凝土模板工程量,按以下规定计算:

1. 构筑物工程的模板工程量,除另有规定者外,区别现浇、预制和构件类别,分别按第 3.5.1 条和第 3.5.2 条的有关规定计算。

2. 大型池槽等分别按基础、墙、板、梁、柱等有关规定计算并套相应定额项目。

3. 液压滑升钢模板施工的烟筒、水塔塔身、贮仓等,均按混凝土体积,以立方米计算。预制倒圆锥形水塔罐壳模板按混凝土体积,以立方米计算。

4. 预制倒圆锥形水塔罐壳组装、提升、就位,按不同容积以座计算。

第 3.5.4 条 钢筋工程量,按以下规定计算:

1. 钢筋工程,应区别现浇、预制构件、不同钢种和规格,分别按设计长度乘以单位重量,以吨计算。

2. 计算钢筋工程量时,设计已规定钢筋搭接长度的,按规定搭接长度计算;设计未规定搭接长度的,已包括在钢筋的损耗率之内,不另计算搭接长度。钢筋电渣压力焊接、套筒挤压等接头,以个计算。

3. 先张法预应力钢筋,按构件外形尺寸计算长度,后张法预应力钢筋按设计图规定的预应力钢筋预留孔道长度,并区别不同的锚具类型,分别按下列规定计算:

(1) 低合金钢筋两端采用螺杆锚具时,预应力的钢筋按预留孔道长度减 0.35m,螺杆另行计算。

(2) 低合金钢筋一端采用镦头插片。另一端螺杆锚具时,预应力钢筋长度按预留孔道长度计算,螺杆另行计算。

(3) 低合金钢筋一端采用镦头插片,另一端采用帮条锚具时,预应力钢筋增加 0.15m,两端均采用帮条锚具时预应力钢筋共增加 0.3m 计算。

(4) 低合金钢筋采用后张混凝土自锚时,预应力钢筋长度增加 0.35m 计算。

(5) 低合金钢筋或钢绞线采用 JM、XM、QM 型锚具,孔道长度在 20m 以内时,预应力钢筋长度增加 1m;孔道长度 20m 以上时预应力钢筋长度增加 1.8m 计算。

(6) 碳素钢丝采用锥形锚具,孔道长在 20m 以内时,预应力钢筋长度增加 1m;孔道长在 20m 以上时,预应力钢筋长度增加 1.8m。

(7) 碳素钢丝两端采用镦粗头时,预应力钢丝长度增加 0.35m 计算。

第 3.5.5 条 钢筋混凝土构件预埋铁件工程量,按设计图示尺寸,以吨计算。

第 3.5.6 条 现浇混凝土工程量,按以下规定计算:

1. 混凝土工程量除另有规定者外,均按图示尺寸实体体积以立方米计算。不扣除构件内钢筋、预埋铁件及墙、板中 $0.3m^2$ 内的孔洞所占体积。

2. 基础:

(1) 有肋带形混凝土基础,其肋高与肋宽之比在 4∶1 以内的按有肋带形基础计算。超过 4∶1 时,其基础底按板式基础计算,以上部分按墙计算。

(2) 箱式满堂基础应分别按无梁式满堂基础、柱、墙、梁、板有关规定计算,套相应定额项目。

(3) 设备基础除块体以外,其他类型设备基础分别按基础、梁、柱、板、墙等有关规定计算,套相应的定额项目计算。

3. 柱:按图示断面尺寸乘以柱高以立方米计算。柱高按下列规定确定:

(1) 有梁板的柱高,应自柱基上表面(或楼板上表面)至上一层楼板上表面之间的高度计算。

(2) 无梁板的柱高,应自柱基上表面(或楼板上表面)至柱帽下表面之间的高度计算。

(3) 框架柱的柱高应自柱基上表面至柱顶高度计算。

(4) 构造柱按全高计算,与砖墙嵌接部分的体积并入柱身体积内计算。

(5) 依附柱上的牛腿,并入柱身体积内计算。

4. 梁:按图示断面尺寸乘以梁长以立方米计算,梁长按下列规定确定:

(1) 梁与柱连接时,梁长算至柱侧面;

(2) 主梁与次梁连接时,次梁长算至主梁侧面。

伸入墙内梁头、梁垫体积并入梁体积内计算。

5. 板:按图示面积乘以板厚以立方米计算,其中:

(1) 有梁板包括主、次梁与板,按梁、板体积之和计算。

(2) 无梁板按板和柱帽体积之和计算。

(3) 平板按板实体体积计算。

(4) 现浇挑檐天沟与板(包括屋面板、楼板)连接时,以外墙为分界线,与圈梁(包括其他梁)连接时,以梁外边线为分界线。外墙边线以外或梁外边线以外为挑檐天沟。

(5) 各类板伸入墙内的板头并入板体积内计算。

6. 墙:按图示中心线长度乘以墙高及厚度以立方米计算,应扣除门窗洞口及 $0.3m^2$ 以外孔洞的体积,墙垛及突出部分并入墙体积内计算。

7. 整体楼梯包括休息平台、平台梁、斜梁及楼梯的连接梁,按水平投影面积计算,不扣除宽度小于 500mm 的楼梯井,伸入墙内部分不另增加。

8. 阳台、雨篷(悬挑板),按伸出外墙的水平投影面积计算,伸出外墙的牛腿不另计算。带反挑檐的雨篷按展开面积并入雨篷内计算。

9. 栏杆按净长度以延长米计算。伸入墙内的长度已综合在定额内。栏板以立方米计算，伸入墙内的栏板，合并计算。

10. 预制板补现浇板缝时，按平板计算。

11. 预制钢筋混凝土框架柱现浇接头（包括梁接头）按设计规定断面和长度以立方米计算。

第3.5.7条 预制混凝土工程量，按以下规定计算：

1. 混凝土工程量均按图示尺寸实体体积以立方米计算，不扣除构件内钢筋、铁件及小于300mm×300mm以内孔洞面积。

2. 预制桩按桩全长（包括桩尖）乘以桩断面（空心桩应扣除孔洞体积）以立方米计算。

3. 混凝土与钢杆件组合的构件，混凝土部分按构件实体积以立方米计算，钢构件部分按吨计算，分别套相应的定额项目。

第3.5.8条 固定预埋螺栓、铁件的支架，固定双层钢筋的铁马凳、垫铁件，按审定的施工组织设计规定计算，套相应定额项目。

第3.5.9条 构筑物钢筋混凝土工程量，按以下规定计算：

1. 构筑物混凝土除另规定者外，均按图示尺寸扣除门窗洞口及$0.3m^2$以外孔洞所占体积以实体体积计算。

2. 水塔：

(1) 筒身与槽底以槽底连接的圈梁底为界，以上为槽底，以下为筒身。

(2) 筒式塔身及依附于筒身的边梁、雨篷挑檐等并入筒身体积内计算；柱式塔身、柱、梁合并计算。

(3) 塔顶及槽底，塔顶包括顶板和圈梁，槽底包括底板挑出的斜壁板和圈梁等合并计算。

3. 贮水池不分平底、锥底、坡底，均按池底计算；壁基梁、池壁不分圆形壁和矩形壁，均按池壁计算；其他项目均按现浇混凝土部分相应项目计算。

第3.5.10条 钢筋混凝土构件接头灌缝。

1. 钢筋混凝土构件接头灌缝：包括构件坐浆、灌缝、堵板孔、塞板梁缝等。均按预制钢筋混凝土构件实体积以立方米计算。

2. 柱与柱基的灌缝，按首层柱体积计算；首层以上柱灌缝按各层柱体积计算。

3. 空心板堵孔的人工材料，已包括在定额内。如不堵孔时每$10m^3$空心板体积应扣除$0.23m^3$预制混凝土块和2.2工日。

第六节 构件运输及安装工程

第3.6.1条 预制混凝土构件运输及安装均按构件图示尺寸，以实体积计算；钢构件按构件设计图示尺寸以吨计算，所需螺栓、电焊条等重量不另计算。木门窗以外框面积以平方米计算。

第3.6.2条 预制混凝土构件运输及安装损耗率，按表3.6.2规定计算后并入构件工程量内。其中预制混凝土屋架、桁架、托架及长度在9m以上的梁、板、柱不计算损耗率。

预制钢筋混凝土构件制作、运输、安装损耗率表　　　表 3.6.2

名　　称	制作废品率	运输堆放损耗	安装(打桩)损耗
各类预制构件	0.2%	0.8%	0.5%
预制钢筋混凝土桩	0.1%	0.4%	1.5%

第 3.6.3 条　构件运输：

1. 预制混凝土构件运输的最大运输距离取 50km 以内；钢构件和木门窗的最大运输距离取 20km 以内；超过时另行补充。

2. 加气混凝土板(块)、硅酸盐块运输每立方米折合钢筋混凝土构件体积 0.4m³ 按一类构件运输计算。

第 3.6.4 条　预制混凝土构件安装：

1. 焊接形成的预制钢筋混凝土框架结构，其柱安装按框架柱计算，梁安装按框架梁计算；节点浇注成形的框架，按连体框架梁、柱计算。

2. 预制钢筋混凝土工字形柱、矩形柱、空腹柱、双肢柱、空心柱、管道支架等安装，均按柱安装计算。

3. 组合屋架安装，以混凝土部分实体体积计算，钢杆件部分不另计算。

4. 预制钢筋混凝土多层柱安装，首层柱按柱安装计算，二层及二层以上按柱接柱计算。

第 3.6.5 条　钢构件安装：

1. 钢构件安装按图示构件钢材重量以吨计算。

2. 依附于钢柱上的牛腿及悬臂梁等，并入柱身主材重量计算。

3. 金属结构中所用钢板，设计为多边形者，按矩形计算，矩形的边长以设计尺寸中互相垂直的最大尺寸为准。

第七节　门窗及木结构工程

第 3.7.1 条　各类门、窗制作、安装工程量均按门、窗洞口面积计算。

1. 门、窗盖口条、贴脸、披水条，按图示尺寸以延长米计算，执行木装修项目。

2. 普通窗上部带有半圆窗的工程量应分别按半圆窗和普通窗计算。其分界线以普通窗和半圆窗之间的横框上裁口线为分界线。

3. 门窗扇包镀锌铁皮，按门、窗洞口面积以平方米计算；门窗框包镀锌铁皮，钉橡皮条、钉毛毡按图示门窗洞口尺寸以延长米计算。

第 3.7.2 条　铝合金门窗制作、安装，铝合金、不锈钢门窗、彩板组角钢门窗、塑料门窗、钢门窗安装，均按设计门窗洞口面积计算。

第 3.7.3 条　卷闸门安装按洞口高度增加 600mm 乘以门实际宽度以平方米计算。电动装置安装以套计算，小门安装以个计算。

第 3.7.4 条　不锈钢片包门框按框外表面面积以平方米计算；彩板组角钢门窗附框安装按延长米计算。

第 3.7.5 条　木屋架的制作安装工程量，按以下规定计算：

1. 木屋架制作安装均按设计断面竣工木料以立方米计算，其后备长度及配制损耗均不另外计算。

2. 方木屋架一面刨光时增加 3mm，两面刨光时增加 5mm，圆木屋架按屋架刨光时木材体积每立方米增加 0.05m³ 算。附属于屋架的夹板、垫木等已并入相应的屋架制作项目中，不另计算；与屋架连接的挑檐木、支撑等，其工程量并入屋架竣工木料体积内计算。

3. 屋架的制作安装应区别不同跨度，其跨度应以屋架上下弦杆的中心线交点之间的长度为准。带气楼的屋架并入所依附屋架的体积内计算。

4. 屋架的马尾、折角和正交部分半屋架，应并入相连接屋架的体积内计算。

5. 钢木屋架区分圆、方木，按竣工木料以立方米计算。

第 3.7.6 条 圆木屋架连接的挑檐木、支撑等如为方木时，其方木部分应乘以系数 1.7 折合成圆木并入屋架竣工木料内，单独的方木挑檐，按矩形檩木计算。

第 3.7.7 条 檩木按竣工木料以立方米计算。简支檩长度按设计规定计算，如设计无规定者，按屋架或山墙中距增加 200mm 计算，如两端出山，檩条长度算至博风板；连续檩条的长度按设计长度计算，其接头长度按全部连续檩木总体积的 5% 计算。檩条托木已计入相应的檩木制作安装项目中，不另计算。

第 3.7.8 条 屋面木基层，按屋面的斜面积计算。天窗挑檐重叠部分按设计规定计算，屋面烟囱及斜沟部分所占面积不扣除。

第 3.7.9 条 封檐板按图示檐口外围长度计算，博风板按斜长度计算，每个大刀头增加长度 500mm。

第 3.7.10 条 木楼梯按水平投影面积计算，不扣除宽度小于 300mm 的楼梯井，其踢脚板、平台和伸入墙内部分，不另计算。

第八节 楼地面工程

第 3.8.1 条 地面垫层按室内主墙间净空面积乘以设计厚度以立方米计算。应扣除凸出地面的构筑物、设备基础、室内铁道、地沟等所占体积，不扣除柱、垛、间壁墙、附墙烟囱及面积在 0.3m² 以内孔洞所占体积。

第 3.8.2 条 整体面层、找平层均按主墙间净空面积以平方米计算。应扣除凸出地面构筑物、设备基础、室内管道、地沟等所占面积，不扣除柱、垛、间壁墙、附墙烟囱及面积在 0.3m² 以内的孔洞所占面积，但门洞、空圈、暖气包槽、壁龛的开口部分亦不增加。

第 3.8.3 条 块料面层，按图示尺寸实铺面积以平方米计算，门洞、空圈、暖气包槽和壁龛的开口部分的工程量并入相应的面层内计算。

第 3.8.4 条 楼梯面层（包括踏步、平台以及小于 500mm 宽的楼梯井）按水平投影面积计算。

第 3.8.5 条 台阶面层（包括踏步及最上一层踏步沿 300mm）按水平投影面积计算。

第 3.8.6 条 其他：

1. 踢脚板按延长米计算，洞口、空圈长度不予扣除，洞口、空圈、垛、附墙烟囱等侧壁长度亦不增加。

2. 散水、防滑坡道按图示尺寸以平方米计算。

3. 栏杆、扶手包括弯头长度按延长米计算。

4. 防滑条按楼梯踏步两端距离减 300mm 以延长米计算。
5. 明沟按图示尺寸以延长米计算。

第九节 屋面及防水工程

第3.9.1条 瓦屋面，金属压型板（包括挑檐部分）均按图 3.9.1 中尺寸的水平投影面积乘以屋面坡度系数（见表 3.9.1），以平方米计算。不扣除房上烟囱、风帽底座、风道、屋面小气窗、斜沟等所占面积，屋面小气窗的出檐部分亦不增加。

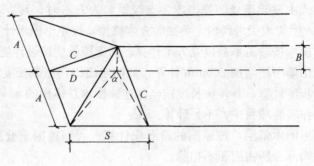

图 3.9.1

注：1. 两坡排水屋面面积为屋面水平投影面积乘以延尺系数 C；
2. 四坡排水屋面斜脊长度 $=A \times D$（当 $S=A$ 时）；
3. 沿山墙泛水长度 $=A \times C$。

屋面坡度系数表　　　　　　　　　　　表 3.9.1

坡度 $B(A=1)$	坡度 $B/2A$	坡度角度 α	延尺系数 $C(A=1)$	隅延尺系数 $D(A=1)$
1	1/2	45°	1.4142	1.7321
0.75		36°52′	1.2500	1.6008
0.70		35°	1.2207	1.5779
0.666	1/3	33°40′	1.2015	1.5620
0.65		33°01′	1.1926	1.5564
0.60		30°58′	1.1662	1.5362
0.577		30°	1.1547	1.5270
0.55		28°49′	1.1413	1.5170
0.50	1/4	26°34′	1.1180	1.5000
0.45		24°14′	1.0966	1.4839
0.40	1/5	21°48′	1.0770	1.1697
0.35		19°17′	1.0594	1.4569
0.30		16°42′	1.0440	1.4457
0.25		14°02′	1.0308	1.4362
0.20	1/10	11°19′	1.0198	1.4283
0.15		8°32′	1.0112	1.4221
0.125		7°8′	1.0078	1.4191
0.100	1/20	5°42′	1.0050	1.4177
0.083		4°45′	1.0035	1.4166
0.066	1/30	3°49′	1.0022	1.4157

第3.9.2条 卷材屋面工程量按以下规定计算：

1. 卷材屋面按图示尺寸的水平投影面积乘以规定的坡度系数（见表3.9.1）以平方米计算。但不扣除房上烟囱、风帽底座、风道、屋面小气窗和斜沟所占的面积，屋面的女儿墙、伸缩缝和天窗等处的弯起部分，按图示尺寸并入屋面工程量计算。如图纸无规定时，伸缩缝、女儿墙的弯起部分可按250mm计算，天窗弯起部分可按500mm计算。

2. 卷材屋面的附加层、接缝、收头、找平层的嵌缝、冷底子油已计入定额内，不另计算。

第3.9.3条 涂膜屋面的工程量计算同卷材屋面。涂膜屋面的油膏嵌缝、玻璃布盖缝、屋面分格缝，以延长米计算。

第3.9.4条 屋面排水工程量按以下规定计算：

1. 铁皮排水按图示尺寸以展开面积计算，如图纸没有注明尺寸时，可按表3.9.4计算。咬口和搭接等已计入定额项目中，不另计算。

铁皮排水单体零件折算表 表3.9.4

名称		单位	水落管(mm)	檐沟(m)	水斗(个)	漏斗(个)	下水口(个)		
铁皮排水	水落管、檐沟、水斗、漏斗、下水口	m²	0.32	0.30	0.40	0.16	0.45		
	天沟、斜沟、天窗窗台泛水、天窗侧面泛水、烟囱泛水、通气管泛水、滴水檐头泛水、滴水	m²	天沟(m)	斜沟天窗窗台泛水(m)	天窗侧面泛水(m)	烟囱泛水(m)	通气管泛水(m)	滴水檐头泛水(m)	滴水(m)
			1.30	0.50	0.70	0.80	0.22	0.24	0.11

2. 铸铁、玻璃钢水落管区别不同直径按图示尺寸以延长米计算，雨水口、水斗、弯头、短管以个计算。

第3.9.5条 防水工程工程量按以下规定计算：

1. 建筑物地面防水、防潮层，按主墙间净空面积计算，扣除凸出地面的构筑物、设备基础等所占的面积，不扣除柱、垛、间壁墙、烟囱及0.3m²以内孔洞所占面积。与墙面连接处高度在500mm以内者按展开面积计算，并入平面工程量内，超过500mm时，按立面防水层计算。

2. 建筑物墙基防水、防潮层、外墙长度按中心线，内墙按净长乘以宽度以平方米计算。

3. 构筑物及建筑物地下室防水层，按实铺面积计算，但不扣除0.3m²以内的孔洞面积。平面与立面交接处的防水层，其上卷高度超过500mm时，按立面防水层计算。

4. 防水卷材的附加层、接缝、收头、冷底子油等人工材料均已计入定额内，不另计算。

5. 变形缝按延长米计算。

第十节 防腐、保温、隔热工程

第3.10.1条 防腐工程量按以下规定计算：

1. 防腐工程项目应区分不同防腐材料种类及其厚度，按设计实铺面积以平方米计算。应扣除凸出地面的构筑物、设备基础等所占的面积，砖垛等突出墙面部分按展开面积计算并入墙面防腐工程量之内。

2. 踢脚板按实铺长度乘以高度以平方米计算,应扣除门洞所占面积并相应增加侧壁展开面积。

3. 平面砌筑双层耐酸块料时,按单层面积乘以系数2计算。

4. 防腐卷材接缝、附加层、收头等人工材料,已计入在定额中,不再另行计算。

第3.10.2条 保温隔热工程量按以下规定计算:

1. 保温隔热层应区别不同保温隔热材料,除另有规定者外,均按设计实铺厚度以立方米计算。

2. 保温隔热层的厚度按隔热材料(不包括胶结材料)净厚度计算。

3. 地面隔热层按围护结构墙体间净面积乘以设计厚度以立方米计算,不扣除柱、垛所占的体积。

4. 墙体隔热层,外墙按隔热层中心线、内墙按隔热层净长乘以图示尺寸的高度及厚度以立方米计算。应扣除冷藏门洞口和管道穿墙洞口所占的体积。

5. 柱包隔热层,按图示柱的隔热层中心线的展开长度乘以图示尺寸高度及厚度以立方米计算。

6. 其他保温隔热:

(1) 池槽隔热层按图示池槽保温隔热层的长、宽及其厚度以立方米计算。其中池壁按墙面计算,池底按地面计算。

(2) 门洞口侧壁周围的隔热部分,按图示隔热层尺寸以立方米计算,并入墙面的保温隔热工程量内。

(3) 柱帽保温隔热层按图示保温隔热层体积并入天棚保温隔热层工程量内。

第十一节 装 饰 工 程

第3.11.1条 内墙抹灰工程量按以下规定计算:

1. 内墙抹灰面积,应扣除门窗洞口和空圈所占的面积,不扣除踢脚板、挂镜线、$0.3m^2$以内的孔洞和墙与构件交接处的面积,洞口侧壁和顶面亦不增加。墙垛和附墙烟囱侧壁面积与内墙抹灰工程量合并计算。

2. 内墙面抹灰的长度,以主墙间的图示净长尺寸计算。其高度确定如下:

(1) 无墙裙的,其高度按室内地面或楼面至顶棚底面之间距离计算。

(2) 有墙裙的,其高度按墙裙顶至顶棚底面之间距离计算。

(3) 钉板条顶棚的内墙面抹灰,其高度按室内地面或楼面至顶棚底面另加100mm计算。

3. 内墙裙抹灰面积按内墙净长乘以高度计算。应扣除门窗洞口和空圈所占的面积,门窗洞口和空圈的侧壁面积不另增加,墙垛、附墙烟囱侧壁面积并入墙裙抹灰面积内计算。

第3.11.2条 外墙抹灰工程量按以下规定计算:

1. 外墙抹灰面积,按外墙面的垂直投影面积以平方米计算。应扣除门窗洞口,外墙裙和大于$0.3m^2$孔洞所占面积,洞口侧壁面积不另增加。附墙垛、梁、柱侧面抹灰面积并入外墙面抹灰工程量内计算。栏板、栏杆、窗台线、门窗套、扶手、压顶、挑檐、遮阳板、突出墙外的腰线等，另按相应规定计算。

2. 外墙裙抹灰面积按其长度乘高度计算，扣除门窗洞口和大于 $0.3m^2$ 孔洞所占的面积，门窗洞口及孔洞的侧壁不增加。

3. 窗台线、门窗套、挑檐、腰线、遮阳板等展开宽度在 300mm 以内者，按装饰线以延长米计算，如展开宽度超过 300mm 以上时，按图示尺寸以展开面积计算，套零星抹灰定额项目。

4. 栏板、栏杆（包括立柱、扶手或压顶等）抹灰按立面垂直投影面积乘以系数 2.2 以平方米计算。

5. 阳台底面抹灰按水平投影面积以平方米计算，并入相应顶棚抹灰面积内。阳台如带悬臂梁者，其工程量乘系数 1.30。

6. 雨篷底面或顶面抹灰分别按水平投影面积以平方米计算，并入相应顶棚抹灰面积内。雨篷顶面带反沿或反梁者，其工程量乘系数 1.20，底面带悬臂梁者，其工程量乘系数 1.20。雨篷外边线按相应装饰或零星项目执行。

7. 墙面勾缝按垂直投影面积计算，应扣除墙裙和墙面抹灰的面积，不扣除门窗洞口、门窗套、腰线等零星抹灰所占的面积，附墙柱和门窗洞口侧面的勾缝面积亦不增加。独立柱、房上烟囱勾缝，按图示尺寸以平方米计算。

第 3.11.3 条 外墙装饰抹灰工程量按以下规定计算：

1. 外墙各种装饰抹灰均按图示尺寸以实抹面积计算。应扣除门窗洞口空圈的面积，其侧壁面积不另增加。

2. 挑檐、天沟、腰线、栏杆、栏板、门窗套、窗台线、压顶等均按图示尺寸展开面积以平方米计算，并入相应的外墙面积内。

第 3.11.4 条 块料面层工程量按以下规定计算：

1. 墙面贴块料面层均按图示尺寸以实贴面积计算。

2. 墙裙以高度在 1500mm 以内为准，超过 1500mm 时按墙面计算，高度低于 300mm 以内时，按踢脚板计算。

第 3.11.5 条 木隔墙、墙裙、护壁板，均按图示尺寸长度乘以高度按实铺面积以平方米计算。

第 3.11.6 条 玻璃隔墙按上横档顶面至下横档底面之间高度乘以宽度（两边立挺外边线之间）以平方米计算。

第 3.11.7 条 浴厕木隔断，按下横档底面至上横档顶面高度乘以图示长度以平方米计算，门扇面积并入隔断面积内计算。

第 3.11.8 条 铝合金、轻钢隔墙、幕墙，按四周框外围面积计算。

第 3.11.9 条 独立柱：

1. 一般抹灰、装饰抹灰、镶贴块料按结构断面周长乘以柱的高度以平方米计算。

2. 柱面装饰按柱外围饰面尺寸乘以柱的高以平方米计算。

第 3.11.10 条 各种"零星项目"均按图示尺寸以展开面积计算。

第 3.11.11 条 顶棚抹灰工程量按以下规定计算：

1. 顶棚抹灰面积，按主墙间的净面积计算，不扣除间壁墙、垛、柱、附墙烟囱、检查口和管道所占的面积。带梁顶棚，梁两侧抹灰面积，并入顶棚抹灰工程量内计算。

2. 密肋梁和井字梁顶棚抹灰面积，按展开面积计算。
3. 顶棚抹灰如带有装饰线时，区别按三道线以内或五道线以内按延长米计算，线角的道数以一个突出的棱角为一道线。
4. 檐口顶棚的抹灰面积，并入相同的顶棚抹灰工程量内计算。
5. 顶棚中的折线、灯槽线、圆弧形线、拱形线等艺术形式的抹灰，按展开面积计算。

第 3.11.12 条 各种吊顶顶棚龙骨按主墙间净空面积计算，不扣除间壁墙、检查口、附墙烟囱、柱、垛和管道所占面积。但顶棚中的折线、迭落等圆弧形、高低吊灯槽等面积也不展开计算。

第 3.11.13 条 顶棚面装饰工程量按以下规定计算：
1. 顶棚装饰面积，按主墙间实铺面积以平方米计算，不扣除间壁墙、检查口、附墙烟囱、附墙垛和管道所占面积，应扣除独立柱及与顶棚相连的窗帘盒所占的面积。
2. 顶棚中的折线、迭落等圆弧形、拱形、高低灯槽及其他艺术形式顶棚面层均按展开面积计算。

第 3.11.14 条 喷涂、油漆、裱糊工程量按以下规定计算：
1. 楼地面、顶棚面、墙、柱、梁面的喷（刷）涂料、抹灰面、油漆及裱糊工程，均按楼地面、顶棚面、墙、柱、梁面装饰工程相应的工程量计算规则规定计算。
2. 木材面、金属面油漆的工程量分别按表 3.11.14-1 至表 3.11.14-9 规定计算，并乘以表列系数以平方米计算。

(1) 木材面油漆

单层木门工程量系数表　　　　　表 3.11.14-1

项目名称	系数	工程量计算方法	项目名称	系数	工程量计算方法
单层木门	1.00	按单面洞口面积	单层全玻门	0.83	按单面洞口面积
双层（一板一纱）木门	1.36		木百叶门	1.25	
双层（单裁口）木门	2.00		厂库大门	1.10	

单层木窗工程量系数表　　　　　表 3.11.14-2

项目名称	系数	工程量计算方法	项目名称	系数	工程量计算方法
单层玻璃窗	1.00	按单面洞口面积	单层组合窗	0.83	按单面洞口面积
双层（一玻一纱）窗	1.36		双层组合窗	1.13	
双层（单裁口）窗	2.00		木百叶窗	1.50	
三层（二玻一纱）窗	2.60				

木扶手（不带托板）工程量系数表　　　　表 3.11.14-3

项目名称	系数	工程量计算方法	项目名称	系数	工程量计算方法
木扶手（不带托板）	1.00	按延长米	封檐板、顺水板	1.74	按延长米
木扶手（带托板）	2.60		挂衣板、黑板框	0.52	
窗帘盒	2.04		生活园地框、挂镜线、窗帘棍	0.35	

其他木材面工程量系数表　　表 3.11.14-4

项 目 名 称	系 数	工程量计算方法	项 目 名 称	系 数	工程量计算方法
木板、纤维板、胶合板顶棚、檐口	1.00	长×宽	屋面板(带檩条)	1.11	斜长×宽
清水板条顶棚、檐口	1.07	长×宽	木间壁、木隔断	1.90	单面外围面积
木方格吊顶顶棚	1.20	长×宽	玻璃间壁露明墙筋	1.65	单面外围面积
吸音板、墙面、顶棚面	0.87	长×宽	木栅栏、木栏杆(带扶手)	1.82	单面外围面积
鱼鳞板墙	2.48	长×宽	木屋架	1.79	跨度(长)×中高×1/2
木护墙、墙裙	0.91	长×宽	衣柜、壁柜	0.91	投影面积(不展开)
窗台板、筒子板、盖板	0.82	长×宽	零星木装修	0.87	展开面积
暖气罩	1.28	长×宽			

木地板工程量系数表　　表 3.11.14-5

项 目 名 称	系 数	工程量计算方法
木地板、木踢脚线	1.00	长×宽
木楼梯(不包括底面)	2.30	水平投影面积

(2) 金属面油漆

单层钢门窗工程量系数表　　表 3.11.14-6

项 目 名 称	系 数	工程量计算方法	项 目 名 称	系 数	工程量计算方法
单层钢门窗	1.00	洞口面积	射线防护门	2.96	框(扇)外围面积
双层(一玻一纱)钢门窗	1.48	洞口面积	厂库房平开、推拉门	1.70	框(扇)外围面积
钢百页钢门	2.74	洞口面积	铁丝网大门	0.81	框(扇)外围面积
半截百页钢门	2.22	洞口面积	间壁	1.85	长×宽
满钢门或包铁皮门	1.63	洞口面积	平板屋面	0.74	斜长×宽
钢折叠门	2.30	洞口面积	瓦垄板屋面	0.89	斜长×宽
			排水、伸缩缝盖板	0.78	展开面积
			吸气罩	1.63	水平投影面积

其他金属面工程量系数表　　表 3.11.14-7

项 目 名 称	系 数	工程量计算方法	项 目 名 称	系 数	工程量计算方法
钢屋架、天窗架、挡风架、屋架梁、支撑、檩条	1.00	重量(t)	钢梁车挡		重量(t)
墙架(空腹式)	0.50	重量(t)	钢栅栏门、栏杆、窗栅	1.71	重量(t)
墙架(格板式)	0.82	重量(t)	钢爬梯	1.18	重量(t)
钢柱、吊车梁、花式梁柱、空花构件	0.63	重量(t)	轻型屋架	1.42	重量(t)
			踏步式钢扶梯	1.05	重量(t)
操作台、走台、制动梁	0.71	重量(t)	零星铁件	1.32	重量(t)

平板屋面涂刷磷化、锌黄底漆工程量系数表　　　表 3.11.14-8

项目名称	系数	工程量计算方法	项目名称	系数	工程量计算方法
平板屋面 瓦垄板屋面	1.00 1.20	斜长×宽	吸气罩	2.20	水平投影面积
排水、伸缩缝盖板	1.05	展开面积	包镀锌铁皮门	2.20	洞口面积

(3) 抹灰面油漆、涂料

抹灰面工程量系数表　　　表 3.11.14-9

项目名称	系数	工程量计算方法
槽形底板、混凝土折板 有梁板底 密肋、井字梁底板	1.30 1.10 1.50	长×宽
混凝土平板式楼梯底	1.30	水平投影面积

第十二节　金属结构制作工程

第 3.12.1 条　金属结构制作按图示钢材尺寸以吨计算，不扣除孔眼、切边的重量，焊条、铆钉、螺栓等重量，已包括在定额内不另计算。在计算不规则或多边形钢板重量时均以其最大对角线乘最大宽度的矩形面积计算。

第 3.12.2 条　实腹柱、吊车梁、H 型钢按图示尺寸计算，其中腹板及翼板宽度按每边增加 25mm 计算。

第 3.12.3 条　制动梁的制作工程量包括制动梁、制动桁架、制动板重量；墙架的制作工程量包括墙架柱、墙架梁及连接柱杆重量；钢柱制作工程量包括依附于柱上的牛腿及悬臂梁重量。

第 3.12.4 条　轨道制作工程量，只计算轨道本身重量，不包括轨道垫板，压板、斜垫、夹板及连接角钢等重量。

第 3.12.5 条　铁栏杆制作，仅适用于工业厂房中平台、操作台的钢栏杆。民用建筑中铁栏杆等按本定额其他章节有关项目计算。

第 3.12.6 条　钢漏斗制作工程量，矩形按图示分片，圆形按图示展开尺寸，并依钢板宽度分段计算，每段均以其上口长度（圆形以分段展开上口长度）与钢板宽度，按矩形计算，依附漏斗的型钢并入漏斗重量内计算。

第十三节　建筑工程垂直运输定额

第 3.13.1 条　建筑物垂直运输机械台班用量，区分不同建筑物的结构类型及高度按建筑面积以平方米计算。建筑面积按本规则第二章规定计算。

第 3.13.2 条　构筑物垂直运输机械台班以座计算。超过规定高度时再按每增高 1m 定额项目计算，其高度不足 1m 时，亦按 1m 计算。

第十四节 建筑物超高增加人工、机械定额

第3.14.1条 各项降效系数中包括的内容指建筑物基础以上的全部工程项目,但不包括垂直运输、各类构件的水平运输及各项脚手架。

第3.14.2条 人工降效按规定内容中的全部人工费乘以定额系数计算。

第3.14.3条 吊装机械降效按第六章吊装项目中的全部机械费乘以定额系数计算。

第3.14.4条 其他机械降效按规定内容中的全部机械费(不包括吊装机械)乘以定额系数计算。

第3.14.5条 建筑物施工用水加压增加的水泵台班,按建筑面积以平方米计算。

附录二

建筑工程建筑面积计算规范

中华人民共和国国家标准

建筑工程建筑面积计算规范

GB/T 50353—2005

1 总 则

1.0.1 为规范工业与民用建筑工程的面积计算，统一计算方法，制定本规范。

1.0.2 本规范适用于新建、扩建、改建的工业与民用建筑工程的面积计算。

1.0.3 建筑面积计算应遵循科学、合理的原则。

1.0.4 建筑面积计算除应遵循本规范，尚应符合国家现行的有关标准规范的规定。

2 术 语

2.0.1 层高 story height
上下两层楼面与楼面与地面之间的垂直距离。

2.0.2 自然层 floor
按楼板、地板结构分层的楼层。

2.0.3 架空层 empty space
建筑物深基础或坡地建筑吊脚架空部位不回填土石方形成的建筑空间。

2.0.4 走廊 corridor gallery
建筑物的水平交通空间。

2.0.5 挑廊 overhanging corridor
挑出建筑物外墙的水平交通空间。

2.0.6 檐廊 eaves gallery
设置在建筑物底层出檐下的水平交通空间。

2.0.7 回廊 cloister
在建筑物门厅、大厅内设置在二层或二层以上的回形走廊。

2.0.8 门斗 foyer

在建筑物出入口设置的起分隔、挡风、御寒等作用的建筑过渡空间。

2.0.9　建筑物通道　passage

为道路穿过建筑物而设置的建筑空间。

2.0.10　架空走廊　bridge way

建筑物与建筑物之间，在二层或二层以上专门为水平交通设置的走廊。

2.0.11　勒脚　plinth

建筑物的外墙与室外地面或散水接触部位墙体的加厚部分。

2.0.12　围护结构　envelop enclosure

围合建筑空间四周的墙体、门、窗等。

2.0.13　围护性幕墙　enclosing curtain wall

直接作为外墙起围护作用的幕墙。

2.0.14　装饰性幕墙　decorative faced curtain wall

设置在建筑物墙体外起装饰作用的幕墙。

2.0.15　落地橱窗　French window

突出外墙面根基落地的橱窗。

2.0.16　阳台　balcony

供使用者进行活动和晾晒衣物的建筑空间。

2.0.17　眺望间　view room

设置在建筑物顶层或挑出房间的供人们远眺或观察周围情况的建筑空间。

2.0.18　雨篷　canopy

设置在建筑物进出口上部的遮雨、遮阳篷。

2.0.19　地下室　basement

房间地平面低于窗外地平面的高度超过该房间净高的1/2者为地下室。

2.0.20　半地下室　semi basement

房间地平面低于室外地平面的高度超过该房间净高的1/3，且不超过1/2者为半地下室。

2.0.21　变形缝　deformation joint

伸缩缝（温度缝）、沉降缝和抗震缝的总称。

2.0.22　永久性顶盖　permanent cap

经规划批准设计的永久使用的顶盖。

2.0.23　飘窗　bay window

为房间采光和美化造型而设置的窗出外墙的窗。

2.0.24　骑楼　ovcrhang

楼层部分跨在人行道上的临街楼房。

2.0.25　过街楼　arcade

有道路穿过建筑空间的楼房。

3　计算建筑面积的规定

3.0.1　单层建筑物的建筑面积，应按其外墙勒脚以上结构外围水平面积计算，并应符合下列规定：

1. 单层建筑物高度在2.20m及以上者应计算全面积；高度不足2.20m者应计算1/2面积。

2. 利用坡层顶空间时净高超过2.10m的部位应计算全面积；净高在1.20m至2.10m的部位应计算1/2面积；净高不足1.20m的部位不应计算面积。

3.0.2 单层建筑物内设有局部楼层者，局部楼层的二层及以上楼层，有围护结构的应按其围护结构外围水平面积计算，无围护结构的应按其结构底板水平面积计算。层高在2.20m及以上者应计算全面积；层高不足2.20m者应计算1/2面积。

3.0.3 多层建筑物首层应按其外墙勒脚以上结构外围水平面积计算；二层及以上楼层应按其外墙结构外围水平面积计算。层高在2.20m及以上者应计算全面积；层高不足2.20m者应计算1/2面积。

3.0.4 多层建筑坡屋顶内和场馆看台下，当设计加以利用时净高超过2.10m的部位应计算全面积；净高在1.20m至2.10m的部位应计算1/2面积；当设计不利用或室内净高不足1.20m时不应计算面积。

3.0.5 地下室、半地下室（车间、商店、车站、车库、仓库等），包括相应的有永久性顶盖的出入口，应按其外墙上口（不包括采光井、外墙防潮层及其保护墙）外边线所围水平面积计算。层高在2.20m及以上者应计算全面积；层高不足2.20m者应计算1/2面积。

3.0.6 坡地的建筑物吊脚架空层、深基础架空层，设计加以利用并有围护结构的，层高在2.20m及以上的部位应计算全面积；层高不足2.20m的部位应计算1/2面积。设计加以利用、无围护结构的建筑吊脚架空层，应按其利用部位水平面积的1/2计算；设计不利用的深基础架空层、坡地吊脚架空层、多层建筑坡屋顶内、场馆看台下的空间不应计算面积。

3.0.7 建筑物的门厅、大厅按一层计算建筑面积。门厅、大厅内设有回廊时，应按其结构底板水平面积计算。层高在2.20m及以上者应计算全面积；层高不足2.20m者应计算1/2面积。

3.0.8 建筑物间有围护结构的架空走廊，应按其围护结构外围水平面积计算。层高在2.20m及以上者应计算全面积；层高不足2.20m者应计算1/2面积。有永久性顶盖无围护结构的应按其结构底板水平面积的1/2计算。

3.0.9 立体书库、立体仓库、立体车库，无结构层的应按一层计算，有结构层的应按其结构层面积分别计算。层高在2.20m及以上者应计算全面积；层高不足2.20m者应计算1/2面积。

3.0.10 有围护结构的舞台灯光控制室，应按其围护结构外围水平面积计算。层高在2.20m及以上者应计算全面积；层高不足2.20m者应计算1/2面积。

3.0.11 建筑物外有围护结构的落地橱窗、门斗、挑廊、走廊、檐廊，应按其围护结构外围水平面积计算。层高在2.20m及以上者应计算全面积；层高不足2.20m者应计算1/2面积。有永久性顶盖无围护结构的应按其结构底板水平面积的1/2计算。

3.0.12 有永久性顶盖无围护结构的场馆看台应按其顶盖水平投影面积的1/2计算。

3.0.13 建筑物顶部有围护结构的楼梯间、水箱间、电梯机房等，层高在2.20m及以上者应计算全面积；层高不足 2.20m 者应计算 1/2 面积。

3.0.14 设有围护结构不垂直于水平面而超出底板外沿的建筑物，应按其底板面的外围水平面积计算。层高在 2.20m 及以上者应计算全面积；层高不足 2.20m 者应计算 1/2 面积。

3.0.15 建筑物内的室内楼梯间、电梯井、观光电梯井、提物井、管道井、通风排气竖井、垃圾道、附墙烟囱应按建筑物的自然层计算。

3.0.16 雨篷结构的外边线至外墙结构外边线的宽度超过 2.10m 者，应按雨篷结构板的水平投影面积的 1/2 计算。

3.0.17 有永久性顶盖的室外楼梯，应按建筑物自然层的水平投影面积的 1/2 计算。

3.0.18 建筑物的阳台均应按其水平投影面积的 1/2 计算。

3.0.19 有永久性顶盖无围护结构的车棚、货棚、站台、加油站、收费站等，应按其顶盖水平投影面积的 1/2 计算。

3.0.20 高低联跨的建筑物，应以高跨结构外边线为界分别计算建筑面积；其高低跨内部连通时，其变形缝应计算在低跨面积内。

3.0.21 以幕墙作为围护结构的建筑物，应按幕墙外边线计算建筑面积。

3.0.22 建筑物外墙外侧有保温隔热层的，应按保温隔热层外边线计算建筑面积。

3.0.23 建筑物内的变形缝，应按其自然层合并在建筑物面积内计算。

3.0.24 下列项目不应计算面积：

1. 建筑物通道（骑楼、过街楼的底层）。
2. 建筑物内的设备管道夹层。
3. 建筑物内分隔的单层房间，舞台及后台悬挂幕布、布景的天桥、挑台等。
4. 屋顶水箱、花架、凉棚、露台、露天游泳池。
5. 建筑物内的操作平台、上料平台、安装箱和罐体的平台。
6. 勒脚、附墙柱、垛、台阶、墙面抹灰、装饰面、镶贴块料面层、装饰性幕墙、空调室外机搁板（箱）、飘窗、构件、配件、宽度在 2.10m 及以内的雨篷以及与建筑物内不相连通的装饰性阳台、挑廊。
7. 永久性顶盖的架空走廊、室外楼梯和用于检修、消防等的室外钢楼梯、爬梯。
8. 自动扶梯、自动人行道。
9. 独立烟囱、烟道、地沟、油（水）罐、气柜、水塔、贮油（水）池、贮仓、栈桥、地下人防通道、地铁隧道。

本规范用词说明

1. 为便于在执行本规范条文时区别对待，对要求严格程度不同的用词说明如下：
1）表示很严格，非这样做不可的用词：
正面词采用"必须"，反面词采用"严禁"。
2）表示严格，在正常情况下均应这样做的用词：
正面词采用"应"，反面词采用"不应"或"不得"。
3）表示允许稍有选择，在条件许可时首先应这样做的用词：

正面词采用"宜",反面词采用"不宜";

表示有选择,在一定条件下可以这样做的用词,采用"可"。

2. 本规范中指明应按其他有关标准、规范执行的写法为"应符合……的规定"或"应按……执行。"

建筑工程建筑面积计算规范条文说明

1 总 则

1.0.1 我国的《建筑面积计算规则》是在20世纪70年代依据前苏联的做法结合我国的情况制订的。1982年国家经委基本建设办公室(82)经基设字58号印发的《建筑面积计算规则》是对20世纪70年代制订的《建筑面积计算规则》的修订。1995年建设部发布《全国统一建筑工程预算工程量计算规则》(土建工程 GJD_{GZ}—101—95),其中含"建筑面积计算规则"(以下简称"原面积计算规则")。是对1982年的《建筑面积计算规则》的修订。

一直以来,《建筑面积计算规则》在建筑工程造价管理方面起着非常重要的作用,是建筑房屋计算工程量的主要指标,是计算单位工程每平方米预算造价的主要依据,是统计部门汇总发布房屋建筑面积完成情况的基础。目前,建设部和国家质量技术监督局颁发的《房产测量规范》的房产面积计算,以及《住宅设计规范》中有关面积的计算,均依据的是《建筑面积计算规则》。随着我国建筑市场的发展,建筑的新结构、新材料、新技术、新的施工方法层出不穷,为了解决建筑技术的发展产生的面积计算问题,使建筑面积的计算更加科学合理,完善和统一建筑面积的计算范围和计算方法,对建筑市场发挥更大的作用。因此,对原《建筑面积计算规则》予以修订。考虑到《建筑面积计算规则》的重要作用,此次将修订的《建筑面积计算规则》改为《建筑工程建筑面积计算规范》(以下简称"本规范")。

1.0.2 本规范的适用范围是新建、扩建、改建的工业与民用建筑工程的建筑面积的计算,包括工业厂房、仓库、公共建筑、居住建筑、农业生产使用的房屋、粮种仓库、地铁车站等的建筑面积的计算。

3 计算建筑面积的规定

3.0.1 本规范规定建筑面积的计算是以勒脚以上外墙结构外边线计算,勒脚是墙根部很矮的一部分墙体加厚,不能代表整个外墙结构,因此要扣除勒脚墙体加厚的部分。

3.0.2 单层建筑物应按不同的高度确定其面积的计算。其高度指室内地面标高至屋面板板面结构标高之间的垂直距离。遇有以屋面板找坡的平屋顶单层建筑物,其高度指室内地面标高至屋面板最低处板面结构标高之间的垂直距离。

关于坡屋顶内空间如何计算建筑面积,我们参照了《住宅设计规范》的有关规定,将坡屋顶的建筑按不同净高确定其面积的计算。净高指楼面或地面至上部楼板底面或吊顶底面之间的垂直距离。

3.0.3 多层建筑物的建筑面积应按不同的层高分别计算。层高是指上下两层楼面结构标高至上层楼面的结构标高之间的垂直距离;没有基础底板的指地面标高至上层楼面结构标高之间的垂直距离。最上一层的层高是指楼面结构标高至屋面板板面结构标高之间的垂直距离,遇有以屋面板找坡的屋面,层高指楼面结构标高至屋面板最低处板面结构标高之间的垂直距离。

3.0.4 多层建筑坡屋顶内和场馆看台下的空间应视为坡屋顶内的空间,设计加以利用时,应按其净高确定其面积的计算。设计不利用的空间,不应计算建筑面积。

3.0.5 地下室、半地下室应以其外墙上口外边线所围水平面积计算。原计算规则规定按地下室、半地下室上口外墙外围水平面积计算,文字上不甚严密,"上口外墙"容易理解为地下室、半地下室的上一层建筑的外墙。由于上一层建筑外墙与地下室墙的中心线不一定完全重叠,多数情况是凸出或凹进地下室外墙中心线。

3.0.6 建于坡地的建筑物吊脚架空层(见图1)。

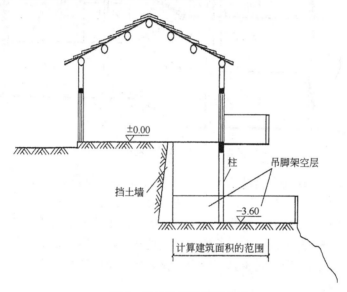

图1 坡地建筑吊脚架空层

3.0.9 本条对原规定进行了修订,并增加了立体车库的面积计算。立体车库、立体仓库、立体书库不规定是否有围护结构,均按是否有结构层,应区分不同的层高确定建筑面积计算的范围,改变按书架层和货架层计算面积的规定。

3.0.12 本条所称"场馆"实质上是指"场"(如:足球场、网球场等)看台上有永久性顶盖部分。"馆"应是有永久性顶盖和围护结构的,应按单层或多层建筑相关规定计算面积。

3.0.13 如遇建筑物屋顶的楼梯间是坡屋顶,应按坡屋顶的相关条文计算面积。

3.0.14 设有围护结构不垂直于水平面而超出底板外沿的建筑物是指向建筑物外倾斜的墙体,若遇有向建筑物内倾斜的墙体,应视为坡屋顶,应按坡屋顶有关条文计算面积。

3.0.15 室内楼梯间的面积计算,应按楼梯依附的建筑物的自然层数计算并在建筑物面积内。遇跃层建筑,其共用的室内楼梯应按自然层计算面积;上下两错层户室共用的室内楼梯,应选上一层的自然层计算面积(见图2)。

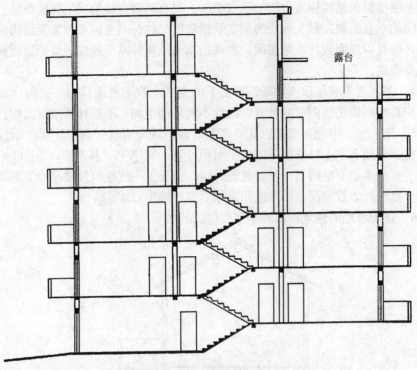

图 2 户室错层剖面示意图

3.0.16 雨篷均以其宽度超过 2.10m 或不超过 2.10m 衡量，超过 2.10m 者应按雨篷的结构板水平投影面积的 1/2 计算。有柱雨篷和无柱雨篷计算应一致。

3.0.17 室外楼梯，最上层楼梯无永久性顶盖，或不能完全遮盖楼梯的雨篷，上层楼梯不计算面积，上层楼梯可视为下层楼梯的永久性顶盖，下层楼梯应计算面积。

3.0.18 建筑物的阳台，无论是凹阳台、挑阳台、封闭阳台、不封闭阳台均按其水平投影面积的一半计算。

3.0.19 车棚、货棚、站台、加油站、收费站等的面积计算。由于建筑技术的发展，出现许多新型结构，如柱不再是单纯的直立的柱，而出现了正∨形柱，倒∧形柱等不同类型的柱，给面积计算带来许多争议，为此，我们不以柱来确定面积的计算，而依据顶盖的水平投影面积计算。在车棚、货棚、站台、加油站、收费站内设有有围护结构的管理室、休息室等，另按相关条款计算面积。

3.0.23 本规范所指建筑物内的变形缝是与建筑物相连接的变形缝，即暴露在建筑物内，在建筑物内可以看得见的变形缝。

3.0.24 其他不应计算建筑面积。

第 6 款突出墙外的勒脚、附墙柱、垛、台阶、墙面抹灰、装饰面、镶贴块料面层、装饰性幕墙、空调室外机搁板(箱)、飘窗、构件、配件、宽度在 2.10m 及以内的雨篷以及与建筑物内不相连通的装饰性阳台、挑廊等均不属于建筑结构，不应计算建筑面积。

第 8 款自动扶梯(斜步道滚梯)，除两端固定在楼层板或梁之外，扶梯本身属于设备。为此扶梯不宜计算建筑面积。水平步道(滚梯)属于安装在楼板上的设备，不应单独计算建筑面积。